装备科技译著出版基金

航天器动量控制系统
Spacecraft Momentum Control Systems

Frederick A. Leve
[美] Brian J. Hamilton 著
Mason A. Peck

毛小松 蔡军锋 译

国防工业出版社
·北京·

著作权合同登记　图字:军-2019-028 号

图书在版编目(CIP)数据

航天器动量控制系统/(美)弗雷德里克·A.
列韦(Frederick A. Leve),(美)布莱恩·J.汉
密尔顿(Brian J. Hamilton),(美)梅森·A.佩克
(Mason A. Peck)著;毛小松,蔡军锋译. —北京:
国防工业出版社,2022.6
书名原文:Spacecraft Momentum Control Systems
ISBN 978-7-118-12022-6

Ⅰ.①航⋯ Ⅱ.①弗⋯ ②布⋯ ③梅⋯ ④毛⋯ ⑤蔡
⋯ Ⅲ.①航天器-动力系统 Ⅳ.①V412.4

中国版本图书馆 CIP 数据核字(2022)第 076202 号

Translation from the English Language Edition:
Spacecraft Momentum Control Systems by Frederick A. Leve, Brian J. Hamilton and Mason A. Peck
978-3-319-22562-3
Copyright © Springer International Publishing Switzerland 2015
This Springer imprint is published by Springer Nature
The registered company is Springer International Publishing AG
All Rights Reserved
本书简体中文版由 Springer 授权国防工业出版社独家出版。
版权所有,侵权必究。

※

*国防工业出版社*出版发行
(北京市海淀区紫竹院南路 23 号 邮政编码 100048)
北京虎彩文化传播有限公司印刷
新华书店经售

*

开本 710×1000 1/16 插页 2 印张 14 字数 245 千字
2022 年 6 月第 1 版第 1 次印刷 印数 1—1000 册 定价 128.00 元

(本书如有印装错误,我社负责调换)

国防书店:(010)88540777　　书店传真:(010)88540776
发行业务:(010)88540717　　发行传真:(010)88540762

译 者 序

随着科技的发展,人类对太空的探索研究越来越深入,无论是军事领域,还是民事应用,各式各样的航天器被设计并在太空执行不同的任务。航天器如何完成空间航天任务,如何有效地进行姿态控制,是航天器设计领域研究者们关注的问题,这主要涉及航天器姿态动力学、控制和天文动力学等领域知识,有关这方面的文献与书籍屈指可数。

原著作者对航天器控制执行器、空间敏感器和反馈控制结构等重要器件动量控制技术进行了深入研究,分别阐述了航天器动量控制技术的应用,动量控制系统的发展需求,动量控制系统动力学,动量控制系统结构组成以及动量控制系统控制算法等航天器动量控制方面的关键问题。在此基础上,作者又从设计角度对航天器核心器件陀螺仪转子和常平架的灵活性、质量失衡、摩擦力、滞后和材料问题以及动量控制奇点问题、内环控制问题进行了细致阐述,回答了如何确定所需要的动量装置的类型和数量,依据它们如何实现控制和决策,如何控制执行器阵列这些非常关键的问题。

翻译本书的目的是将原著作者提出的航天器动量控制理论、技术,特别是控制力矩陀螺仪设计中关键技术介绍给国内从事该领域研究、开发的科研人员和技术人员。在翻译本书的过程中,空军研究院防空反导研究所王雷、朱湘,陆军工程大学程二威、武洪文做了大量基础性工作,提出了很多建设性意见,在此对他们的付出表示感谢。

由于译者水平有限,书中难免有疏漏和不妥之处,欢迎读者朋友批评指正。

译 者
2021 年 9 月

前　　言

我们可能都有这样的经历，在某次学术会议间歇或在会议中间休息时，大家在一起讨论某个学术问题，有人问："你能给我推荐一本关于控制力矩陀螺和反应轮的好书吗？"

你可能要思索一番，但最后答案往往都一样："这里有航天器动力学和设计方面的书籍，还有一直在用作参考书的新版本。"随后你可能会补充一句："但是这些书都没有深入讲解动量控制，可能你已经看过和知道那些书的内容了。"然后停一下接着解释："我不是说这些书都不好，这些书大都针对专门和特定的对象，对于那些没有学过飞行器工程的学生来说可能是一个很好的开始。"

"那有没有详细讲解这方面的好的学术文章呢？"

"当然，在相当长的一段时间，特别是从20世纪70年代开始，有一些有价值的学术文章，研究人员也发表了大量的现在来看年代比较久远的文章。"又一个令人尴尬的停顿，"我实在不想继续说下去了。"然后询问你的人会发自内心地给你提建议："也许你可以写本这方面的书。"

于是我们就这么做了。

细心的读者会发现这本书在航天器动力学和控制方面不同于其他书：一方面，已出版的该领域的书籍只是广泛概括航天器控制执行器、空间敏感器和反馈控制结构等，但是详细地介绍如何设计和实现这些重要器件方面的书籍凤毛麟角；另一方面，现有的所有关于推进执行机构的书，都对诸如火箭发动机操纵控制、反作用控制动力学、航天器控制系统设计等方面展开了有价值且深入的研究，但没有深入讲解动量执行机构的书。从航天器设计的角度看，现在出版的关于航天器姿态控制的书籍所涵盖的内容，省略了对动量执行机构的研究，就像是在你面前摆了一大堆关于汽车设计、原理、制造等方面的书，但你发现所有的书都解释了汽车相关的部件，却缺少发动机和变速器的讲解。这本书的最大价值就是，它阐明了航天器如何完成各类空间航天任务，如何确定所需要的动量装置的类型和数量，依据它们如何实现控制和决策，如何控制执行器阵列这些非常关键的问题。

读完这本书后，航天器姿态控制中用到的动量执行机构所需的技术、原理、设计等如同一幅印象深刻的画面呈现在读者的脑海中，包括转子和转向设备。这是一幅结合了我们在国家战略层面所建立的空间航天器系统（如空军、海军和美国国家航空航天局（NASA）的卫星）所积累的知识、经验，结合了整个航天器工业在设计、生产过程中获得的宝贵知识、经验,结合了学术界对航天器控制研究当前该领域最前沿的技术的精彩画面。本书从单个执行机构的机电细节延伸到航天器的空间系统结构问题,论述了基本刚体和柔性体动力学,用阵列控制多种设备的数学理论以及这些技术的应用。

  这些动量执行机构是现代遥感类航天器的心脏,自从 21 世纪以来,这一应用在商业方面快速增长,其得益于研究人员在动量执行机构方面不断地创新,提出了许多先进的控制技术。在未来的几十年里,航天器工业将有新的应用,如行星矿业、卫星在轨服务、卫星在轨维修和新的人类空间任务。所有的这些应用都需要高扭矩和高动量存储。另外,随着信息化、全球化的发展,在各类企业家的投资基础上,新一代富有激情的航天器技术专家在飞行控制研究方面投入了大量精力,小航天器作为现在卫星最常见的发射类型,才刚刚开始采用先进的动量控制技术。本书阐述的动量控制设备不仅能满足现代航天器需要,而且使未来的行星矿业等任务的实现变为可能。

  作者希望能够在航天器能量所涉及的关键技术方面提供足够的信息,满足新一代航天器工程师设计航天器动量控制系统的需求。最后也是最重要的,对那个多年反复的问题有了答案:你能推荐一本有关这些问题的好书吗?

Kirtland A. F. B. ,NM,USA	Frederick A. Leve
Glendale,AZ,USA	Brian J. Hamilton
Ithaca,NY,USA	Mason A. Peck

目 录

第1章 概述 1
1.1 航天器设计、商业领域和角动量 1
1.2 动量控制装置和姿态控制系统 4
1.3 旋转运动的研究历程介绍 8
1.4 动量控制技术的应用发展 10
1.5 关于本书 12
参考文献 13

第2章 动量控制技术的应用 14
2.1 航天器领域应用 14
2.1.1 GEO 通信类航天器 14
2.1.2 敏捷的航天任务及"行动构想" 17
2.1.3 空间站 18
2.1.4 小型航天器 20
2.1.5 卫星在轨维修 24
2.1.6 小行星捕获 26
2.1.7 空间机器人 26
2.2 地面应用 27
2.2.1 Brennan 的单轨铁路 28
2.2.2 Wolseley 设计的奇迹双轮车 28
2.2.3 Lit Motors 公司的 C-1 两轮车 29
2.2.4 航海中的滚转与俯仰稳定应用 30
2.3 本章小结 31
参考文献 31

第3章 动量控制系统的发展需求 33
3.1 敏捷需求的量化 33
3.1.1 机动角度与时间 34
3.1.2 航天器效能比 36
3.1.3 动量系统效能比 37
3.1.4 航天器速度 39

3.1.5 总结 ··· 39
3.2 动量设备技术 ··· 39
　　3.2.1 扭矩、动量及进动角消除 ······································· 39
　　3.2.2 反应轮 ·· 41
　　3.2.3 双常平架控制力矩陀螺（DGCMG） ························· 41
　　3.2.4 单常平架控制力矩陀螺（SGCMG） ························· 42
　　3.2.5 航天器速度和 SGCMG 的常平架扭矩 ······················ 43
　　3.2.6 重新审视扭矩放大效应 ·· 44
3.3 动量设备技术的权衡 ··· 45
　　3.3.1 动量和扭矩 ··· 45
　　3.3.2 功率 ·· 46
　　3.3.3 振动 ·· 47
　　3.3.4 扭矩精度 ·· 48
　　3.3.5 阵列控制 ·· 49
3.4 选择动量设备技术的准则 ··· 50
3.5 本章小结 ··· 51
参考文献 ·· 51

第4章 动量控制系统动力学 ·· 52
4.1 符号表示方法 ··· 52
4.2 航天器姿态与动量——装置运动学 ······························ 55
4.3 具有平衡转子的陀螺仪的运动方程 ······························ 59
4.4 陀螺仪的相对平衡和稳定性 ······································· 61
　　4.4.1 RWA 航天器 ··· 64
　　4.4.2 CMG 航天器 ·· 65
　　4.4.3 大角度调姿机动 ·· 66
4.5 控制力矩陀螺 ··· 69
4.6 雅可比执行器 ··· 73
4.7 转子及常平架结构的动力学 ······································· 75
4.8 放大 CMG 执行器产生的效应 ···································· 80
　　4.8.1 尺寸增大所带来的扭矩放大效应衰减 ······················ 82
4.9 本章小节 ··· 83
参考文献 ·· 84

第5章 陀螺仪动量控制的奇异点问题 ······································ 85
5.1 奇异值 ·· 85
5.2 坐标系奇异性和几何空间奇异性 ································· 86

5.2.1 坐标系统的奇异性 ·· 86
5.2.2 与空间几何运动约束相关的奇异性 ···························· 88
5.3 控制力矩陀螺的奇异性 ·· 90
5.3.1 CMG 奇异性的概念 ·· 90
5.4 DGCMG 的奇异性 ·· 92
5.4.1 DGCMG 的常平架锁定状态 ······································ 93
5.5 SGCMG 的奇异性 ··· 93
5.5.1 SGCMG 的常平架锁定 ·· 94
5.6 奇异性分类 ··· 94
5.7 奇异性的数学定义 ··· 95
5.7.1 退化奇异性的确定 ·· 98
5.8 超双曲线奇异性 ··· 99
5.8.1 非退化超双曲线奇异性 ·· 99
5.8.2 退化双曲线类型奇异性 ······································· 100
5.9 椭圆奇异性 ·· 101
5.9.1 外部椭圆奇异性 ··· 101
5.9.2 内部椭圆奇异性 ··· 102
5.10 奇异点的可通性和不可通性 ·· 103
5.10.1 不可通性奇异点 ·· 104
5.10.2 可通性奇异点 ·· 105
5.11 SGCMG 奇异表面 ·· 107
5.12 奇异表面的特点 ·· 109
5.13 奇异点附近的数值敏感性 ·· 110
5.14 变速控制力矩陀螺的奇异性 ·· 111
5.15 零动量自旋 ·· 112
5.15.1 RWA 零动量自旋 ·· 113
5.15.2 4 个 CMG 屋顶状排列的零动量自旋 ··························· 113
5.15.3 4 个 CMG 金字塔状排列的零动量自旋 ························· 113
5.16 本章小结 ·· 114
参考文献 ·· 114

第 6 章 动量控制系统阵列的结构 ······································ 116
6.1 动量设备的特征 ··· 116
6.2 RWA 阵列的动量和扭矩能力 ··· 116
6.3 CMG 阵列的动量和扭矩能力 ··· 118
6.4 DGCMG 阵列 ··· 118

- 6.5 SGCMG 阵列 ··· 120
  - 6.5.1 剪刀对 CMG 阵列 ······································· 120
  - 6.5.2 共线(多类型)阵列 ······································· 121
  - 6.5.3 3/4 立方体状 CMG 阵列 ································ 124
  - 6.5.4 金字塔阵列 ·· 125
  - 6.5.5 动态阵列 ··· 127
- 6.6 混合阵列及其他阵列的设计 ································· 127
  - 6.6.1 双常平架/单常平架剪刀对阵列 ······················· 127
  - 6.6.2 兰勒"六-Pac" ··· 128
  - 6.6.3 单常平架的 6 个 GAMS(6 个 CMG 金字塔阵列) ········ 129
  - 6.6.4 具有高力矩反应飞轮的剪刀对阵列 ·················· 130
- 6.7 变速 CMG 阵列 ··· 130
- 6.8 能量存储 ··· 132
- 6.9 优化和自主阵列配置 ··· 133
- 6.10 本章小结 ·· 134
- 参考文献 ··· 135

第 7 章 操纵算法 ··· 137
- 7.1 控制力矩陀螺操纵算法 ······································ 137
- 7.2 伪逆法的起源 ··· 139
  - 7.2.1 融合逆 ··· 139
  - 7.2.2 摩尔-彭若斯伪逆 ··· 140
- 7.3 奇异点脱离算法(扭矩误差算法) ························· 140
  - 7.3.1 奇异鲁棒伪逆 ··· 140
  - 7.3.2 奇异方向规避伪逆 ······································· 142
  - 7.3.3 广义奇异鲁棒伪逆 ······································· 143
- 7.4 奇异点规避算法 ··· 144
  - 7.4.1 广义逆操纵律 ··· 144
  - 7.4.2 局部梯度法 ·· 144
  - 7.4.3 约束常平架转角或角动量法 ··························· 145
  - 7.4.4 角动量限定方法 ·· 153
- 7.5 奇异点规避算法和奇异点脱离算法 ······················ 154
  - 7.5.1 混合操纵逻辑 ··· 154
  - 7.5.2 角动量人工势场操纵 ···································· 155
  - 7.5.3 反馈操纵律 ·· 156
  - 7.5.4 最优控制力矩陀螺姿态控制 ·························· 157

7.6 变速控制力矩陀螺 ……………………………………………………… 160
7.7 本章小结 ………………………………………………………………… 160
参考文献 ……………………………………………………………………… 160

第8章 动量装置的内环控制 …………………………………………… 162
8.1 转速控制 ………………………………………………………………… 162
 8.1.1 控制力矩陀螺转速环 …………………………………………… 162
 8.1.2 反应轮总成转速 ………………………………………………… 163
8.2 常平架速率环 …………………………………………………………… 164
 8.2.1 通过常平架速率环减少误差 …………………………………… 164
 8.2.2 航天器结构影响 ………………………………………………… 164
 8.2.3 带宽问题研究 …………………………………………………… 165
 8.2.4 摩擦和自动控制系统极限环 …………………………………… 166
8.3 本章小结 ………………………………………………………………… 167

第9章 太空中电动机 ………………………………………………………… 168
9.1 电动机技术 ……………………………………………………………… 168
9.2 直流电动机选型 ………………………………………………………… 170
 9.2.1 无刷直流电动机选型 …………………………………………… 171
 9.2.2 电气性能 ………………………………………………………… 172
 9.2.3 示例 ……………………………………………………………… 173
9.3 本章小结 ………………………………………………………………… 174

第10章 建模仿真和试验台 ………………………………………………… 175
10.1 数学建模和计算机仿真 ………………………………………………… 175
 10.1.1 第一性原理 ……………………………………………………… 175
 10.1.2 计算机建模常见问题 …………………………………………… 176
 10.1.3 模块性 …………………………………………………………… 177
 10.1.4 状态选择 ………………………………………………………… 177
 10.1.5 极性 ……………………………………………………………… 178
 10.1.6 物体模型 ………………………………………………………… 179
 10.1.7 附接件模型 ……………………………………………………… 181
 10.1.8 积分 ……………………………………………………………… 181
10.2 硬件在环试验台 ………………………………………………………… 183
 10.2.1 精密旋转空气轴承系统 ………………………………………… 185
 10.2.2 非等弹性 ………………………………………………………… 185
 10.2.3 主动式质量平衡 ………………………………………………… 186
 10.2.4 控制质量平衡系统 ……………………………………………… 187

  10.3 本章小结 ··· 188
 参考文献 ··· 189
附录 A 配备控制力矩陀螺的航天器的扩展运动方程 ··············· 190
 A.1 源起于粒子 ·· 190
 A.2 组成部分 ·· 191
 A.3 航天器多个 CMG 组成系统的参照系 ······························ 191
 A.4 航天器多个 CMG 组成阵列的运动学和动力学运动方程 ······ 192
  A.4.1 航天器的角动量 ·· 192
  A.4.2 控制力矩陀螺常平架的角动量 ······························ 193
  A.4.3 控制力矩陀螺转子的角动量 ································· 195
  A.4.4 航天器和执行器的运动方程 ································· 197
 A.5 附录小结 ·· 200
附录 B 基于动量的姿态控制系统稳定性分析 ························· 201
 B.1 李雅普诺夫分析 ·· 201
 B.2 静止到静止的姿态调节控制 ··· 203
 B.3 姿态和角速度跟踪控制 ··· 206
 B.4 操纵算法对姿态调节和跟踪的影响 ······························· 207
 B.5 附录小结 ·· 208
符号表 ··· 209

第 1 章 概 述

1.1 航天器设计、商业领域和角动量

图 1.1 所示的 WorldView-1 卫星在 2007 年 9 月 18 日成功到达预定轨道。

图 1.1 WorldView-1 卫星(图片由 DigitalGlobe 公司提供)

卫星的主要供应商 Ball 航空公司及卫星的所有者和运营者 DigitalGlobe 公司举行了盛大的庆祝活动,庆祝这些伟大的飞行和技术上所取得的又一重大成功,两个公司对外召开新闻发布会以纪念这一重要时刻,发布会称 WorldView-1 卫星上应用的新卫星技术"具有更高信息采集能力、更频繁的回访时间以及更灵活的空间成像能力"[1],称该卫星技术对远程遥感商业化进程有重要贡献。这颗卫星是少数能够为客户(如"谷歌地球"公司)提供商业地球图像能力的卫星之一。该卫星属于超敏捷卫星,敏捷意味着卫星具有更高的角速度和角加速度,是首颗执行该类应用商业化敏捷卫星。

卫星应用的新技术是一种称为控制力矩陀螺(CMG)的技术,该技术的应用使 WorldView-1 卫星具有独特的敏捷性。在该卫星发射前,只有美国和俄罗斯拥有该类技术并使之应用到航天器上。例如 NASA 的太空实验室(Skylab)、苏联(俄罗斯)的"和平"号空间站(MIR)和国际空间站(ISS)等项目。这些动量控制装置使

航天器能够吸收较大的外部扭矩扰动,从一种空间姿态快速调整到另一种空间姿态。能源对于航天器而言尤为重要,即使对于超大型航天器,能源也是重要的宝贵资源,因此,相对于其他动量执行器,CMG 不仅使能量应用效率提高好多倍,而且还能输出较高的扭矩,上述的两个重要优点使该技术成为设计地球观测类航天器或卫星时的主要技术手段。

超敏捷型卫星也广泛应用于其他商业领域,如 OrbView 4 卫星(图 1.2)、QuickBird 卫星(图 1.3)、Ikonos 卫星(图 1.4)和 GeoEye 卫星(图 1.5),图 1.2~图 1.5 所示的 4 个卫星并没有使用 CMG 来实现敏捷性,它们应用了同样具有高扭矩输出特性的反应轮总成(RWA)作为姿态控制执行器,实现其敏捷性。与 RWA 相比,尽管 CMG 是目前该领域内已知的,能够提供更高数量级扭矩功率的动量执行器,但截至 2007 年,CMG 并未在商业领域得到广泛应用。相反,RWA 已经在各种应用场合使用了数十年之久。WorldView-1 卫星的发射改变了这一局面,它使原先仅用于政府赞助的航天项目的动量控制技术首次应用到商业领域项目。WorldView-1 卫星应用霍尼韦尔(Honeywell)国际公司生产的 CMG。Ball 航空公司是霍尼韦尔国际公司的第一个商业客户,该航空公司购买的是霍尼韦尔国际公司生产的 M95 系列 CMG,现在看,该类 CMG 是当时能够满足项目飞行质量控制要求、体积最小 CMG。

图 1.2　OrbView 4 卫星(图片由轨道 ATK 公司提供)

过去的 10 年,CMG 技术不仅成为商业领域地球观测类卫星使用的主流技术,同时也应用在一些新的项目中,如 CMG 在以科学研究为目标的微小航天器中得到广泛且非常成功应用,如康奈尔大学的"紫罗兰"(Voilet)微型卫星(图 1.6)。

"紫罗兰"(Voilet)微型卫星是一个质量约为 50kg 的微小航天器,该卫星配备有一套紫外线光谱仪有效载荷,旨在观测地球的上层大气以帮助天文学家对外行星进行科研观测和校准。它的动量控制系统由 Goodrich 公司制造的 8 个小型

图 1.3　QuickBird 卫星(图片由 DigitalGlobe 公司提供)

图 1.4　Ikonos 卫星(图片由 GeoEye/DigitalGlobe 公司提供)

CMG 组成。更小的 CMG 产品是 Honeybee 机器人公司制造的高尔夫球般大小的 CMG,该种小型 CMG 适合应用于质量为 10~40kg 的微型卫星。佛罗里达大学也设计和制造了相似大小的 CMG,并成功应用于诸多微型卫星的动量控制系统(详见 4.8 节)。霍尼韦尔国际公司的微型动量控制系统(MMCS)为质量在 100~1000kg 之间的大型航天器提供了一类即插即用的项目解决方案,该类航天器需要高精度的定向性能。

图 1.5　GeoEye 卫星(图片由 GeoEye/DigitalGlobe 公司提供)

图 1.6　"紫罗兰"(Voilet)微型卫星(图片由康奈尔大学提供)

1.2　动量控制装置和姿态控制系统

　　航天器姿态控制是对航天器相关的各类传感器和执行器进行精细操纵。这些传感器和执行器构成一个反馈控制体系结构,整个姿态控制过程属于航天动力学研究范畴。航天器姿态控制系统中的传感器一般由星体追踪器、速率陀螺仪等高精度传感器件组成,用于感知和测量航天器的运动。在进行测量的基础上,机载计算机负责对当前测量值与系统程序目标飞行期望状态值进行比较。为了修正当前运动姿态与目标运动间的误差(当前测量值和程序目标飞行期望状态值间的差),依靠动量控制系统中的各类执行器产生扭矩作用到航天器上完成实时修正。执行器一般分为动量控制类执行器或火箭推进器类执行器两种。不同执行器具备不同的能力和特性,不同的能力和特征也决定了应用于航天任务的种类和范围,通常表征的执行器能力和特性包括能够储备扭矩和动量的能力、执行控制的精确度和响应速度等。

本书的重点研究对象是控制力矩陀螺(CMG)和反应轮总成(RWA),它们统称为动量控制装置。航天器通常把多个动量控制装置组合为一个阵列,统称为动量控制系统(Momentum Control System, MCS)。该系统是一个复杂系统,除了上述的多个动量控制装置(执行器)阵列外,还包括电子设备、高性能软件、各类结构体部件等,甚至有的可能还配置隔振器等设备。从系统的角度看,MCS 又是航天器姿态控制系统的一部分。图 1.7 以图表的方式展示 MCS 中多个相关元素间的复杂关系。

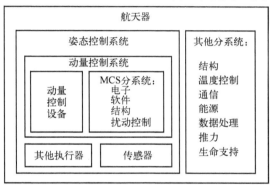

图 1.7　从姿态控制角度看航天器各子系统的关系

通常设计应用的动量装置都包含一个可以旋转的圆盘组件,主要用于存储一定的角动量,这样的一个装置通过改变其储存的角动量来产生输出扭矩。由于动量是一矢量,大小为角速度和惯性的乘积,所以有两种控制方法可以改变装置的角动量,分别为改变转动速度或改变惯性。这两种控制方法复杂度不一样,RWA 应用的是其中一种最简单的方法。RWA 存储的角动量矢量,其方向固定在与航天器本体相连的参考坐标系中,即矢量方向不变。角动量矢量的长度(矢量模)随着动量轮旋转速度的加快或减慢而变化。CMG 则复杂得多,CMG 的圆盘组件(称为动量轮)的旋转速度以及动量矢量的大小是相对恒定的,它通过改变动量矢量的方向来产生扭矩,CMG 通常安装一个可以倾斜的常平架,该常平架通过改变倾斜角度改变动量轮(转子)旋转的方向。这两种技术之间的异同点很多,本书对两种技术方案的各个方面展开了一定范围和程度的研究。每种技术方案都有一个共性的设计原则,即尽可能让动量设备存储的动量最大化,通过理论分析可以计算该存储动量的极大值。假设转子的大小已知,转子以某个设计标称速度进行旋转,存储动量的极大值通常由转子设备的制造材料、转子的几何抗拉强度极限等决定。如果转子以超过标称速度值转动会超过其几何抗拉强度极限值,导致过度的机械压力和材料疲劳,引起动量控制装置的性能、技术指标下降,甚至使设备工作失败。图 1.8 和图 1.9 所示为 CMG 和 RWA 的示意图。

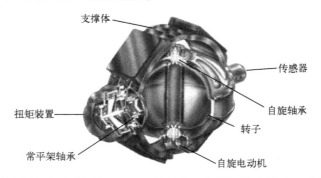

图 1.8 单常平架控制力矩陀螺(SGCMG)的关键组成部件图(图片由康奈尔大学提供)

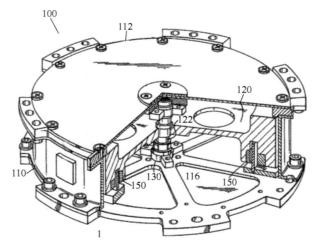

图 1.9 反应轮的关键组成部件图[2]

100—反应轮组合;110—箱体结构;112—盖;116—内部密封;120—飞轮或转子;
122—中心轴;130—轴承组件;150—电动机,包含永磁体。

MCS 通过转子旋转实现两种功能:一是动量存储;二是输出扭矩并应用。由初等物理学相关知识可知,MCS 通过向航天器传递扭矩或从航天器反馈的扭矩不断累积动量。从整个航天器系统看,扭矩的传递与反馈属于航天器的内部运动,因此在这个意义上说,不管 MCS 当前处于何种运动状态或执行何种任务,航天器整体的角动量是恒定不变的。MCS 和航天器结构体间进行角动量交换,但并没有生成新的动量。从这方面来说，MCS从根本上区别于由推进器或喷气式发动机组成的反应控制系统。动量装置应用在航天器的设计中优势明显：一是可以在不耗费能源的情况下持续工作很多年；二是可以控制动量系统执行器的精度；三是可以在航天器总线结构上自由放置多个执行器。动量装置虽然具有上述3个优点，但系统也伴随着一定的局限性，例如，与推进器类控制设备相比，对某个基于发动机推进器控制的系统，发动机推进器可以在某个给定的方向上施加扭矩，直到推进剂耗尽为止，这一过程可能持续几小时甚至几个月。对于CMG或RWA来说，因为动量设备硬件的限制，只能累积有限的动量，这使得MCS只能在有限的时间内，在某个方向上施加扭矩。若转子达到了其最大的旋转速度状态或转子的常平架角度已经完全与目标方向重合，则MCS无法进一步向航天器施加扭矩。因此，MCS动量状态的管理尤为重要，管理包括防止MCS进入饱和状态和规避相关奇点位置的出现。与传统推进器控制系统不同，在设计、实现和应用动量控制装置时需要详细考虑上述系统在管理方面存在的独特性，本书会在第7章和第8章详细论述MCS的动量管理问题。

当前推进器控制方式也有诸多缺点，如推进剂是一种有限的消耗性资源，而改变RWA或CMG的动量所需电流通常是可再生的，是可以通过太阳能发电实现的。因此，当内部扭矩足够时，通常不会使用推进器工作的方式改变动量。推进器的另一个缺点是，它们要么应用粗放式、脉冲式扭矩施放方式，要么应用精准式、长周期性扭矩施放方式。化学推进器具备前一个性能，而电动推进器具备后一个性能。姿态控制通常要求具有比单独的化学推进器能提供更好的空间定向能力和比电动推进器能提供更快的反应能力（或更高的带宽）。只有MCS具备这种精确的组合和带宽，表1.1对上述特征进行了总结。

表1.1 姿态控制执行器的对比

执行器	典型姿态控制应用程序	敏捷性比率 $(v/a)/s$（比率越小敏捷性越高）	精度	自动控制系统（ACS）控制带宽	力矩/功率
自旋稳定	低精度的全向射频（RF）载荷应用和磁层科学应用	N/A	2个轴方向达到 $0.1°\sim1°$	N/A	N/A
重力-梯度臂	不精确地球观测与技术展示	N/A	2个轴方向达到 $5°\sim20°$	N/A	N/A
电磁力矩	动量转储，微型卫星，附加重力梯度	低敏捷性	2个轴方向达到 $1°\sim20°$	$0.01\sim0.1$Hz	$0.001\sim0.01$N·m/W
动量轮	天文领域、通信领域	N/A	3个轴方向达到 $0.001°\sim1°$	$0.01\sim0.1$Hz	$0.001\sim0.01$N·m/W
反应轮	天文、通信与地球观测领域	$5\sim500$	3个轴方向达到 $0.001°\sim1°$	$0.01\sim1$Hz	$0.001\sim0.1$N·m/W

(续)

执行器	典型姿态控制应用程序	敏捷性比率 $(v/a)/s$（比率越小敏捷性越高）	精 度	自动控制系统（ACS）控制带宽	力矩/功率
控制力矩陀螺	地球成像、雷达、卫星维修、行星捕获	0.5~5（最敏捷）	3个轴方向达到0.001°~1°或更好	0.1~1Hz	1~10N·m/W
电动推进器	地球静止轨道（GEO）卫星在轨保持	低敏捷性	3个轴方向达到0.01°~0.1°	0.001~0.01Hz	0.0001~0.001N·m/W
化学推进器	导弹防御、星际应用、自旋速度调整与重定向、动量转储	高敏捷性	3个轴方向达到1°~10°	0.1~1Hz	很高
注：N/A表示本栏不适用					

还有一类在地球轨道卫星上应用的姿态控制设备，该类设备通过一组磁性扭矩线圈，在不消耗任何能源的情况下向航天器传递扭矩。MCS与该类设备也有很大不同。磁性扭矩线圈方式中，输出扭矩的方向和地磁场方向相反，因此该类设备永远无法沿着地磁场方向输出电磁扭矩，进而不能进行瞬时的三轴姿态控制。对于大量应用重力梯度控制方式的设备也同样如此，它利用地球引力的梯度使航天器指向最低点，就像钓鱼线上的漂浮一样。MCS通常与一些外部扭矩执行器一起工作，以提供一个完整的姿态控制解决方案：既具备较高灵敏性，又能实现三轴动量存储以输出需要的内部扭矩，以及通过推进器或扭矩线圈偶尔进行动量抵消或转储。不同的姿态控制执行器在能力、性能等方面存在的区别影响着航天器的操作状态，直接影响到设计MCS的大小，以及如何在实际中使用它。第3章将深度地讲解这些问题。

1.3　旋转运动的研究历程介绍

自人类进入航天空间时代开始，研制成功并广泛应用的各空间系统的体系结构中，动量控制一直是核心研究内容。一些早期的航天器，如Hughes航空公司的Syncom地球同步轨道通信卫星，该类卫星在发射后，火箭本体适时进入自旋状态，作为有效负载的卫星则在进入轨道和分离前从火箭本体继承一定的自旋速率。这种通过自旋来稳定卫星的技术在相当一段时期内被多个航天工程项目应用，然而并不是所有的这些研究和应用都成功了，有失败的案例。美国首次应用该类姿态稳定技术并成功发射的航天器是"探索者"系列，该系列中每个卫星都很著名。该系列产品中，当负载航天器与火箭分离后，就进入自旋状态，称为"扁平旋转"状态，即绕着它的纵向轴旋转。航天器刚体沿它的纵向轴，具有最小的转动惯量。在该纵向轴方向上旋转也称为最大能量状态，该状态航天器的动力学特性由于耗散效应而降低，常见的耗散效应有结构阻尼和内部流体运动。在"探索者"1号和随后的"探索者"系列航天器项目中,应用的是鞭状天线,该类天线从航天器本体延伸出来。航天器飞行过程中,鞭状天线可能产生的弯曲加快了动能的进一步消散,多个因素综合最终导致航天器入轨飞行仅数小时后,就像一个无动力的玩具飞机一样,运动到顶部后翻滚着摔落而失败。

在人类进入太空时代的早期,上述旋转轴称为"滚动"轴,该名称来源于航空航海领域,也称为 Z 坐标轴。甚至到今天,该名称的含义和用法仍没有变化,如在典型的大型航天器的设计研究过程中,仍将火箭载体的纵向旋转轴称为 Z 坐标轴,火箭载体负责将有效载荷航天器运载到飞行轨道。Syncom 卫星以及类似的航天器从之前的错误中吸取了教训,并把天线设计成短粗圆柱体形状,使 Z 坐标轴或旋转轴处于最大惯性轴和最低能量状态,这样当 Syncom 卫星围绕 Z 坐标轴旋转时,卫星就处于一种稳定状态,避免再次陷入与"探索者"4 号卫星相同的命运。

20 世纪 60 年代初,航天器大都采用这种被动自旋稳定方式作为航天器姿态控制的主要方式,这是一种被动姿态控制方式。此后不久,美国无线电公司(RCA)和 Hughes 航空公司开始研究如何利用双自旋航天器原理实现航天器稳定;航天器旋转部分称为转子,在惯性空间保持固定部分称为定子或平台。合理设计转子与定子之间能量耗散和质量分布,使转子旋转能够保证发射后的细长型航天器本体的姿态稳定,而之前这种细长型的航天器本体是不稳定的。该技术是一个重大的创新,它促使了更大质量和尺寸卫星的诞生,进而可配置更大面积的太阳能电池板,为更强大的有效载荷提供充足的能源。旋转航天器动力学的历史演变如图 1.10 所示。

航海领域的滚转、俯仰和偏航控制

航空领域的滚转、俯仰和偏航控制

"探索者"火箭、卫星 Z 坐标轴自旋不稳定

单自旋卫星 Z 坐标轴稳定但体积大

双自旋稳定且体积小

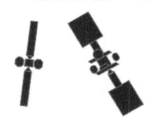
动量偏移及零动量卫星关键点自旋稳定

图 1.10　旋转航天器动力学的演化历程

20世纪七八十年代,应用转子的双自旋航天器很快就被动量轮取代。这些动量轮的功能与双自旋航天器中的转子完全相同,但速度更高而且惯性相对更低,进而占用空间大大减小,这样就可以设计制造出更大功率、三轴稳定的航天器总线结构。其中有一类动量轮被设计为包含一个呈尖状的顶端部件(也称为倾斜平台),如 Hughes 航空公司设计的卫星或波音公司的 601 型商用卫星,上述两个卫星的平台采用正反馈方式实现姿态控制,即允许在系统设计的动量标称值附近存在一定偏差。这里所谓的动量偏差对航天器姿态稳定起到重要作用,即使系统发生一些故障,系统仍可保证航天器保持正确的飞行姿态。随着技术的不断发展,90 年代出现另一种趋势,即向零动量商用卫星的方向发展,很快出现了大量类似的项目,如洛克希德·马丁公司的 A2100 项目,波音公司的 702 级航天器以及来自 Loral 航空公司的航天器、Ball 航空公司和 Orbital Sciences 公司的其他项目等。这些航天器使用的 RWA 采用零动量方式实现姿态动力学反馈控制。与其他许多航天器中采用角动量的方式相比,零动量体系结构被广泛认为是通用性最优、功耗最低的方式,但系统中如果任意一个器件或其他方面引起姿态失控故障都会导致系统进入不确定的运动姿态。

虽然在商业领域,不管是被动方式的 MCS 还是主动方式的 MCS 大都采用 RWA 技术,但美国国防部(DoD)相关的航天器项目却大大不同,它们大都应用 CMG 技术。20 世纪 60 年代末到 20 世纪 90 年代的许多公开发表的研究结果表明,洛克希德·马丁公司、波音公司和其他公司在如何应用 CMG 实现航天器姿态控制方面不断进行创新研究。几十年来,所有的研究中仍有一个关键的研究热点问题,那就是在多个 CMG(4 个或更多)形成的阵列运动过程中,如何进行合理的扭矩分配以避免各动量执行器在工作过程中出现运动奇点。众所周知,从运动学角度来讲,没有任何通用的解决方案能够在扭矩不受限制的条件下自由地遍历整个动量空间。因此,虽然该问题在许多特殊情况下从理论上进行研究并得到一定的解,但是得到一个不需要未来知识,具有通用性、切实可行的解决方案,且一个通用的 CMG 阵列就能够利用其所有可能的动量能力仍然是一个重要的研究目标。

1.4 动量控制技术的应用发展

从 20 世纪 60 年代开始,大约到 2000 年的这段时间里,美国的数个大型公司,如洛克希德·马丁、波音和格鲁曼等公司,在航天工业和太空项目中大量使用并主导 CMG 技术。现在,美国一些新公司也寻求在其卫星项目中应用 CMG 作为动量执行器,如本书中提到的 ATK 轨道公司(前身是位于马里兰州贝尔茨维尔的 Swales 航天公司 MD)和通用动力公司(2004 年收购了位于亚利桑那州的光谱航天私营公司)以及其他许多公司及其相关的航天卫星公司都准备在下一步的项目中应用 CMG 技术。

过去 RWA 已经用于光学有效载荷的相关空间项目。在这些项目中,RWA 有时也称为末端式定天望远镜[3]。CMG 技术在最近的一系列空间项目中都得到了成功的应用,不同项目的应用展示出 CMG 技术所具有的巨大能力,如 CMG 技术应用于机器臂末端效应器的运动控制,具有较低功耗。应用了 CMG 技术的机器人在卫星维修和小行星捕获操纵等空间项目中具有很大优势,其应用得益于 CMG 具有能够吸收较高外部扭矩的能力。图 1.11 所示为目前已有的小行星采矿或航天器维修空间项目,该项目是 NASA 的小行星重定向任务。图 1.12 所示是 Vivisat 公司的卫星维修延寿任务,在上述两个任务中,机器人手臂操作的过程中,航天器本体中心在外力扭矩作用下能够保持稳定的空间定向状态。

图 1.11　NASA 的小行星重定向任务(ARM)(图片由 NASA 提供)

图 1.12　Vivisat 公司的卫星维修延寿任务(图片由 Vivisat 公司提供)

CMG在政府资助的载人空间项目中应用较为广泛,除了太空实验室(Skylab)、"和平"号空间站和国际空间站(ISS)外,还有从20世纪70年代以来一直吸引研究人员的"航天员空间机动部队"项目(实现航天员在太空飞行器外的空间行走),该项目应用了6个小型的CMG。相信终究有一天,我们可能会看到载人空间商业化的项目,如应用CMG实现姿态稳定的太空旅行宾馆。

CMG不仅广泛用于太空项目,同样也用于海上船舶航行的稳定。美国Sea-Keeper公司开发了一套陀螺仪稳定系统,应用该系统可以稳定小型船舶的滚动和俯仰运动。技术人员还考虑把CMG技术应用到汽车运动姿态控制领域,该领域应用的一个典型例子是在美国旧金山启动的Lit Motors两轮自平衡车项目,该项目打算生产基于CMG反馈控制系统的小型两轮自平衡车(参见第2章)。

在美国,各领域对航天及空间项目的商业化需求呈指数增长,比较有名的SpaceX公司以提供较低成本的太空旅行项目为目标,在各方面都取得了成功。行星实验室(Planet Labs)为全球客户发射了大量的微小卫星(如CubeStats),用于不间断和持续性地对地球进行成像。另外,诸如深空工业(Deep Space)、行星资源(Planetary Resources)等公司,都逐步推出了小行星采矿类空间开发应用项目。美国国际军火管制条例(ITAR)产生一个与其最初期望相反且意想不到的结果,尽管美国在CMG技术方面一直领先世界,但现状是许多美国大型公司由于各方面原因,对CMG等尖端卫星技术还是要为其他海外公司让出一部分市场份额,长期以来都是美国公司独占鳌头状况逐渐改变。当前,全球许多国家的研究人员都在研究和应用先进成熟的动量控制系统,如英国萨里卫星技术有限公司与土耳其合作发射的Bilsat卫星,该卫星只是早期的用于演示试验微小CMG技术的样机。欧洲宇航防务集团(EADS)(早期为Astrium公司,现为EADS的分部)早在20世纪90年代就成功设计制造的CMG产品,一直以来都占有一定的市场份额,EADS的子公司泰雷兹/阿莱尼亚自21世纪初就一直研究基于CMG的航天器动量控制系统。

1.5 关于本书

本书主要对MCS技术进行深入研究,希望航天空间领域工程师们能将本书作为重要的技术资源,这就是为什么作者尽可能涵盖了与动量控制有关的广泛主题。本书还对某些领域展开深度研究,如动量控制装置动力学、MCS的设计需求,以及如何完全解决CMG奇点问题,该问题在一般关于航天器姿态动力学、控制和天文动力学的通用文献中并未涉及。本书虽然面向读者为数量较小的动量控制领域的专家群体,但其中涉及的一些独特的材料,从学术研究和技术探讨的角度来看,至少具备抛砖引玉的作用。美国航空航天工程界的老龄化一直困扰着该领域,这意味着大量步入该领域的新的航天器工程师,无法找到足量的经验成熟的老师。

10年前甚至20年前大家对技术都会有所期望,从今天的角度看过去,新的工程师可能要承担更大的责任,要面临更大的卫星设计工作挑战。本书内容主要是对相关领域具有多年实际工作经验的专家们睿智建议和研究成果的汇集。本书从第2章开始讨论相关具体技术,主要是概述角动量的应用:各种航天器任务项目的体系结构和操作概念,包括敏捷地球观测卫星、空间维修机器臂、载人空间应用项目和其他一些相关的地面应用项目。第3章对航天器MCS的设计要求进行研究。该章的讨论涵盖航天器级问题(如航天员空间生活的日常运动学统计)和其他系统工程问题,如设计中涉及的尺寸大小、重量和功率等各要素的最终均衡选择。

从第4章开始用几章来对动量器件相关的核心数学和物理知识进行介绍,第4章对应用了RWA和CMG的航天器所遵循的动力学规律进行详细的分析。对航天器中存在的一些非刚性因素影响,如转子和常平架的灵活性、质量失衡、摩擦力、滞后和材料问题进行一定的分析。第5章通过研究分析,给出与CMG阵列体系结构相关的奇点问题的数学处理方法。第6章描述在体系结构设计过程中需要注意的许多选项,并对航天器姿态控制系统设计中如何有效地对各选项进行设置和使用给出相关最优建议。第7章解释如何在由多个CMG构成的阵列所存在的奇点周围或在奇异范围内操纵CMG,附录B进一步详细介绍非平衡转子的运动扩展方程及奇点对姿态可控性的影响。这些章节汇集了全球该领域数十年对这些微妙问题的相关学术文献和实践经验。从数学上讲可以说这些章节成为本书中最翔实的材料,所以这些主题一直成为目前学术研究的兴趣点并不奇怪。

第8章对动量设备相关技术进行更深层次的讨论。总结转子和常平架的内环控制,研究如何解决传感器、转子自旋速率控制和常平架速度等问题,并对实验参数辨识进行研究。第9章主要总结航天空间项目中电动机设备相关的关键技术概念。本书的第10章进行总结,描述如何在实际应用系统中,通过计算机建模和测试床验证方法来表现动量设备行为。

本书的读者需要数学方面相关知识,如具有矢量力学和线性代数的一些学习背景。作者对书中所采用的符号和表示方法专门进行了详细解释,意在严格阐明文章中所要描述的问题。这与许多美国期刊和学术研究文章是一致的。我们希望具有工程背景的一般读者都可以读懂大多数的章节。

参考文献

[1] Ball Aerospace, Ball aerospace-built worldview-1 satellite launched from vandenberg. Press Release (2007)
[2] W. Bialke, Reconfigurable reaction wheel for spacecraft. US Patent 20,080,099,626 A1, 2006
[3] S. Loewenthal, Reactionless, momentum compensated payload positioner. US Patent 5,751,078, 1998

第 2 章　动量控制技术的应用

几乎所有的航天器都包含某种形式的动量控制,即使是最简单的自旋稳定类型航天器(一个通过自身旋转而实现稳定目的的刚体)也被认为是从动量控制的形式中受到启发。双自旋稳定类型航天器由一个旋转"转子"和一个与转子对应并不旋转的"平台"构成,与自旋稳定类型航天器相比,双自旋稳定类型航天器使用的姿态稳定控制方法更具有通用性。现代各种类型的航天器大都使用了更为广泛的动量控制技术,常见的动量控制技术有动量轮、反应轮及其他各种类型的控制力矩陀螺等,可以说,动量控制技术已经越来越多地在各领域、各类项目中得到广泛应用。这里以当代各类航天器应用为研究对象,从小型自主在轨飞行卫星到大型载人空间飞行器和各类地球观测系统都将纳入本书讨论范围,但已经在航空航天工程领域中得到了广泛应用的相关硬件技术和航空航天工程基本原理不是本书讨论的重点。本章主要讨论动量控制技术在除航空航天外其他商业领域的各类应用,主要介绍基于动量控制技术的火车、汽车和轮船等产品的运动稳定实现。

随着高科技进入人类日常生活方方面面,许多在航空航天领域应用的相关技术也开始在其他领域(如日常生活)得到广泛应用。航天领域相关技术的最大特点是具有高可靠性,在日常生活中,如果稍加注意,你会发现,以前用于航空航天领域的动量控制技术,如反应轮和控制力矩陀螺等,以很普通的方式出现在日常生活的产品中,这着实让人大吃一惊。

2.1　航天器领域应用

2.1.1　GEO 通信类航天器

地球同步通信卫星也许是当前最为成功的空间应用动量系统之一,1945 年著名科学作家 Arthur C. Clarke 在《无线世界》上发表了一篇非常著名的文章,在文章中他大胆地提出了一个设想:放置一个用于通信的航天器,让其运行在与地球自转速率相等的轨道上,这样该航天器可以保持与地球一同旋转且相对位置不变,以实现通信目的。这一伟大想法成为早期航天技术思想萌芽,众多类型的航天器中,GEO 卫星是人类首个从中获得巨大利益的空间飞行器,其他卫星,如 Hughes 航空公司的 Syncom 2 卫星(1963 年)、RCA 与 Hughes 航空公司合作研制的双旋卫星,以及其他与上述列举的类似卫星,都属于自旋稳定类型航天器,它们从20世纪60年代初逐步发展起来。从80年代开始,航空航天领域出现了许多大型的航天器,大型航天器都首选动量轮和反应轮作为其动量控制的执行器,到目前为止,这些大型航天器的基本体系结构一直沿用到现在。

Hughes航空公司生产的一系列产品以及波音公司的601型商用卫星是应用动量轮结构的经典案例。更早的应用案例包括Optus系列航天器(1987),Optus系列航天器在最初设计的基础上不断改进升级,该系列的最新升级产品不断有发射任务,到目前为止,之前发射的Optus系列航天器仍然在轨运行工作。上述航天器需要实现定向功能,即让卫星上的负载天线组实时指向地球上某个点或区域,负载天线组由许多转发器和反射器组成,是任务的主要有效载荷。对于一般目的的GEO航天器,其天线组的指向精度要求精确到小数位,上述列举的601型商用卫星属于这方面的典型应用案例,空间指向精度也要求精确到小数位。

601型商用卫星上的太阳能电池板阵列能提供的电源功率是4.8kW,对于圆柱形双自旋类卫星,其小型太阳能电池阵列所提供的功率性能水平无法达到601型商用卫星的太阳能电池板量级。在三轴姿态控制类应用中,需要太阳能面板始终指向太阳,而航天器的负载则要指向地球上某位置。文献[1-2]非常详细地分析了姿态控制的设计结构,给出了具体的细节过程,本节对设计过程进行总结。为了实现上述功能,航天器采用了装配有动量轮的平台结构,该平台结构包括一个动量轮和一个支撑装置(或常平架),该工作台可以对动量轮进行倾斜,通过小角度运动方式来重定向动量轮的角动量矢量。动量轮角动量矢量的方向与航天器的俯仰轴方向一致,航天器俯仰轴方向穿过太阳能电池板的双翼,指向正北或正南方向。在姿态控制子系统发生故障的情况下,由于动量轮的存在,该方位与另一个方向间的动量偏差能够始终保持,这样就可以被动地稳定航天器。动量轮保持大致恒定的角速度旋转(只在俯仰角方向上对小误差进行响应)。动量轮平台上的杠杆(图2.1)允许动量轮在滚动和偏航方向上吸收扰动扭矩。

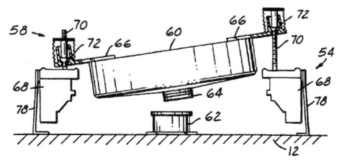

图2.1 动量轮平台结构图(图中数字含义见文献[3])

在航天器自身绕地球旋转的同时,为了保持其有效载荷始终指向地面上的某个固定位置,且因为存储动量矢量的方向在惯性空间内是恒值,所以该平台在轨道上每旋转一周后需要在存储动量矢量的方向进动。

20世纪70年代,把动量偏置技术与三轴姿态控制技术联合起来,应用更先进的三轴姿态控制技术进行被动稳定,这样的技术路径很成功。

各类GEO航天器中,除了应用上述技术路径外,还有一种应用称为"零空间动量"的卫星,该类卫星的反应轮不储存动量,其目的也不是用于实现被动稳定。从组成上看,动量轮和反应轮本质上硬件设备是相同的,在航天器姿态控制体系结构中,它们仅仅是用于不同的工作场合。零空间动量卫星最有名的例子是波音公司的702级航天器,它在20世纪90年代末被成功应用。在波音公司的702级航天器中,太阳能电池阵列的翼展比波音737飞机机体还大,其功率可达到18kW[4]。类似的还有Loral航空公司研制的具有搭载独立负载能力的1300系列卫星平台(图2.2),该平台已经成功用于NASA的激光接力通信验证演示任务。如果航天器尺寸设计得更大,则要求反应轮阵列能提供更多的扭矩和动量,即更大的容量。也就是说,传统的姿态控制子系统在仅具有非常有限能力的动量轮平台条件下,无法成功地对扭矩扰动做出反应和存储产生的动量。相反,现代先进的零空间动量航天器使用相对较大的反应轮,每个反应轮可提供多达100N·m·s的动量矩和多达2N·m的扭矩[5]。

图2.2 Loral航空公司具有搭载独立负载能力的1300系列卫星平台,该平台已用于NASA的激光接力通信验证演示任务(LCRD)(图片由NASA提供)

零空间动量方法在操作概念上提供了更大的通用性,如对于没有完全位于精确赤道轨道上的航天器,应用零动量方法也可成功进行操纵。偏离赤道轨道的卫星可能在整个运行寿命期间,不断向南或北漂移,如果应用传统的方法进行轨道修正需要消耗一定量的推进剂,应用零空间动量的方法既能进行轨道修正,又能减少保持北/南静止状态对推进剂的消耗[6]。零空间动量方法具有一定的作用,但并不是完全保险的控制方法,正如波音公司的601型卫星在轨运行中所经历的情况一样,并不能保证航天器的俯仰轴与轨道平面的法线任何时候都平行。为了克服该问题,应用三轴姿态控制方法能够提供所需要的扭矩,使航天器沿着更精确的轨道,以正确的姿态运行,无论外部出现何种干扰扭矩(如因为环境、有效载荷和其他影响因素),在三轴姿态控制方法中,反应轮都能够存储产生的动量。姿态控制子系统通过启动用于姿态控制的化学推进器或电动式推进器的喷气机运行,在恰当的时机卸载动量。

零空间动量航天器使用一组反应轮,一组反应轮通常包含4个反应轮。4个反应轮的方向合理配置,以满足在任一反应轮故障时,不会影响整个阵列的正常工作,阵列中剩余的反应轮在所有旋转轴方向都具有很强的鲁棒性,在一个故障的情况下,仍可以在3个坐标维度进行姿态控制。这类阵列的设计方法许多,将在第6章对其中的相关内容展开讨论。

2.1.2 敏捷的航天任务及"行动构想"

"行动构想"的概念对于航天器来说,就是准备应用航天器完成既定目标任务所采取的操纵方法。商业GEO卫星的行动构想相对简单直接,有时其任务可能只是同时监视数个GEO卫星的运行情况。对于其他类型的卫星,如在低地球轨道(LEO)对地球进行拍照成像的航天器,对"行动构想"的要求就非常苛刻。因为航天器可能不断飞出或再次进入地面站的视线,涉及对卫星频繁的信号丢失与捕获,因此该类"行动构想"敏感复杂。在"行动构想"方案的设计中,动量控制系统是这类航天器的功能及性能的核心。

地球成像类航天器,如Ball航空公司的WorldView-3卫星,使用几个CMG组成的阵列作为动量控制系统的执行器[7]。这些航天器通常在低地球轨道运行,低轨道的重要特征是卫星轨道较低,尽可能接近地球的表面,在光学设备的性能范围内获得地面上物体的清晰图像,然而,飞行轨道又设计得足够高,以使卫星在整个运行寿命期间,推进剂满足克服大气阻力需求,甚至使卫星的运行寿命更长。在飞行高度、负载性能、寿命和推进剂间进行选择优化及设计不是本书研究的重点,它并不直接涉及动量系统。因为对于运行在低地球轨道内的各类典型卫星,不同轨道高度对完成捕捉图像任务影响不大,应用动量系统对航天器进行姿态重新定向或方向旋转控制,控制过程中航天器调姿的速度对任务影响很微弱。

姿态控制子系统有两个关键目标:一是执行大角度、高速度的姿态调整,将有效载荷定向到地面上的目标位置;二是能够使航天器保持一定的姿态且具有足够的精度和精度控制能力,这样,当卫星飞越目标位置上空时,有效载荷可迅速捕获目标图像。要完成第一个目标,要求航天器具有较高的扭矩和大动量存储能力。扭矩使航天器加速或减速,动量存储建立了航天器能到达的峰值角速度。此外,扭矩变化率也是一个非常重要的参数:它影响角加速度的变化率,即加速度的导数,该参数是设计 CMG 常平架中需要考虑的最主要因素。航天器姿态调整机动的总持续时间取决于速度、加速度、加速度改变率,航天器的反应灵活性,航天器内部的流体运动以及其他相关影响因素。地球成像航天器可以在完成对一个目标的成像后迅速移动到其他目标进行成像,两个目标点间机动的速度应用的正是动量控制系统 MCS 所具有的姿态控制能力。

这种敏捷性直接可转化为经济性,即姿态调整得越快,收集到的可用数据就越多,航天器可以交付给客户的产品就越多。

这两个目标在很大程度上又相互影响。仅仅具有较高的精密和低扰动的姿态控制是不够的,有时还要求常平架以非常低的速度运动,以产生不超过抖动要求的较低扭矩。上述要求还得由动量执行器来完成。这样,动量执行器不仅要求能够输出成百上千牛·米的扭矩,还要求输出较低的扭矩。所以,CMG 常平架的动态范围,转子的动态和静态平衡,以及 MCS 的结构刚度,是从"行动构想"概念中得到的 3 个最终关键参数。经过多年发展,CMG 技术发展快速,已经成功用于精度高、功能强大的各类卫星产品。

2.1.3 空间站

大量的 CMG 不仅用于地球观测类航天器项目中,而且应用于其他类型的航天器中,最有代表性的是太空实验室(Skylab)、"和平"号空间站(MIR)和国际空间站(ISS)。它们都应用 CMG 作为其动量控制执行器。

CMG 技术在国际空间站项目中应用,对后续其他项目应用 CMG 技术起到了较大的启发和引领作用。国际空间站项目在其动量控制系统的 Zarya 模块(国际空间站发射的第一个模块)中,设计加入并整合了一个包含 4 个双常平架的 CMG 执行器。双常平架结构表示每个 CMG 拥有 2 个常平架,这种结构设计使得国际空间站的控制系统能够应用 CMG 的 2 个常平架结构完成动量重定向任务,可以把动量轮的方向重定向到整个球形包络的任意位置。国际空间站制造的 CMG 阵列的动量包络可形成一个完整的球形,其半径是 4 个 CMG 中每个角动量包络的 4 倍,图 2.3 所示为上述系统的结构图。国际空间站的行动构想是整个姿态控制系统完全由动量控制完成,不包括任何推进剂形式的机动方式,其中重力梯度扭矩、大气阻力和太阳辐射压力等因素的影响很大程度上由航天器本体的姿态以及巨大的太阳能电池板的方向来平衡[8]。

尽管国际空间站给出的这种创新方法一定程度减少了动量积累效应,但 CMG

图 2.3 2000 年在肯尼迪航天中心展出了用于国际空间站姿态控制的 4 个 CMG
(图片由 NASA 提供)

仍然需要具备吸收其他各种干扰的能力。一般的方法是通过巨型转子(如提供 4760N·m·s 扭矩的转子)和具有更强大能力的常平架电动机(如能产生 258N·m 输出扭矩)来实现[9]。这需要巨大的动量存储能力:作为有史以来最大的航天器,国际空间站的质量超过 400t,你可能会认为大型航天器需要更大的姿态执行器,但与单常平架 CMG 相比,常平架电动机的扭矩大小与航天器的质量大小是不成比例的,这是因为双常平架结构的配置在起作用。在这样一个 CMG 中,常平架的运动使转子的动量方向倾斜,使陀螺产生相应的扭矩,第二个常平架对此做出反应。相比之下,单常平架 CMG 将陀螺扭矩直接赋予 CMG 的基座,并从那里把扭矩传到刚性的航天器平台本体,而无须设计消耗任何电力的装置以对运动进行约束。这就显著降低了系统的尺寸、重量和功率等方面的设计需求,这些优点使得在空间应用项目中单一常平架的 CMG 几乎成为通用选择。

设计航天器一般需统筹考虑继承性,国际空间站使用双常平架的 CMG 部分原因是太空实验室也采用了该常平架结构。在 20 世纪 60 年代设计太空实验室时,设计人员在 CMG 方面的经验有限,NASA 并无使用 CMG 技术设计相关项目的经验。当时普遍认为单常平架 CMG 阵列无法解决运动奇点等方面的问题,应用单常平架执行器肯定无法稳定航天器的飞行姿态。这一观点使得太空实验室采用双常平架 CMG 体系结构,后来国际空间站也继承了双常平架的设计思想。通过缩小比例模型试验表明,应用现代先进的单常平架 CMG 阵列也能满足国际空间站的姿态控制功能需要,如果当时应用了 SGCMG 并经过数十年的技术开发,SGCMG 早已成为高扭矩航天器的可靠技术方案。

CMG 在国际空间站项目中应用非常成功,多年来一直稳定控制国际空间站的运行姿态。期间也出现过异常情况,早在 2000 年系统就经历了电子设备和旋转轴承的故障。对于复杂的空间应用系统,出现故障并不奇怪——第一个使用该技术方案的项目,肯定面临一些技术风险。太空实验室应用的 CMG 也经历了一次故障,在第一次发射任务完成后的第 12 天发生了故障;与国际空间站的故障类似,这次发生的故障也与轴承相关,这是一类最常见的机械故障,是动量执行器最可能发生的一种故障模式。再次相同情况的故障显现出一种趋势,即两个空间站的两组 CMG 都发生了故障,CMG 的可靠性是不是存在问题,但本书认为两次故障不应作为 CMG 可靠性存在问题的证据。事实上,与这些例子所暗示的趋势相反,在目前所有发射的各类航天器中,应用单一常平架 CMG 的航天器还没有因为 CMG 故障而在未到寿命前失去执行任务的能力。

2.1.4 小型航天器

小型航天器本身并不代表一个应用领域。然而,它们通常被认为是独一无二的,因为小型航天器的设计意味着快速响应、制造和测试。美国国防部的操作响应空间办公室(ORS)的研究重点一直是小型航天器,主要是因为上述原因,当然还有其他多个因素的考虑[10]。ORS 的目标之一就是减少开发和发射航天器的时间,不是简单的减少,目标是减少多个数量级:几个月或者几天而不是目前 10 年。

航天器尺寸的减少能够进一步增加有效载荷空间指向动作的敏捷性,尺寸的减小不是因为简单的几何原因。事实上,将一个大型的、敏捷的卫星,根据几何缩小原理缩小卫星的每个元件,这样的一个微型卫星,其敏捷性并不会得到任何提升。其原因是航天器刚体的惯性随其几何尺寸的减小而降低,满足的关系是惯性为尺寸变化的 1/5(所有组成部分均匀),动量装置中的惯性也随之减少,航天器中的动量设备也满足相同的关系。因此,动量与执行器惯性的比率(大致等于发射载体的角速率)对于简单外形的刚体缩放基本保持不变。对于角加速度和加速度变化率也是如此。

但是这样也有优点,由于小型转子旋转半径小,转子本体承受的旋转张力小,这就使得小型转子具有转速更快的优点,然而在具备上述优势的同时,小型动量设备的固有结构频率会增加。因此,一个转子或支架,在给定的常平架转动速率控制环路带宽、控制交互以及结构间交互力相对也小。相反,控制环路的带宽增加,但是能够保持低于结构频率,因此动量设备中高转速的转子和高带宽的内部控制环,相对于同类型的大型航天器来说,给小型航天器带来更高的敏捷性,这类系统中的动量控制设备必须具有容纳更高基座速率效应的能力,这些将在第 3 章详细进行介绍。维持高转速要比维持相同条件下低转速转子消耗更多的电力。

上述的设计思想是正确的,也是可以实现的,这在 Voilet 卫星项目中得到了证实,Voilet 卫星是美国空军研究实验室(AFRL)的"广泛微小卫星项目"的重要组成部分之一,该卫星调姿角速度、角加速度、角加速度变化率分别可达 10(°)/s、10(°)/s²、50(°)/s³。这归功于它具有较低的转动惯量(在每个轴方向可达 2kg·m²)和它的 Goodrich/Ithaco 型号的小型 CMG。该型号 CMG 的角速度、角加速度、角加速度变化率分别可达 40(°)/s、40(°)/s²、60(°)/s³[11]。图 2.4(a)所示为内部结构图,图 2.4(b)所示为在航天器内的 2 个 CMG 布置图。

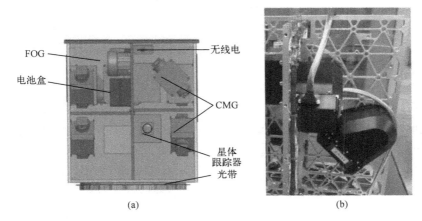

图 2.4 Voilet 卫星内部和安装在总线结构面板上的 2 个 CMG 的照片

Voilet 项目设计并提供了一个在轨测试床用来测试动量系统的操纵算法,该项目设计的目的之一是验证客户提出的下一代 CMG 操纵算法。从这方面来讲,Voilet 卫星所执行的任务是美国空军实验室提出的先进即插即用技术(APT)卫星的有效补充,与 Voilet 卫星类似著名的航天器是 TACSAT-5[12]。APT 用于多项任务,除了上述任务,在其他的任务中 APT 只是作为霍尼韦尔国际公司即插即用的插件式动量控制系统,即微型 MCS(MMCS)的试验平台。Voilet 卫星的 CMG 经过试验验证呈现出一系列显著的特点,2009 年,TACSAT-5 卫星的广告代理公告中对将要应用的技术进行宣传,Voilet 的 CMG 成为其重要补充。

(1) APT 在该研究领域的目标是通过试验来验证微型运动控制系统,主要聚焦于卫星的适应性,即如何通过即插即用插件的快速组合,整合成一个具有高反应性、敏捷性的航天器平台。应用该方法,APT 通过测试特定的 CMG 阵列结构,对其影响空间的适应性进行了探索。相比较而言,Voilet 卫星主要目的是对高性能 CMG 的操纵过程中存在的通用性问题进行研究,而不是对相关的反应性进行研究验证。

(2) Voilet 的试验对象是由 4 个、5 个甚至 6 个 CMG 组成的阵列结构,这与 APT 的 CMG 阵列完全不同,这样两类研究的航天器对象共同组成更广泛的阵列结构。

(3) APT 的 CMG 和平台总体结构比 Voilet 卫星都大一个数量级,在实际的航天器中,各 CMG 占用不同的操作空间,具有不同的运动控制能力。

(4) Voilet 卫星用于验证其敏捷性(10~40(°)/s),而 APT 是为了评估最大基速率为 3(°)/s 条件下的 CMG 性能。它们所具有的运动学特性与不同的任务相关,但两类航天器一起构成了更大的动态范围,它们对 CMG 技术的相关试验验证将有更广泛的应用。

(5) APT 的微型动量控制系统设计中,各 CMG 在机械结构上高精度的相互对齐,相互间的对齐效应轴不受柔性底座的影响。与 APT 相比,Voilet 卫星的每个 CMG 都相互独立并独立安装。因此,这两类航天器将对两种不同结构中的 CMG 的操纵进行评估,以试验和验证它们之间的优点。

尽管 APT 项目后来取消了,但霍尼韦尔国际公司的微型动量控制系统,对小型卫星应用的发展仍旧提供了一个有发展的前景,因为它填补了超微型卫星和特大型卫星间的能力欠缺。图 2.5 给出了这种能力欠缺,图 2.6 所示为霍尼韦尔国际公司的微型动量控制系统内部结构图。

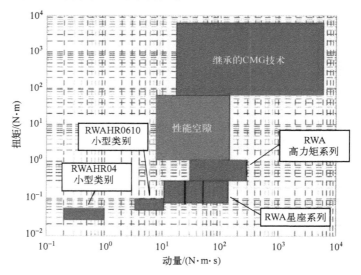

图 2.5 一些通用的 CMG 及反应轮输出的扭矩和动量[13]

"战术卫星"2 号的质量特性和灵活性需求限定了其微型动量控制系统的大小:370kg,最大转动惯量 190kg·m^2。姿态变换角速度的要求是 3.0(°)/s,角加速度是 1.5(°)/s^2,上述技术指标意味着可以实现 ORS 计划的任务。整合后的动量设备对小型航天器而言,是一个很好的解决方案,填补了大型卫星和小型卫星之间的能力空白,使得小型卫星也能够获得 ORS 所追求的高反应性。

动量控制总成由一组至少 3 个 CMG 或 RWA 组成,这样一个动量控制系统受益于其内部多个执行器、电子设备和软件组合系统。通过整合控制和操纵算法、健

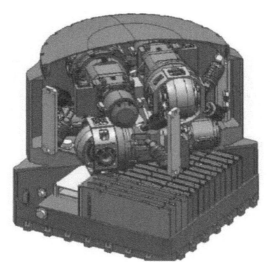

图 2.6 微型动量控制系统的内部结构图[13]

康监视、故障冗余软件,系统中各设备被预先进行设计安装和振动隔离。这些组合特性形成一个系统,具有低重量、较高振动阻抗、精确的对齐和安装定位,比单一配置和控制的动量设备具有更大的冗余度。

霍尼韦尔国际公司在动量控制技术研究方面走在了前列,特别是在混合轴承、不锈钢电枢转子电动机、先进的奇点规避算法等领域,在保持性能不变的条件下,霍尼韦尔国际公司能够显著地减少控制系统的质量、体积及动量控制系统的功率需求。在某些时候甚至可以增加技术性能。

目前,霍尼韦尔国际公司开发设计的最新的 2 个动量控制系统产品分别为 MCS8(之前称为 MMCS)和 MCS200。这 2 个产品包含一个由 4 个呈屋顶形状排列的 CMG 阵列以及相关的电子设备,如图 2.7 和图 2.8 所示。

图 2.7 MCS8(图片由霍尼韦尔国际公司防御和空间部提供)

图 2.8 MCS200（图片由霍尼韦尔国际公司防御和空间部提供）

2.1.5 卫星在轨维修

卫星在轨维修技术最近几年飞速发展，部分归功于美国国会在预算上对 NASA 在该领域技术研究给予的大力支持。位于戈达德航天飞行中心的卫星在轨维修能力办公室，在液体（如燃料）运载传输和包括商业卫星等的在轨航天器机械捕获方面取得了一些成功。卫星在轨维修技术可增加现有卫星的寿命，使一些出现技术故障的卫星能够继续完成任务。当卫星在轨维修技术发展到能够普遍应用时，可能会降低卫星的可靠性要求，从而使航天器的成本进一步降低。

这项工作起源于 Shuttle-era 的维修任务，首先是 1984 年对 Solar Max 的在轨维修。之后又进行了一些其他的商用航天器的检查和修复任务，20 世纪 90 年代，对哈勃太空望远镜的一系列维修任务使该技术应用达到顶峰。目前，至少有两家商业公司在这方面持续展开研究工作，分别为 ITT Excelis 和 ViviSat，后者是轨道 ATK 公司与 Loral 航空公司合作建立的新的集团公司。此外，美国国防部高级研究计划局（DARPA）也一直在赞助利用从其他航天器回收的组件，实现航天器在轨道装配方面的工作，称为凤凰计划。

当实施维修的航天器与其客户（或目标）进行接触时，例如图 2.9 所示，具有不同角动量的两个航天器最终合并为一个刚体，角速度变为联合刚体的角速度。事实上，两个航天器合并后，刚体的质量中心将发生变化，两者的相对速度也会在接触点位置相互作用抵消，最终变为一个共同的速度。有一点需要注意，即使它们各自在接触之前相对各自的质心角动量为零，但其形成组合体后的角动量，在相互接触后可能不是零。

假设两个卫星在接触过程中，其中一个航天器在姿态控制过程中起主要作用。向该姿态主导卫星的动量控制系统发送指挥控制命令，姿态控制系统输出相应扭

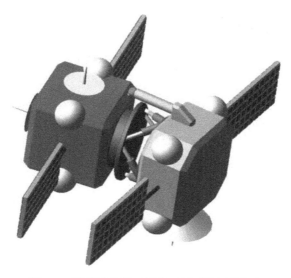

图 2.9 用翻滚失效卫星为卫星对接提供服务

矩,从而改变角速度。这种变化具有突发性,往往需要较高数量的扭矩,因此,对于提供卫星维修服务的主卫星,单常平架的 CMG 阵列仍是其动量控制系统的最佳选择。迄今为止,卫星在轨维修服务还没有成功应用单常平架的 CMG 阵列作为动量系统的成功案例,也许随着上述相关技术、能力和需求的不断发展,会得到成功应用。当前和未来航天领域对 CMG 的需求增长快速,如 NASA 提出了 RESTORE 概念航天器系统,该系统对 CMG 的需求十分明显[17]。

NASA 甚至提出了更具有前瞻性的概念技术方案,它提出在轨道上实时组装卫星的想法,例如,可以通过在轨组装的方式完成一个大型空间航天器结构的组装,这种想法有一定的现实意义,因为发射整个超大航天器系统是很难完成的任务。这类任务的案例如图 2.10 所示,从多种异构、较小的卫星组合为一个大型空间航天器平台结构。这类任务除了需要精确的姿态控制外,还要求系统提供高扭矩和角动量能力,当然,这都可以通过一个 CMG 阵列来实现。

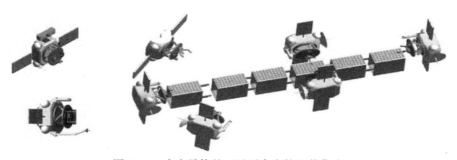

图 2.10 多个异构的卫星平台在轨组装集成

2.1.6 小行星捕获

操纵驻留在太空中的某个目标对象(如航天器)是一个介于卫星维修和小行星捕获之间常见的任务。众所周知,与小行星捕获任务相比,卫星维修任务对目标卫星的捕获过程中,其质量特性和捕获中的接触点有明显的区别。卫星维修任务对目标卫星各种特性都掌握,但在小行星捕获任务中,对将要捕获的小行星的质量分布特性认知空白,它可能只是由大量碎石块松散地集合在一起。卫星维修任务可能事先对接触时可能存在的各种干扰进行分析处理,但在捕获交会小行星任务中,得到未知小行星的质量特性是不可能的。

NASA 提出的小行星重定向任务,旨在用该项目演示火星探测任务中的相关关键技术,NASA 的目标是尽可能使用现有的硬件,把该项目做成一个低成本的项目,该项目如果成功实施,可能为小行星开采和外太空的资源利用应用类项目开启一个新的征程[18]。小行星捕获与操纵类任务最大特点是存在各种不确定性,许多有 NASA 参与背景的项目,对保证任务安全成功的需要有较大压力,因此需要一个基于 CMG 的姿态控制系统,用于开发未来针对小行星的各类应用系统。

2.1.7 空间机器人

空间机器人技术得益于多分支体角动量控制系统的研究成果,机器人手臂属于典型的多分支体,在航天器上安装的机械手臂能够感受微小的反应力。如果地面不参与机械手臂的反应控制过程,设计这样一个具有智能和自动化能力的太空机器人系统存在许多技术上的挑战。有几种方法可以实现这样的零反应力式机器人系统,其中一种创新方法,就是在这样一个多分支体机械臂中,嵌入动量器件,使用这些内部力矩来操纵各种机械臂,如图 2.11 所示。

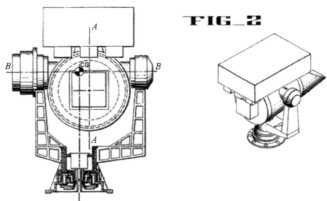

图 2.11 零反应力式常平架结构[19]

该技术方案已经在 Coelostat 望远镜项目中得到成功应用，Coelostat 望远镜的光学系统包含一个弯曲光学镜片路径。在该弯曲的关节链中，望远镜在零反应力式电动机的作用下，能够吸收望远镜本体运动所产生的反应力，如应用反应轮的动量来吸收反应力。经过这样处理，望远镜可实时处于一个机械平衡静止的状态，减少航天器组件(如太阳能电池阵列)的振动，从而降低光学抖动。

在机器人手臂这样的一个多分支体结构中，其末端效应器是一个摄像机，有人提出把 CMG 作为一种手段，来管理系统中的动量。在该概念应用案例中，成剪刀形状排列的一对 CMG 取代了原来的单一反应轮结构，使得在给定的电力能源条件下，能够执行更加敏捷的运动[20]。概念图如图 2.12 所示，图 2.13 所示为一个三连杆原型系统[20]。

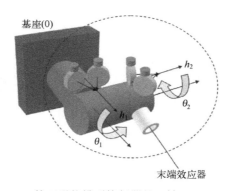

图 2.12　剪刀形状排列执行器的双轴 Coelostat 系统

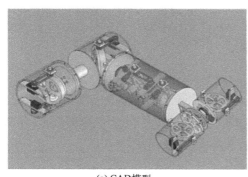 

(a) CAD模型　　　　　　　　　　　(b) 原型系统

图 2.13　剪刀形状排列执行器的三连杆机器人系统

2.2　地面应用

地面摩擦学和材料科学方面的进步，在早期极大促进了动量设备在空间上的应用,使其相关技术发展很快。事实上,早在18世纪前,现代用于航天领域的CMG技术就已经在航海方面得到了应用。现代应用的大多数CMG都由霍尼韦尔国际公司防御和空间电子系统部设计生产,它的前身是斯佩里陀螺仪公司(成立于1910年)。最近几年,太空技术已经开始向地面应用领域(如汽车和航海)拓展,极大地扩大了动量控制应用的范围。

2.2.1 Brennan 的单轨铁路

CMG 的早期地面应用是 Louis Brennan 的单轨铁路概念系统[21]。图 2.14 所示为类似于两个成剪刀状配置的转子,能够稳定两轮单轨列车。两个转子之间的啮合使陀螺扭矩沿导轨方向以防止列车翻倒[22]。

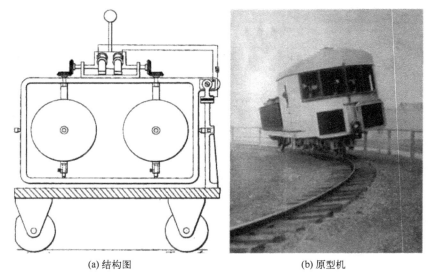

(a) 结构图　　　　　　　　　　(b) 原型机

图 2.14　Brennan 的陀螺单轨电车

1910 年,在伦敦白城举行的日本-英国展览会上,Brennan 展示了其开发的单轨电车。电车搭载了 50 名乘客并以 20 英里①/h 速度运行在一条圆形轨道上。Brennan 一共造了两辆这样的车,但是这个概念最终未能商业化。

2.2.2 Wolseley 设计的奇迹双轮车

早在 1914 年,CMG 就被用来稳定只有两个车轮的车辆。最著名的例子是 1914 年 Wolseley 设计制造的两轮奇迹车,如图 2.15 所示。该概念车由一个 40 英寸②、转速达到 3000r/min 的稳定陀螺仪组成。1913 年完成了安装连接加权摆的工

---

① 1 英里=1.609km;
② 1 英寸=2.54cm。

作,并在 1914 年向公众发布该款奇迹双轮车。

图 2.15　Wolseley 的两轮神奇汽车

2.2.3　Lit Motors 公司的 C-1 两轮车

Lit Motors 公司的 C-1 型两轮车从多方面继承了 Brennan 概念车思想,是一个典型现代应用例子。除此之外,它还在动量设备的反馈控制方面进行了一系列的创新,这些创新思想都是 100 年前没有的。该双轮汽车结合了摩托车的速度和效率以及轿车的实用性,该车的成功,主要是应用了成剪刀状配置的单常平架 CMG,应用该动量控制设备的旋转使车辆具有稳定性。图 2.16 为行驶中的 C-1 及其内部剪刀状配置的单常平架 CMG。

(a)

(b)

图 2.16　Lit Motors 公司 C-1 型两轮车(a)及其内部排列的
一对动量设备(b)(图片由 Lit Motors 公司提供)

29

2.2.4　航海中的滚转与俯仰稳定应用

应用高速旋转的转子来对航行中船的左右滚转和前后俯仰运动进行稳定可以追溯到 19 世纪。这些设备采用被动方式,把基座运动转换成扭矩输出,通过常平架的摩擦力来实现稳定控制目的。1931 年,在豪华艇 Conte Di Savoia 号上安装了 3 个大型的陀螺,旨在为乘客提供一个舒适的环境。图 2.17 所示为其中的两个动量设备。

图 2.17　Conte Di Savoia 号的两个陀螺稳定器

目前 Seakeeper 公司设计生产了许多应用主动控制方式的 CMG,用来实现对一系列的远洋轮船稳定航行控制。它们的设计目标是对重达 20t 的船和 30~50t 的艇,应用动量系统实现航行中滚转角波动减少 70%~90%。在继承 19 世纪和 20 世纪进行的大量研究基础上,采取数字式反馈控制常平架和减少转子外壳阻力的方法,取得这样的指标能力可以说是比较重要的发展和进步。该类应用中的 CMG,质量和尺寸是现存最大的,远远大于国际空间站的 CMG,它能够提供 35000N·m 的输出扭矩和 78000N·m·s 的角动量。图 2.18 所示为安装在游艇上的 5 个陀螺仪。

图 2.18　Seakeeper 公司在游艇上安装的 5 个陀螺仪(图片由 Seakeeper 公司提供)

2.3 本章小结

为了完成在轨任务,无论是基于自旋稳定的被动方式还是基于主动姿态的控制方式,航天器都必须实时调整方向。动量执行器不消耗任何推进剂,并且它们的操纵使用寿命经常可以超过十年。由于上述及其他方面的诸多原因,在太空项目中动量控制的应用非常广泛。从太空项目开发初期,这些原则继续主导着现代航天器的设计。几十年来,航天空间方面的应用数量一直不断增长,推动了与动量控制相关的各类准则不断扩充,在动量设备技术和研究开发方面的投资不断加大。其中一些航天空间方面的应用将空间技术带到了地面。例如 Lit Motors 公司设计制造的 C-1 两轮汽车系统和 Seakeeper 公司设计制造的用于航海中对船舶的滚转和俯仰进行稳定的陀螺。这些例子证明动量控制技术发展的价值不只是用于地球观测卫星和载人空间系统。该技术还可以应用于机器人和交通领域,甚至还可能用于人类健康方面,这些应用领域可能是早期的陀螺执行器技术研究前辈们永远都不会想到的。

参 考 文 献

[1] S. Zammit, Control and dynamics simulation facility at hughes space and communications, in *AIAA Modeling and Simulation Technologies Conference*, New Orleans, LA, 1997, pp. 10–01
[2] J. Smay, Universal spacecraft attitude steering control system. US Patent 5,692,707, 1997
[3] M. Yuan, A. Wittmann, Tilting momentum wheel for spacecraft. US Patent 5,112,012, 1992
[4] R. Stribling, Hughes 702 concentrator solar array, in *Photovoltaic Specialists Conference, 2000. Conference Record of the 28th IEEE* (IEEE, 2000), pp. 25–29
[5] B. Bialke, E. Stromswold, Reaction wheel actuator with two newton-meter torque capability for increased spacecraft agility, in *Proceedings of the 6th International ESA Conference on Guidance, Navigation and Control Systems*, 2006
[6] W. Lim, J. Salvatore, Method and system for maintaining communication with inclined orbit geostationary satellites. US Patent App. 12/657,188, 2010
[7] D. Poli, E. Angiuli, F. Remondino, Radiomeric and geometric analysis of worldview-2 stereo scenes. Int. Arch. Photogramm. Remote. Sens. Spat. Inf. Sci. **38**(1), 1 (2010)
[8] N. Bedrossian, S. Bhatt, M. Lammers, L. Nguyen, Y. Zhang, First ever flight demonstration of zero propellant manuevertm attitude control concept, in *Guidance, Navigation, and Control Conference, vol. AIAA-2007-6734 (Hilton Head, South Carolina)*, 2007, pp. 1–12
[9] L3 Space and Navigation, Double-gimbal cmg datasheet (2015), http://www2.l-3com.com/spacenav/pdf/datasheets/
[10] J. Foust, Emerging opportunities for low-cost small satellites in civil and commercial space, in *24th AIAA USU Small Satellite Conference*, 2010
[11] J. Gersh, M. Peck, Violet: a high-agility nanosatellite for demonstrating small control-moment gyroscope prototypes and steering laws, in *AIAA Guidance, Navigation and Control Conference*, 2009, pp. 10–13
[12] Air Force Material Command, *Plug and Play (PnP) Spacecraft Technologies (TacSat-5)*, Broad Agency Announcement (BAA-RV-09-01), AFRL/RVKV-Kirtland AFB (2009)
[13] M. McMickell, P. Davis, F. Leve, C. Schudrowitz, A momentum control system for agile responsive space satellites, in *8th Responsive Space Conference* (AIAA, 2010)

[14] B. Hamilton, Turnkey cmg-based momentum control for agile spacecraft, in *AAS Advances in the Astronautical Sciences*, vol. 149, 2013

[15] B. Hamilton, B. Underhill, Modern momentum systems for spacecraft attitude control. Adv. Astronaut. Sci. **125**, 57 (2006)

[16] P. Davis, Momentum system concepts and trades for the new class of smaller lower cost satellites. Adv. Astronaut. Sci. **125**, 13 (2006)

[17] M. Long, A. Richards, D. Hastings, On-orbit servicing: a new value proposition for satellite design and operation. J. Spacecr. Rocket. **44**(4), 964 (2007)

[18] N. Strange, T. Landau, G. Lantoine, T. Lam, M. McGuire, M. Burke, L. Martini, J. Dankanich, Overview of mission design for nasa asteroid redirect robotic mission concept, in *33rd International Electric Propulsion Conference* (The George Washington University, Washington, DC, 2013)

[19] S. Loewenthal, Reactionless, momentum compensated payload positioner. US Patent 5,751,078, 1998

[20] M. Carpenter, M. Peck, Reducing base reactions with gyroscopic actuation of space-robotic systems. IEEE Trans. Robot. **25**(6), 1262 (2009)

[21] D. Brown, Energetics of control moment gyroscopes in robotic joint actuation. Ph.D. Thesis, Cornell University, 2009

[22] L. Brennan, Means for imparting stability to unstable bodies. US Patent 796,893, 1905

第3章 动量控制系统的发展需求

本章讨论的主题是如何把航天器的敏捷性需求转换和量化为动量设备阵列的参数量化设计及技术路径合理选择。我们将看到,设计过程其实就是在动量设备质量、大小、性能、复杂度和成本方面做选择优化,以达到高效、高费效比的设计目的并适当降低对动量系统要求。

3.1 敏捷需求的量化

我们从量化卫星姿态调整所具有的"敏捷性"开始。一个航天器在典型的生命运行周期中,其姿态控制系统一般具有两种操作模式:第一种操作模式由目标跟踪或姿态调整指令程序组成,此模式对稳定性和精度的要求较高,但一般对动量系统尺寸的设计要求不多,因为在此模式下航天器的加速度和速率很低;第二种操作模式在多个目标或姿态间执行调姿机动,该模式需要较高敏捷性。更敏捷的航天器在极短的时间内完成这些动作,因此需要航天器的调姿机动速度和加速度同时提高。该方式中运动学对动量系统的大小设计起主要作用。

欧拉定理告诉我们,刚体可以围绕空间某一欧拉轴旋转,实现从一种姿态到另一种姿态的空间变换。因此,敏捷需求的量化可以考虑卫星围绕欧拉轴旋转以实现调姿。图3.1所示为航天器从初始空间姿态经过机动调整后的空间姿态,该变化过程也可看作有效载荷视线(LOS)的变化,从而简化为单一自由度问题。

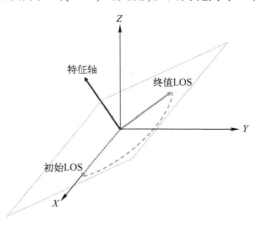

图3.1 欧拉轴旋转

对于敏捷需求的研究起点,只需要知道两个参数:一是围绕欧拉轴旋转的角度;二是航天器进行调姿机动持续的时间。可以在一个平面上描述上述两个需求,其横坐标是时间,纵坐标是调姿机动的角度。卫星在空间运行的典型生命周期内,其调姿机动由上述平面中的一系列点集合表示。要调整 MCS 的大小,我们必须对平面中所有点和 MCS 的能力进行比较。

3.1.1 机动角度与时间

为了分析这个问题,我们必须对卫星调姿机动的整体技术路线及性质提出一些假设。首先,以开关式反馈控制器的加速度为例进行说明。在这种情况下,卫星以最大速度进行加速机动,然后在尽可能短时间内机动减速到目标位置后回归静止状态。显然这种方案中,卫星在极限能力及在提供可用加速度和速度条件下,要尽可能快地实施机动。

也可以选择使用不同于上述运动曲线的函数来控制,如采用一种更为缓慢机动的运动曲线函数,因为急速机动方式可能会引起航天器结构上的弹性模式效应,延长处理问题的时间,从而降低急速机动模式所带来的优势。在这种情况下,常见方式是在机动过程中,消除一些特定的频率效应,通过对程序运动进行预先滤波,或选择一个更为平滑的角度时间变化曲线模型。在第 4 章中将讨论类似的一个应用三角函数运动模型的案例,函数为 1-cost。在速度 α 和加速度 ω 相同的条件下,同开关式反馈控制模型相比,应用三角函数规律控制机动的方式,机动持续时间会更长,但一些航天器结构的固有频率内容可被消除。另一种较为缓慢的机动模型是对加速度的变化率 j 进行限制,j 即加速度的一阶导数。我们将看到在应用 CMG 的控制系统中,硬件限制了航天器的加速度变化率,因为 CMG 常平架的速度变化率(航天器本体的加速度)不可能立刻改变。基于上述原因,这里分析集中在开关式反馈控制模型中的加速度变化率问题。可以对该模型进行一些调整,在满足给定任务的情况下选择合适的卫星机动曲线,或者在这些基本结果中适当加入一些限制。

图 3.2 所示为开关式反馈控制模型的一系列控制变化曲线,其中假设航天器的角加速度变化率在一定的范围内,即当角加速度变化率保持在定值条件下持续 t_1 时间后,航天器达到其最大加速度能力。

航天器首先驻留在峰值加速度位置持续 t_2 时间,使速度达到最大可用值。然后航天器的速度到达最大可用值并持续 t_3 时间,最后进行减速,其速度和加速度曲线以 t_3 的中点呈现轴镜像对称。在调姿机动结束时,航天器速度、加速度和加速度变化率均为 0,整个机动过程持续时间 T_F,角度变化为 θ_F。

图 3.2 中左侧标注的文字给出了与航天器加速度变化率、加速度或速度对应时刻 CMG 和 RWA 的物理行为。例如,以角加速度标量为例,根据一维牛顿力学公

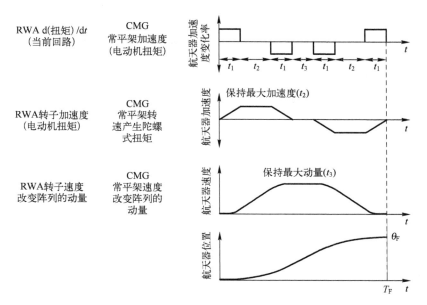

图 3.2 基于开关式反馈控制模型的机动曲线

式 $\tau=J\alpha$，由扭矩 τ 可求 α。在求解反应轮的参数中，自旋电动机产生扭矩（反应轮加速运动方向与扭矩方向相反）。然而，对于 CMG，输出扭矩的是陀螺，满足矢量关系 $\tau=\omega^{G/B}\times h_r$，其中 $\omega^{G/B}$ 为常平架相对本体坐标系的角速度矢量，将在第 4 章介绍。通过一阶求导实现从 CMG 运动学到航天器运动学的变换是应用 CMG 的重要特征之一。在设计执行器过程中，对于其尺寸大小的设计要充分考虑该特征。在图 3.2 绘制的曲线中，给出的卫星运动规律满足式（3.1），假设标量角加速度导数 j 为固定值，有

$$T_F = 4t_1 + 2t_2 + t_3$$
$$\theta_F = j(t_1)(t_1+t_2)(2t_1+t_2+t_3) \tag{3.1}$$

整个 θ_F 相对 T_F 的曲线由 3 段组成，假设加速度变化率为一常量，在此条件下，整个运动由四小段机动过程组成，即 $t_2=t_3=0$，每一小段持续 t_1 时间，在这种情况下，t_1 内加速度并不能达到极值限，方程简化为

$$T_F = 4t_1$$
$$\theta_F = j(t_1)(t_1)(2t_1) = j\frac{T_F^3}{32} \tag{3.2}$$

该机动过程持续时间短且角加速度变化率受限，因为加速度和速度都未达到最大极限值，因此只与角加速度变化率的极值有关。在图 3.3 中绘制的 θ_F 和 t_F 函数关系曲线中，加速度和角加速度变化率随机选择，速度矢量极值归一化。在加速度变化率受限弧段，角度是时间 T_F 的三次方，即图上红色部分。在较长一段调整

姿态过程中,t_1 达到其最大值(因为航天器达到加速度极限值),t_2 开始从 0 增加,该阶段加速度受限,因为该阶段时间只受最大加速度的约束,并未达到最大速度,该运动段如图 3.3 中绿色所示。在时域 t_F 内满足二阶关系。在最后持续更长时间内的调姿过程中,航天器到达最大速度并保持 t_3 时间。对于速度受限段(图 3.3 中蓝色线段)之后的减速运动,更大的位移需要更长的时间,需要的时间与速度极大值呈线性反比例关系。

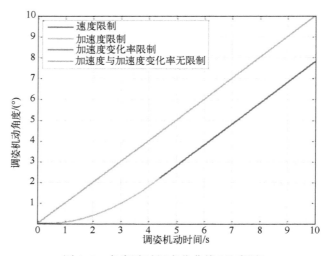

图 3.3　角度随时间变化曲线(见彩图)

无法达到的理想状态是图 3.3 中标注为"加速度与加速度变化率无限制"部分,图中深蓝色线段部分和理想状态之间的水平距离是所需要的额外时间,是加速度和加速度变化率两个参数在受到限制条件下所需要的额外机动时间,在动量系统设计中,通常需要在扭矩和动量之间进行平衡,如在航天器的加速度和速度间进行权衡。鉴于上述分析,设计和方案选择过程中,重要的影响因素是机动过程的时间指标。卫星机动时间短要求系统具备更大的加速度能力,对应于动量执行器的输入扭矩,而较长的机动时间任务需要航天器具备较高机动速度,即对应于相应的动量[1-2]。

3.1.2　航天器效能比

这里引入效能比指标作为评估航天器敏捷性的一种便捷方法。使用该指标,我们可以对航天器实际机动过程中转动角度涉及的某些基于时间的变量数值展开独立的分析。

3.1.1 节确定了时间 t_1 与最大加速度和最大加速度变化率的比值有关。另一个相关的重要变量是最大速度和最大加速度的比率。两个比率都是时间函数,对研究动量控制系统有重要作用。基于该点,定义两个重要参数,即 K_c 和 K_a。

K_c =最大加速度/最大加速度变化率;

K_a =最大速度/最大加速度。

K_c 是在给定最大的加速度变化率下,到达最大加速度状态所需的时间;K_a 是在给定最大加速度下,航天器达到最大速度的时间。通过对式(3.1)进一步推导,可以得到各运动弧段间转换系数,各运动弧段是数个比率参数的函数,如图 3.4 所示。

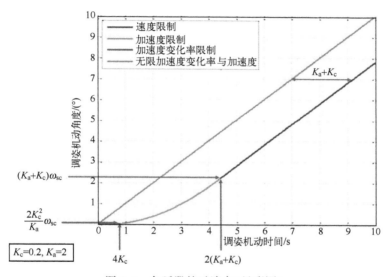

图 3.4 各弧段的过渡点(见彩图)

图 3.3 并没有给出加速度变化率和加速度的范围,但在图 3.4 的左下部分则给出了在 K_c =0.2 和 K_a =2 时加速度变化率和加速度的范围。在公式中,ω_{sc} 为航天器的最大角速度。该假设条件下最大角速度处运动过程的速度、加速度和加速度变化率的极值范围未知,然而它们之间的比率是已知的。因此,如图中蓝色弧段所示的实际执行过程中,与图中青色线段部分所示,与未考虑硬件条件限制的理想姿态转换相比,大角度姿态转换所需要的时间可知,该特定示例中为 K_c+K_a 或 2.2s。因此,如果机动持续时间要求小于 4.4s,那么航天器机动过程无法达到最大设计速度,因而机动过程属于加速度极值范围受限类型。同样,任何 0.8s 以下的机动都属于加速度变化率极值受限类型。在给定航天器机动调姿过程的时间参数指标相关信息情况下,我们可以明确与航天器动量控制系统中的硬件设计直接相关的一些参数、变量数值的选择。

3.1.3 动量系统效能比

现在考虑一个简单场景,在该场景中,航天器围绕某个轴旋转,旋转满足公式

$H=J\omega$ 和 $\tau=J\alpha$，其中 J 为航天器绕欧拉轴的转动惯量。根据运动公式，如果定义数值 K_a 为飞行器 ω 与 α 的比值，那么它等于 H 与 τ 的比值。该比率很重要，因为动量和扭矩是一个动量控制阵列最为关键的性能参数指标。同样，如图 3.2 中的注释描述的，如果 K_c 是飞行器 α 与 j 的比值，那么该值也等于 CMG 常平架 $\dot{\delta}$ 与 $\ddot{\delta}$ 的比值。基于一般性原则，在考查实际应用时，这些动量设备上述几个比率参数的典型值如图 3.5 所示。

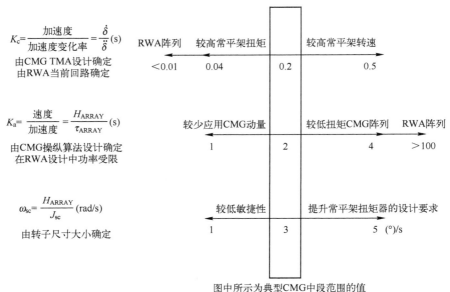

图 3.5 典型状态下的效能比参数说明

K_c 代表飞行器达到最大加速度（扭矩）所耗费的时间。对于一个 RWA，获得必要的扭矩只需要对电动机输入相应的电流，该过程是一个瞬时过程（K_c 非常小）。然而，对于一个 CMG，让飞行器达到必要的扭矩，需要对常平架进行加速，以使常平架到达最大速率。对于典型的 CMG，常平架达到峰值速度大约需要 200ms，该值由设计的常平架扭矩-电动机驱动力决定。

K_a 表示航天器达到最大速度所耗费的时间（给定最大加速度）。对于一个 RWA，其扭矩设计受制于电源，该数值很大，甚至远远大于 100s。例如，RWA 可能要花几分钟时间才能加速到最大速度状态。但是 CMG 可以在几秒内迅速改变其动量方向并到达目标角度。K_a 值很小的特性使得应用 CMG 设计的动量控制系统可满足敏捷型航天器的控制要求，也使设计出具有高敏捷性的航天器成为可能。

在选择 K_a 和 K_c 值时必须小心谨慎，确保设计值远离一些存在问题的典型值。由于动量系统的性能是由 K_a 和 K_c 两个参数共同决定的，且两个参数中 K_a 起主导作用。因此，你可能会直接得出结论，即只要选择尽可能减小 K_a 值的方案，就能进行正确控制,例如可以通过增加常平架的角速度（提升扭矩）来减小 K_a 的值,但该推论并不完全正确,因为在增加常平架角速度的同时也增加了 K_c 值,从而降低了该设计方案的优势。除了上述影响因素外,整个阵列层可获得的 H 和 τ 值还受阵列控制方式的影响（请参见7章）,这是另一个影响 K_a 的因素。

3.1.4 航天器速度

曲线的形状与时间相关,随时间变化,曲线的形状也会发生相应的变化。图 3.4 中反映这种变化的各弧段形状完全由比率 K_a 和 K_c 决定。图 3.5 曲线中给出的最后数值为航天器的最大速度,该图是对图 3.4 中的纵坐标（转动角）进行缩放后绘制而来的。采用一定的方法,可以直接将参数 K_a、K_c、ω_{sc} 与旋转角度和需求的时间关联起来。

值得注意的是,如果不考虑航天器的尺寸大小,设计类似的敏捷型航天器需要遵循的关系会保持不变。回顾公式 $H=J\omega$,选择不同的航天器速度以及航天器惯性,会直接影响 CMG 或 RWA 阵列产生的净动量。这一要求反过来影响动量器件的大小、重量和动量系统功率。

3.1.5 总结

本节建立了一个通用的方法,通过该方法将航天器的敏捷性转换为对动量系统要求,并通过相关参数进行分析。一旦知道了所需要的动量和 K_a 值,就可以进行动量器件的选择。其他因素对选择的影响下面会详细论述。

3.2 动量设备技术

动量装置主要分为两大类:一类是只有一个自由度的 RWA,RWA 装置主要由转子和电动机组成。该类设备转子的转速是可以进行操纵控制的,产生的动量矢量大小也能够改变,动量矢量的方向在本体框架坐标系统中则是固定的。另一类是 CMG,CMG 安装有一个可以运动的常平架,通过常平架的旋转对安装于常平架上的转子旋转轴进行重定向,该类装置的转子通常以恒定的速度旋转,从而产生的动量矢量大小固定但方向可以按控制进行变化。这两类设备都能通过与航天器交换动量来产生姿态控制力矩。但应看到,某些应用场景中,使用某类动量设备有实际的优势。本节将对两类动量设备展开讨论。后续章节将研究这两类技术优点和缺点间的关键平衡并给出如何进行选择的相关指导和规则。

3.2.1 扭矩、动量及进动角消除

在我们讨论动量设备之前,必须简要地回顾一下基础物理知识,主要研究刚体

在受到外部扭矩时的运动规律。第4章将介绍基本的运动学理论。本节旨在从运动物理学角度洞察刚体的运动规律,对其运动的数学描述进行补充。

下面从一个静止的刚体开始,例如,旋转速度为 0 的 RWA 转子,其角动量矢量 h 为零。根据定义,扭矩是惯性坐标系中动量的变化率,$\tau = dh/dt$,两个都是矢量形式。如果在 y 方向上施加一个恒定的扭矩并持续时间 dt,如图 3.6 左侧所示,则得到的角动量在 y 方向上为 dh。如果继续施加扭矩并持续另一个 dt,那么角动量矢量将继续在 y 方向上增长。由于刚体的角动量与它的惯性和速度有关,即 $h = J\omega$,对于每个 dt 时间增量,刚体的转动角速度矢量都会增加 $d\omega$,加速度 α 的增加满足

$$\tau = \frac{dh}{dt} = J\frac{d\omega}{dt} = J\alpha \tag{3.3}$$

如果刚体初始并不静止,那么我们考虑刚体初始围绕图 3.6 中的 x 轴旋转的情况,假设 CMG 常平架上的刚体,其初始角动量 h_r 在 x 方向上数值较大(相对于 dh 的大小)。如果我们像上面一样施加一个恒定的扭矩并持续时间 dt,那么最终得到的角动量就是初始的角动量 h_r 和 y 方向上角动量增量 dh 的矢量和。如果继续施加扭矩,并保持另一个 dt,这样持续增加时间,那么净角动量矢量将继续变化并沿着弧线向 x 方向过渡,如图 3.6 右侧所示。

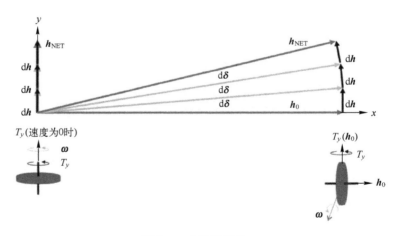

图 3.6 动量的增量

该图显示了上述情况下合成动量矢量的变化规律。合成角动量从 x 方向开始,围绕垂直于纸张平面向外的旋转轴旋转。每增加一个时间 dt,合成矢量会旋转一个额外的角度 $d\delta$ 且同时动量增加 $dh = d\delta \times h$。该结果表明,由刚体运动角速度所产生的扭矩(不同于前述的加速度),其旋转轴垂直于纸张平面向外的方向,满足

$$\tau = \frac{d\boldsymbol{h}}{dt} = \frac{d\boldsymbol{\delta}}{dt} \times \boldsymbol{h} = \boldsymbol{\omega} \times \boldsymbol{h} \tag{3.4}$$

式(3.3)是本科阶段经典陀螺动力学研究的一个知识点,描述了陀螺进动的运动规律。对于很多人来说,空间(叉积)和时间(一阶导数)之间的差异体现在 $\tau = J\boldsymbol{\alpha}$ 和 $\tau = \boldsymbol{\omega} \times \boldsymbol{h}$。但现在可以看到,这两种行为都是施加扭矩后,同一个 $d\boldsymbol{h}/dt$ 所引起的直接结果。这是一个反复出现的研究主题:在研究动量装置时,动量矢量的可视化要比扭矩更有意义。

3.2.2 反应轮

如图 3.7 所示,图中的动量装置在单一自由度下工作,自旋轴转子固定到卫星发射载体本体的旋转轴承上。输出扭矩直接由控制转子速度的同一电动机产生。即电动机和转子相互作用并引起航天器状态的改变,因此得名"反应轮"。如 3.2.1 节讨论,对转子施加的作用力使其按照公式 $\tau = J\boldsymbol{\alpha}$ 进行加速。

在产生扭矩时,整个动量设备应用的全部机械轴功率等于扭矩乘以转子的转速,即 $P = \tau \cdot \omega$。因此,它应用系统可能产生和提供的最大能量来改变角动量。典型的大型 RWA 一般具有的转子转速极大值为 2000~6000 r/min,而小型 RWA 的转子转速极大值可能更高。当转速达到 2000 r/min 时,在没有考虑电动机、电子设备和轴承散热功率的条件下,1 N·m 的扭矩可能需要的能源功率达到 209 W,为了降低功率需求,可以通过调整转子的设计,如降低转速或增加其惯性(如改变尺寸和重量)的

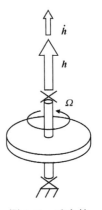

图 3.7 反应轮

方式,但这些技术有其自身的局限性,因此很少看到能够提供大于 1 N·m 扭矩的反应轮。

3.2.3 双常平架控制力矩陀螺(DGCMG)

DGCMG 与 RWA 不同,RWA 使用轴承将旋转轴固定到载体上,而 DGCMG 转子的旋转轴可以在航天器的参考框架中旋转,旋转轴安装在一双常平架上,如图 3.8 所示。DCMG 与 RWA 的另一个不同点是,DGCMG 转子的旋转速度在正常工作期间,即使对其进行操纵,其转速也会恒定不变。

DGCMG 的这种双常平架结构,转子的作用更像一个自由运行的陀螺仪。假设转

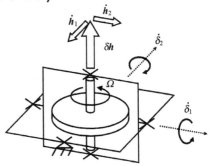

图 3.8 双常平架控制力矩陀螺

子的角动量矢量为 h,角动量的方向沿着转子的旋转轴方向,幅度大小为 $J_r\Omega_r$。当有扭矩作用于转子时,转子会做进动动作,作用于转子上的扭矩见 3.2.1 节,为 $\tau=\omega\times h$。

和 RWA 一样,DGCMG 装置的输出扭矩(施加在航天器本体上的扭矩)都直接由电动机输出。外部的常平架电动机直接输出扭矩至航天器本体,而内部常平架电动机则通过外部常平架的轴承传递扭矩到航天器本体。因此,用于定位这些常平架的电动机必须设计具有一定的尺寸,使 DGCMG 能够产生足够的输出扭矩,扭矩包括两部分:一是设计该装置时规定的输出扭矩;二是实现自身控制所需的扭矩。

但是,DGCMG 与 RWA 不同的是,DGCMG 转子的转速比 RWA 转子的旋转速度要低得多。前面说过由于机械功率的限制($P=\tau\cdot\omega$),RWA 电动机的扭矩受到严重的限制。CMG 就没有这种限制,因此可以产生更大的输出扭矩。

可以看出(见第 9 章),保持功率密度和 K_M 密度不变,典型电动机的功率和重量都将增加,增加大小为扭矩功率的 2/3。随着电动机尺寸的增加,常平架及其相关支撑结构的尺寸也随之增加。虽然引入齿轮传动装置对控制会有一定的辅助作用,但是,这最终也成为设计上的一个挑战,要设计一个双常平架的 CMG,具有合理和严谨的结构模式频率,我们再次遇到系统输出最大扭矩受到限制的情形。输出扭矩的最大值通常在 50~100N·m 附近开始降低。目前看来,国际空间站中设计制造生产的 DGCMG 也许是有史以来最大的 DGCMG,它们的额定功率达到了 300N·m。

3.2.4 单常平架控制力矩陀螺(SGCMG)

SGCMG 如图 3.9 所示,可以认为 SGCMG 是移除外部常平架(图 3.8 中围绕 δ_2 轴的常平架)的 DGCMG。因此,SGCMG 转子的旋转轴被限制在一个平面内运动,该平面的法线为 δ。如果通过唯一的内部常平架施加扭矩到转子上,我们期望转子能够沿着外部常平架的轴(DGCMG 中的 δ_2)进动。由于外部常平架已经被移除,因此会产生一个约束扭矩,在该轴上无法动作,只能通过内常平架轴承作用在航天器上。该扭矩不会产生物理机械效果或执行任何机械工作,但是足以使转子围绕常平架轴以常平架的速度进动。

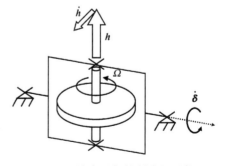

图 3.9 单常平架控制力矩陀螺

陀螺的物理学特性产生一种奇特的效应,它使陀螺成为一台具有"扭矩放大"

功能的机器,这个效应很有意义。扭矩放大的含义是:一个相对较小的常平架电动机设备,可以产生非常大的输出转矩。试想,如果把这样的设备连接到一个固定的测试框架上,并配有具有超强硬度的常平架(用于施加约束),通过测量常平架旋转轴的运动特性,我们甚至无法判断转子是否正在旋转。对电动机转矩的需求很简单,只要电机输出的扭矩能加速常平架的惯性,让常平架按照设定的速率转动就可以了。航天器所感受到的输出扭矩即约束力矩 $\tau = -\dot{\delta} \times h$,其中 $\dot{\delta}$ 为常平架速度矢量,h 为转子的角动量矢量。

如果需要输出扭矩的最大值,SGCMG 成为具有最明显功效、最敏捷载体的选择,这都归功于 SGCMG 的扭矩放大效应。大型 SGCMG 适用于输出扭矩远远超过 $1000N \cdot m$ 的航天器。用于地面类项目动量控制的超大型的 CMG 的输出扭矩可超过 $100000N \cdot m$,且仅需要几千瓦电源就可以实现。

3.2.5　航天器速度和 SGCMG 的常平架扭矩

3.2.4 节指出,对于固定在测试框架上的较高硬度的常平架,SGCMG 常平架的动力学特性与转子的动量相互独立。我们现在考虑将该设备安装到航天器上,航天器本体可能也处于运动状态。我们称该航天器的运动为 CMG 的"基座速率"。

具体而言,我们考虑载体围绕 SGCMG 的输出轴以惯性速度 ω_s 旋转的情况(图 3.10 中的黑色虚线)。在先前讨论中,同样的常平架轴承,以前用于提供约束,现在功能是使转子随着载体绕输出轴以速度 ω_s 旋转。该配置在图 3.10 中进行了说明。

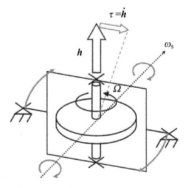

图 3.10　载体对基座速率的响应

对于一个陀螺仪,如果轴承要驱动转子使其围绕输出轴(图中虚线)旋转,转子会围绕常平架的轴进动。为了防止这种情形下常平架的旋转,必须对常平架轴施加足够大的扭矩,以阻止转子(与载体一起)围绕输出轴的进动动作,从而卸载轴承上的扭矩。如果常平架扭矩电动机的强度不足以施加该扭矩,则会失去对该常平架的控制能力。

只有围绕万向轴旋转的扭矩才能驱动陀螺仪随载体一起移动,并且只有常平架扭矩电动机输出的扭矩才能驱动陀螺仪。对于大型和具有较高敏捷性的航天器载体,它们的基座速率效应对动量系统的尺寸影响很大,在设计动量控制系统时要重点考虑该因素,通常要求扭矩电动机配置相应的变速箱来完成该任务,或者设计具有输出更大功率的能力。

现在假设一种最糟糕的情况,在该情况下,载体的基座完全围绕CMG输出轴方向旋转。此时,CMG常平架的输出扭矩标量要求达到 $\tau_g = \omega_s h$,CMG的动量大小足以产生期望的载体动量标量 $H = J_s \omega_s$,我们得出结论,所需要的常平架扭矩必须为

$$\tau_g \approx J_s \omega_s^2 \tag{3.5}$$

式(3.5)中使用了"≈"符号,是因为我们无法区分CMG动量(h)和阵列动量(H)。但是,常平架扭矩的变化,不管是增大还是减少,都符合一个基本的运动规律,即常平架的扭矩随载体速度的平方而变化。如果载体基座高速运动,那么该规律是设计中要考虑的基本点。具体如图3.5右下角所示。

作为一个经验法则,当常平架扭矩小于10N·m时,可通过直接驱动CMG产生所需输出扭矩,这时不用考虑与齿轮相关的设计参数。如果扭矩需要超过上述指标要求,常平架的质量、能量、功率等通常直接影响齿轮的设计。带齿轮的CMG通常应用在大型、敏捷型太空船上,但该类CMG的生产工艺更复杂,成本也更高。

3.2.6 重新审视扭矩放大效应

目前为止,我们已经对常平架的扭矩施加到航天器本体上的基座速率效应进行了量化,我们同样可以对扭矩的"放大效应"进行量化。此前,研究人员建议通过增大常平架电动机,进而增大常平架的惯性,这样就可以实现"放大效应",也使量化过程变得简单。但是,增大常平架电动机的尺寸也带来一个问题,那就是需要克服基座速率带来的进动效应,因此必须确定合适的尺寸,即

$$\tau_g = J_g \alpha_g + \omega_s h \tag{3.6}$$

CMG的输出扭矩已经被证明与常平架的速度矢量 ω_g 相关,满足式 $\tau_0 = -\omega_g \times h$。由于这些坐标轴始终是相互正交的,所以可求出

$$\tau_0 = \omega_g h \tag{3.7}$$

结合式(3.6)和式(3.7),并假设常平架扭矩的加速度与进动速率相比相对较小,可以发现对于任意动量满足

$$扭矩放大效应 = \frac{\tau_0}{\tau_g} \approx \frac{\omega_g}{\omega_s} \tag{3.8}$$

对于航天器来说,认识到上述规律具有很强的应用价值,其最大速率很少能超过每秒几度的量级。很容易设计技术指标满足大于或等于1rad/s转速的常平架,因此对大多数航天器,SGCMG可以轻松地实现扭矩放大,且放大因子可达10,而在一些航天器上甚至可接近100。

换一种思路,式(3.8)也解释了为什么在滚动速度达到30(°)/s或更高速度的飞机上,很少见到CMG的应用的原因了。载体基速率的升高,潜在会降低动量

系统的扭矩放大效应,带来的是对更大扭矩电动机的设计需求,降低和对消该技术的优势。

3.3 动量设备技术的权衡

3.3.1 动量和扭矩

所有的动量设备设计的目标是成为存储一定动量的设备。设计的动量设备只需要一个具有一定惯性和最大转动速度的转子。在同样的动量条件下,对航天器而言动量设备都可以产生相似的速度,同时也能存储或吸收相似数量的动量。

但是,通过 3.2 节对各种不同技术之间的区别和联系的讨论,有一点很明确,即各类不同技术实现的设备能够提供的可用扭矩范围差别很大。3.1 节中 K_a 定义为 h/τ,该定义揭示了系统的关键特征。反应轮与其他动量设备相比可以存储相同数量的动量,但是能够输出的扭矩严重受限,理想情况下能够输出的最大值为 K_a。DGCMG 能够提供的输出扭矩数值居中,SGCMG 能够提供的输出扭矩数值最低。

K_a 定义了将载体加速到最大速度所需的时间,该时间值给出系统完成一次实际机动过程所需要的时间,进一步计算实际应用时间和理想情况下(未受设备物理的约束)计算出的数据的偏差值。两者间的平衡最终归结为系统的敏捷性。图 3.11 所示为各种 MCS 技术的平衡空间。该图显示了扭矩与动量之间的关系,图中敏捷性度量 K_a 的各种数值用虚线绘制。为了便于研究,横坐标有两行刻度,第二行刻度是在 3(°)/s 的机动速率条件下,载体具有的惯性与所需动量间的对应关系。设计反应轮的扭矩落在小于 1N·m 的区域内,且对于配置小型电动机的小型设备而言,其扭矩更小。因为扭矩并不是线性地下降,所以在小型航天器上使用该技术可以实现较低的 K_a 值。

DGCMG 的设计范围一般小于 100N·m,但在图 3.11 中,前面提到的国际空间站(ISS)的设计在图上绘制为一个点,这说明国际空间站设计的动量系统在整个系列产品中具备的能力很强,技术很先进。基于扭矩放大原理,常平架速率大小类似,设备存储的动量越大,可以产生的扭矩也越大,该原理在图中显示为直线的斜率。

最后,如果不考虑尺寸大小,SGCMG 在合理范围内能够提供的敏捷性最高。只有 SGCMG 可以达到接近 1 的 K_a 值,而且它们在整个平衡空间内都可以实现该值。回想一下,所需的 CMG 常平架扭矩主要受载体惯性和载体速度平方影响,对于任意尺寸的动量设备和载体来说,如果常平架速率为 1rad/s,K_a 的值将接近 1。这个分析忽略了阵列对 K_a 的影响,这将在第 7 章进行讨论。

图 3.11 中绘制的具有最低值的情况,是假设我们讨论的是传统的机械系统情况,即用传统技术制造。如果使用 MEMS 技术,动量设备的尺寸甚至可以更小。

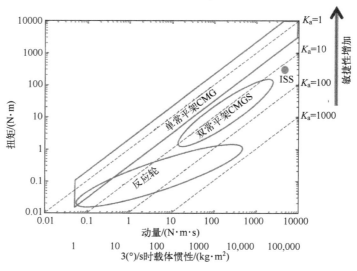

图 3.11　MCS 不同技术的扭矩、动量和敏捷性

3.3.2　功率

如前所述,在产生扭矩时,RWA 应用的机械功率大约等于扭矩与转速的乘积。典型的大型 RWA,其转子转速最大可达 2000~6000r/min,小型 RWA 的转子转速最大值会更高。假设小型 RWA 的转速为 2000r/min,则 1N·m 的扭矩大约需要 209W 的电源功率,该计算值并未考虑电动机、电子设备和轴承中的热量消耗。当转子转速很低,动量系统不产生输出扭矩时,RWA 的"偏压"功率将非常小。

CMG 的输出扭矩由于机械限制而不需要转移能量给转子。这个特性使得 CMG 在输出扭矩方面效率更高。但是,有一点需要考虑,因为 CMG 持续高速旋转,因此需要稳定的电力功率来保持这种高速度运转状态。用于驱动旋转的电动机的功率(P_M)可以近似为旋转轴承标量阻尼扭矩(τ_d)和转子转速的乘积,设计添加一个放大因子以考虑电机绕组的热损耗,有

$$P_M = s\tau_d\omega_r$$

式中:系数 s 为一个非线性函数,与电动机的设计和工作点有关,且可以取近似值 1.1。当 P_M 与电子偏差功率相结合时,P_E 作为它们的和,也称为"静态"功率 P_Q,且

$$P_Q = P_M + P_E$$

术语"静止"意味着即使不应用 CMG 来产生扭矩也会产生一定的功耗。主

要影响因素是参数 τ_d, P_Q 值较大时需要更大的旋转轴承以及更高的旋转速度。静态功耗的增加不仅影响航天器本体必须输出给 CMG 的功率,还会增加旋转轴承的功率热损耗,这种功率热损耗反过来影响了系统热量损耗方面的设计。静态功耗和热量损耗对优化 MCS 设计带来一定的冲击,如大型 CMG 大都不能以超过 10000r/min 的速度运行。装配小型轴承的小型 CMG 更容易利用高速转子具有的优点来减小 CMG 的尺寸。霍尼韦尔国际公司最近已经完成的研究工作表明,在动量系统中集成隔振技术可以通过应用小型旋转轴承,减轻对航天器设计起主要作用的发射的负载。

3.3.3 振动

像所有带有旋转部件的机器一样,动量装置从结构上会对支撑它们的载体产生振动。这些振动具有丰富但很好理解的谱系内容。该频谱不是典型的宽带"白色"或"彩色"噪声类型,可以使用功率谱密度(PSD)图方法进行绘制观察。相反,它由一组反映飞轮转速不同倍数的梳状离散频率组成。在一个典型的 PSD 图中,每个离散频点处都会产生一个无限窄而无限高的峰值。因此,PSD 图不适合研究这些振动。相反,对每个频率分量绘制其均方根(rms)正弦幅度图,且该图可以通过傅里叶分析获得。给定频带中,可以计算该频带中所有峰值的根和平方,作为最终总的均方根噪声。通过上述方法,下面可以分析和检测动量设备中的一些振动源。

不管是静态还是动态因素都对转子的平衡有决定性的影响。静态平衡通过测量转子质心距旋转轴的距离来获得。该偏置位移会传导一个向心力标量 $F = Me\omega^2$ 到航天器结构上,其中 M 为转子质量,e 为质心位移。因此,静态平衡的量纲通常是质量单位乘以位移单位,如 oz[①]·in(盎司·英寸)。动态平衡通过对转子的主惯性轴与旋转轴间的倾斜程度的测量来获得,测量结果量纲通常是 oz·in^2(盎司·英寸^2)的形式。该扭矩矢量中产生的扰动通常描绘为沿旋转轴旋转形成的一个圆锥体。静态和动态平衡效应通常受转子自旋频率影响很大,其中也具有少量的谐波成分。

另一个主要影响因素是轴承的偏心。轴承最主要的影响因素是轴承内部包含具有多个旋转速率的旋转部件,给系统贡献了多个频率成分。轴承内圈与转子旋转速度相同,同轴一起转动。轴承中的滚动球体组合及球体载架以较慢的速度旋转,而单个球体以高速旋转。通过分析追踪频率成分、各部件尺寸产生的公差和各种部件表面上由于制造工艺产生的缺陷,我们发现这些轴承的频率、谐波成分以及噪声之间的拍频(频差)。

---

① 1oz = 28.349523g。

在每个频率成分中，每个圆周运动周期内轴承将轴推离中心线。对于某些特定的频率，该圆周运动可能呈"逆行"方式，即与转子旋转方向相反。

转子轴的两端通常都有一个轴承，来自这两个轴承中的所有频率噪声永远不会相同，这使得频谱进一步复杂化。滚动球体组合频率的主要影响因素是轴承滚道和滚动球的直径，所有这些都受到尺寸公差的限制。因此，虽然转子滚动轴两端的噪声频率非常接近，但它们并不完全相同。这些几乎相同的噪声频率之间拍频的周期可能是几秒或数分钟。该拍频就是日常中当我们在听一个转动机器运转时，习惯于从中听到一种缓慢的音频调制类型的振动。它也使得对振动进行常规测量变得非常困难，除非采取长时期观测，然后对时间观测值进行平均，进而进行信息处理的方法，否则难以对振动进行重复测量和处理。噪声频率似乎千变万化。在旋转轴两端旋转矢量间相对的相位不断变化，导致不同结构噪声频率间相互激励。

尽管这些振动具有随机性，但对其中的各成分进行详细分析，还是可以用计算机建模的方法近似模拟出它们产生的效应。当我们试图这样做时，最重要的是要认识到，与许多扰动不同的是，轴承旋转产生的"强迫功能"既不是力，也不是扭矩。轴承中的滚动球体比典型结构中的其他任何东西都要坚硬得多，它们的几何缺陷会在旋转轴和旋转轴周围的结构之间产生位移。这样，他们的硬度足以推开运动路线上的一切阻挡。他们可能使旋转轴、外壳和支撑结构等设备变形。这样的结果是，轴承施加的振动力的数值由它所连接的结构决定。当要对轴承所受到的扰动进行建模，作为有限元模型的输入时，我们必须用一个非常高刚度的元件（比其余部分高几个数量级）结构元素来表示，然后以 $F=kx$ 的刚度对其施加一个差动力，其中 k 为元件的刚度，x 为所需的位移。典型的轴承位移从十分之几到几十微英寸，每种噪声频率都有自己独特的值。对于给定的轴承设计，这些值必须由经验值来确定，并且产品在各生产批次中的统计特性要记录且设计者都要把这样经验数据记到脑子中。

频谱中的所有噪声频率随飞轮转速呈线性变化，导致梳状频谱沿频率轴与转子速度一起移动。对于 CMG，它们的速度保持不变，表现出稳定和可重复的振动频率。因此，可以在合理的范围内设计这些设备，使它们的扰动频率与航天器结构模式中某些关键频率不重合。实际上，可以对在轨运行卫星的动量系统进行动态"调整"，如通过对转子速度进行微小的调整实现激励最小化。相比之下，RWA 的转子转速随动量需求的变化而变化，产生频谱上下扫描状的振动噪声频率，在这种情况下，通过设计来避免结构激励是不现实的。

3.3.4 扭矩精度

由于 RWA 的扭矩生成方法完全不同于 CMG，每个都必须单独讨论。

对于反应轮,施加到航天器本体上的输出扭矩等于电动机扭矩减去旋转轴承和其他任何摩擦源的摩擦扭矩。虽然电动机的扭矩可以很容易地从电源的测量值中估算出来,但摩擦力的影响很难预测,因为摩擦力随着速度、温度、润滑等因素非线性变化。对于中型 RWA 来说,有时摩擦扭矩部分可占到动量设备满量程输出扭矩的 10%,而且这种情况并不罕见。因此,如果控制系统命令 RWA 输出满量程扭矩的 5%,此时,系统存在的摩擦扭矩可能是控制扭矩的两倍。在这种情况下,姿态控制回路可能产生严重的误差,通常需要使用状态估计策略来确定摩擦扭矩。这种策略在转子跨越零速度(反转方向)时表现不佳,这是因为在这个区域摩擦和黏滞变化最大,通常在零速附近测量效果最差。许多航天器都尝试对阵列中的 RWA 进行偏离,在正常的控制程序实施过程中使其远离零速位置。通过动量偏差来操作航天器,或者动量系统设计时,包含 3 个 RWA 并使它们相互偏置,通过偏置的方法实现这一目标,第 6 章将详细介绍如何应用阵列零空间方法实现上述目标。

与 RWA 设备中安装的轴承一样,CMG 的轴承也存在阻滞摩擦力。但 CMG 转子的旋转速度是常量,以几乎恒定的旋转速度运转,旋转轴承的摩擦力变化很小。自旋轴承摩擦是系统功率设计所要考虑因素之一,但其对系统性能影响不大。由于 CMG 输出扭矩由常平架的速度决定,CMG 常平架通常通过控制内环来控制调节常平架的速率。因此,常平架轴承摩擦效应在很大程度上通过闭环控制得到缓解。典型的常平架速率环路控制带宽为 10~15Hz。尽管 CMG 的摩擦效应对性能的影响远低于 RWA,但当常平架速率改变方向时,控制系统命令输出的扭矩经过零点,摩擦效应仍然缓慢变化。而速率回路中的积分反馈"结束"以抵消电荷摩擦的突然变化,常平架在零速位置暂停。有齿轮的 CMG 比直接驱动的 CMG 表现出这种效果的程度要小一些。

除了摩擦效应之外,通常增益和偏移误差会影响扭矩的精度。在 RWA 的情况中,偏移扭矩很低,但由于电动机 K_t 的变化和电流感应电阻的阻力,控制系统会产生增益误差,两者都随温度而变化。由于速率闭环环路的原因,CMG 的性能主要由转速表的测量精度和测量转速计的电子器件性能决定,转速表主要用于测量常平架速度。测量仪器通常是一个电磁装置,属于精密的测量仪器。对于由模拟电子元件组成的老式 CMG,电子元件的偏移确实会导致速率偏移误差。现代数字式 CMG 可以减轻这一点,它通过软件监控常平架位置传感器的变化,并对误差进行缓慢修正。由于温度的变化,电磁式转速表中的增益误差 K_t 仍然存在。一些现代 CMG 采用数字编码器技术来测量常平架的角度和速度。这些技术很有效,让测量设备具备零误差。

3.3.5 阵列控制

本节将分析与考虑通过一组动量装置,在三维坐标空间产生所需要的刚体扭矩,分析这种方案的复杂性。到目前为止,控制一组由 n 个反应轮构成的阵列较为简单。单个转子的动量变化引起三个轴上合成动量的变化,三个轴上输出的净动量变化量是一个 $3\times n$ 的雅可比矩阵 $\boldsymbol{A}$。因为 RWA 安装固定在载体的某些方向上,矩阵 $\boldsymbol{A}$ 的相关系数是常量。矩阵 $\boldsymbol{A}$ 的各列是在 RWA 旋转轴方向上的单位矢量。通过取矩阵 $\boldsymbol{A}$ 的逆(这里 $n=3$)或伪逆(这里 $n>3$),我们得到一个常量的控制矩阵 $\boldsymbol{A}^+$,即

$$\boldsymbol{\tau}_{\text{RWA}} = \boldsymbol{A}^+ \boldsymbol{\tau}_{\text{cmd}} \tag{3.9}$$

为了输出一定量的扭矩到航天器载体本体,需要计算阵列中每个飞轮上需要分配的扭矩,通过式(3.9)中的矩阵,可以对姿态控制系统或动量控制系统分配到每个飞轮上的扭矩进行计算。

对于 DGCMG,上述动量分配映射过程复杂且困难。DGCMG 的每个 CMG 的输出扭矩由常平架产生,并且在扭矩的作用下,转子会进行进动。每个 CMG 设备由一个常平架固定在载体的支架上,另一个常平架的扭矩沿轴随时间变化。这样带来的结果是,雅可比矩阵会随着常平架机构旋转角度的变化而变化,且该变化速度很快。此外,动量控制系统阵列的设计还需要考虑整合一个规避常平架锁定的应对策略。

对于 SGCMG 来说,阵列控制是最困难的,雅可比矩阵同样会随着常平架角度的变化而变化。在这种情况下,雅可比矩阵将净动量的变化与 CMG 常平架角度的变化关联起来。此外,SGCMG 阵列展现出一组丰富而复杂的内部奇点,这使得求解雅可比逆矩阵极其困难。SGCMG 的奇点规避问题、如何在 SGCMG 的奇点周围操纵 SGCMG 阵列的方法,以及如何让系统跨越这样奇点位置将在第 5 章和第 7 章进行详细讨论。

3.4 选择动量设备技术的准则

表 3.1 所列为动量设备选择准则。

表 3.1 动量设备选择准则

项 目	RWA	DGCMG	SGCMG
敏捷性(图 3.11)	最适合于空间站维持,或者是数分钟级别的机动	中等长度范围	最敏捷的,在几秒内完成的机动
功率	更低的静态功耗	更高的静态功耗	
	扭矩产生效率低	中等长度范围	扭矩产生效率高
齿轮系	无	一般建议输出扭矩超过 10N·m	建议用于超过 10N·m 的常平架扭矩

(续)

项　目	RWA	DGCMG	SGCMG
振动	广泛的运行速度范围	恒定速度可调整以避免一些关键模式	
扭矩精度	摩擦导致开环转矩误差	内部常平架可减少误差 速度循环误差可由齿轮进一步减少	
	电动机 K_t,R 传感器	Tach 效能	
控制	最简单的,具有常量控制矩阵	更加复杂,可避免常平架奇点位置锁定	最复杂,可避开内部奇点奇异性
成本	低	高	中

3.5 本章小结

本章给出量化航天器敏捷性的相关指标,可直接用于动量设备的选择和尺寸确定。介绍了最常见的动量设备相关技术,以及如何对各技术进行权衡。最后给出几条满足特定应用的动量设备选择通用准则。

参 考 文 献

[1] B. Hamilton, B. Underhill, Modern momentum systems for spacecraft attitude control. Adv. Astronaut. Sci. **125**, 57 (2006)
[2] B. Hamilton, Turnkey cmg-based momentum control for agile spacecraft, in *AAS Advances in the Astronautical Sciences*, vol. 149, 2013

第 4 章 动量控制系统动力学

不能把动量系统作为反馈控制系统框图中普通的组成部分,以能量和控制信号作为输入,以扭矩或动量作为输出并施加到航天器,这样简单地当作黑盒处理远远不够。应用动量系统可使航天器具有高鲁棒性和高敏捷性,但在设计过程中需要充分考虑刚体和柔性体动力学因素对系统的影响。本章给出装配动量控制设备的航天器的基本运动方程,对设计整合了动量控制装置作为执行器的航天器所涉及的重要柔性效应进行总结。

4.1 符号表示方法

从根本上来说,动力学分析可能不适合用物理领域的简单符号来表达。但无论出于什么原因,动力学研究人员之间的表述还有一定的差别。而普遍能被大家接受的通用表示方法太少,因此我们认为有必要解释一下这里采取的表示方法。下列方法基于矢量——二重张量(或张量)表示法,二重张量是识别矢量和矩阵之间的关键。矩阵是标量的集合,有人称为"度量数"。每一个标量都表示矢量或张量在基矢量上的投影。本章讨论中,基矢量具有单位长度,并且总满足右手坐标系,如图 4.1 所示,图中为 3 个按照一定顺序排序的基矢量 n_i,其中 $n_1 \times n_2 = n_3$。这里的矢量有时也称为"自由矢量"。它们是具有大小和方向的数学对象,但矢量并不与坐标系相关联,也不涉及某种坐标系原点,它们不是从某一点发出的射线。当看到垂直排列中的 3 个数字时,人们经常随意地说这是一个"矢量",而更明确的术语应该是"列矩阵",列矩阵总以坐标系为前提。在这一章我们着重讨论矢量和张量的坐标无关方法,以使我们的研究不受坐标系统选择的干扰。只有当我们遇到必须定义坐标系或应用坐标系便于理解运动过程的时候,我们才定义某个坐标系。二重张量是一个二阶张量,当二重张量投影到坐标系的基矢量上时,它会生成一个方阵。二重张量的表示方法有多种,一般由一组并列矢量对组成,简单地写成一个矢量挨着另一个。例如,一个二重张量 D 可以写成两个矢量 c_1 和 c_2 并列的形式,即

$$D = c_1 c_2 \tag{4.1}$$

使用熟悉的矢量运算方法对二重张量进行几何运算,例如矢量代数中叉积运算和点积运算,二重张量中每个矢量的运算法则与矩阵代数的规则类似,如表 4.1

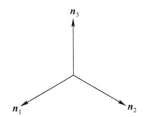

图 4.1 具有 3 个正交基矢量的右手坐标系

中所列的几个运算实例。矩阵可以通过左上角标识,表示基于矩阵所产生标量的坐标系。当选择隐式表示方法或表示线性无关矩阵时,这种左上标表示方法可以略去坐标系符号。请注意,标量是矩阵的特例,标量中矩阵维数是 1×1,对于 1 维矩阵,坐标系的选择对表示方法没有影响。为了清楚,通常采用一个大写字母表示矩阵,而用小写字母代表某个标量。矩阵是一组按 $m×n$ 排列的标量的集合。表 4.2 给出的示例中包括列矩阵、行矩阵和 $m×n$ 阶矩阵。下面列举一个矢量的例子说明如何表示及运算。这里把矢量写为 v。假设在航天器本体坐标系中固定有 3 个基矢量 $\boldsymbol{b}_1$、$\boldsymbol{b}_2$ 和 $\boldsymbol{b}_3$。那么标量 v_i 可以定义为

$$\boldsymbol{v} = v_1 \boldsymbol{b}_1 + v_2 \boldsymbol{b}_2 + v_3 \boldsymbol{b}_3 \tag{4.2}$$

表 4.1 矢量/二重张量表示法

标量	a
矩阵	v, D
矢量	$\boldsymbol{v}$
二重张量	$\boldsymbol{D}$

表 4.2 不同维数矩阵的示例

矩阵类型	示例
3×1 阶矩阵	$\begin{bmatrix} x_1 \\ x_2 \\ x_3 \end{bmatrix}$
1×4 阶矩阵	$\begin{bmatrix} x_1 & x_2 & x_3 & x_4 \end{bmatrix}$
2×3 阶矩阵	$\begin{bmatrix} x_{11} & x_{12} & x_{13} \\ x_{21} & x_{22} & x_{23} \end{bmatrix}$

此外,可以简单地通过将 v_i 投影到每个基矢量上来提取 $\boldsymbol{v}$。例如:

$$\begin{aligned} v_1 &= \boldsymbol{b}_1 \cdot \boldsymbol{v} \\ &= \boldsymbol{b}_1 \cdot (v_1 \boldsymbol{b}_1) + \boldsymbol{b}_1 \cdot (v_2 \boldsymbol{b}_2) + \boldsymbol{b}_1 \cdot (v_3 \boldsymbol{b}_3) \\ &= \boldsymbol{b}_1 \cdot (v_1 \boldsymbol{b}_1) + 0 + 0 \\ &= v_1 \boldsymbol{b}_1 \cdot \boldsymbol{b}_1 + 0 + 0 \\ &= v_1 \end{aligned} \tag{4.3}$$

考虑另一组基矢量 a_1、a_2 和 a_3。如果它们与 b_i 不同,则与 a_i 相关的标量不同于与 b_i 关联的标量。因为不能通过选择不同的基矢量而改变一个矢量,所以标量(标量依赖于矢量)不能真正等同于矢量(零矢量是一个特例)。Hughes 在文献 [1] 中介绍了一种较为方便的表示法,称为"矢阵(Vectrix)"方法。简单地说矢阵就是一个矢量阵列。例如:

$$\boldsymbol{b} = \begin{bmatrix} \boldsymbol{b}_1 & \boldsymbol{b}_2 & \boldsymbol{b}_3 \end{bmatrix} \quad \text{或} \quad \boldsymbol{a} = \begin{bmatrix} \boldsymbol{a}_1 & \boldsymbol{a}_2 & \boldsymbol{a}_3 \end{bmatrix} \tag{4.4}$$

上述矢量矩阵对象有一行三列,这不是一个 3×3 阶标量组成矩阵的速记表示方法。矢阵方法在处理矢量和矢量基时很有用。应用矢阵表示方法,可以使公式看起来更紧凑明了,例如:

$$\boldsymbol{v} = \begin{bmatrix} \boldsymbol{b}_1 & \boldsymbol{b}_2 & \boldsymbol{b}_3 \end{bmatrix} \begin{bmatrix} v_1 \\ v_2 \\ v_3 \end{bmatrix} = \begin{bmatrix} \boldsymbol{b}_1 & \boldsymbol{b}_2 & \boldsymbol{b}_3 \end{bmatrix}^{\mathrm{B}} \boldsymbol{v} \tag{4.5}$$

上述两矩阵相乘中应用一基矢量和一标量组成的列矩阵相乘来表示矢量 v。对于选择的基矢量,式中的列矩阵与之相匹配。因此,为了清晰起见,我们用列矩阵 $^{\mathrm{B}}v$ 的左上标来标示选择的基矢量。矢阵也可用于矢量表达式,如点积和叉积运算。依据标准矩阵代数中的运算规则,对矩阵中每个元素都执行矢量运算。例如:

$$c = \begin{bmatrix} \boldsymbol{a}_1 & \boldsymbol{a}_2 & \boldsymbol{a}_3 \end{bmatrix} \cdot \begin{bmatrix} \boldsymbol{b}_1 \\ \boldsymbol{b}_2 \\ \boldsymbol{b}_3 \end{bmatrix} = \boldsymbol{a}_1 \cdot \boldsymbol{b}_1 + \boldsymbol{a}_2 \cdot \boldsymbol{b}_2 + \boldsymbol{a}_3 \cdot \boldsymbol{b}_3$$

$$\boldsymbol{C} = \begin{bmatrix} \boldsymbol{b}_1 \\ \boldsymbol{b}_2 \\ \boldsymbol{b}_3 \end{bmatrix} \cdot \begin{bmatrix} \boldsymbol{a}_1 & \boldsymbol{a}_2 & \boldsymbol{a}_3 \end{bmatrix} = \begin{bmatrix} \boldsymbol{b}_1 \cdot \boldsymbol{a}_1 & \boldsymbol{b}_1 \cdot \boldsymbol{a}_2 & \boldsymbol{b}_1 \cdot \boldsymbol{a}_3 \\ \boldsymbol{b}_2 \cdot \boldsymbol{a}_1 & \boldsymbol{b}_2 \cdot \boldsymbol{a}_2 & \boldsymbol{b}_2 \cdot \boldsymbol{a}_3 \\ \boldsymbol{b}_3 \cdot \boldsymbol{a}_1 & \boldsymbol{b}_3 \cdot \boldsymbol{a}_2 & \boldsymbol{b}_3 \cdot \boldsymbol{a}_3 \end{bmatrix} \tag{4.6}$$

二重张量 $\boldsymbol{D}$ 进行矢量运算可以对第一个或第二个矢量进行运算,这取决于运算操作中的另一个矢量是前乘还是后乘。如表 4.3 所列,表中列举了一些关于二重张量的常用运算操作。二重张量可以用矢阵和矩阵的形式表示。例如,式(4.7)采取了传统的方法表示,该表示方式看起来非常繁琐:

$$\boldsymbol{J} = J_{11}\boldsymbol{a}_1\boldsymbol{a}_1 + J_{12}\boldsymbol{a}_1\boldsymbol{a}_2 + J_{21}\boldsymbol{a}_2\boldsymbol{a}_1 + J_{13}\boldsymbol{a}_1\boldsymbol{a}_3 + J_{31}\boldsymbol{a}_3\boldsymbol{a}_1 + \cdots + \\ J_{22}\boldsymbol{a}_2\boldsymbol{a}_2 + J_{23}\boldsymbol{a}_2\boldsymbol{a}_3 + J_{33}\boldsymbol{a}_3\boldsymbol{a}_3 \tag{4.7}$$

也可以写为

$$\boldsymbol{J} = \begin{bmatrix} \boldsymbol{a}_1 & \boldsymbol{a}_2 & \boldsymbol{a}_3 \end{bmatrix} \begin{bmatrix} J_{11} & J_{12} & J_{13} \\ J_{21} & J_{22} & J_{23} \\ J_{31} & J_{32} & J_{33} \end{bmatrix} \begin{bmatrix} \boldsymbol{a}_1 \\ \boldsymbol{a}_2 \\ \boldsymbol{a}_3 \end{bmatrix} \tag{4.8}$$

表 4.3　二重张量运算操作示例($D=a_1a_2$；a_1 和 a_2 是任意矢量)

运算操作	结　　果	描　　述
$D \cdot w$	$= a_1(a_2 \cdot w)$	矢量：a_2 和 w 点积得到的标量与 a_1 相乘
$v \cdot D$	$= (v \cdot a_1)a_2$	矢量：v 和 a_1 点积得到的标量与 a_2 相乘
$v \cdot D \cdot w$	$= (v \cdot a_1)(a_2 \cdot w)$	标量：v 和 a_1 点积得到的标量与 a_2 和 w 点积后的标量相乘得到的标量
$v \times D$	$= (v \times a_1)a_2$	二重张量：矢量 v 和矢量 a_1 的叉积与 a_2 相乘
$v \times D \cdot w$	$= (v \times a_1)(a_2 \cdot w)$	矢量：a_2 和 w 点积得到的标量与 v 和 a_1 叉积结果相乘

注意到，在式(4.8)中没有点积运算操作。执行的运算看起来似乎是矩阵乘法，但其实只是将矢量组 a_i 和 a_j 排列形成了一个适当的组合。式(4.7)中的 J 采用了惯性二重张量的形式表示，其中 $J_{ij}=J_{ji}$，即是一个对称的惯性矩阵。我们区分"坐标系"和"参考框架"，这里再次强调，随意使用会使人混淆两者。通常坐标系由 3 个具有一定顺序的正交基矢量组成，3 个正交基矢量满足右手规则。应用坐标系概念，可以从矢量-二重张量表达式提取标量和矩阵公有值，用某种特定意义的坐标系来表示相应的空间或数学等方面的概念。如罗经点或航天器制造坐标系统。坐标系统的选择与底层物理没有任何关联，这就像倾斜你的头选择的坐标系并不影响您所看到的内容。相比之下，参考框架是一个强大的物理概念，它建立了与运动方程相关的一套基本运算与书写规则，这种框架也称为"观察参考框架"，空间、时间和运动是这个概念的核心。因此，框架的概念独立于基矢量，与选择的基矢量无关，在某个框架中，可为相关矢量和张量建立一个通用的三维空间坐标系。正如人们所预料的那样，航天器的姿态运动并不要求我们以靠近光速的相对运动中区分各种参考框架。如果有必要的话，建立这样的参考框架会更复杂。相反，在本书所考虑的情况下，一个参照框架可以固定在某个物体上或某个惯性空间中。惯性框架是一个牛顿系统，即牛顿定律可以以熟悉的方式在这样的框架中使用。固定在某对象上的框架不一定是牛顿系统。一个参考框架可以相对于另一个参考框架进行加速或旋转，而这个相对运动可以用运动学来描述。所以，这里所考虑的每个刚体都有与它相关的参考框架，刚体运动学描述了这些参考框架之间的相对运动。在本书开始时给出的符号表对关键变量进行定义。

4.2　航天器姿态与动量——装置运动学

姿态可以理解为一组基矢量相对于另一组基矢量的方向。航天器姿态控制根据给定的指令值尝试将姿态方向转向目标方向,例如,让航天器的天底轴或有效载荷的视轴,沿航天器到地面或太空中的某个目标的矢量方向进行瞄准。在实践中,航天器的姿态可以用多种参数化方式来描述,其中最常用的是四元数,因为它具有简单和紧凑的特征,所以最受青睐且用得最多。然而,有时也使用方向余弦矩阵,用得较少的是欧拉角参数化方式。文献[2-4]对上述3种参数化方法和其他姿态参数化方法都进行了深入全面的讨论和研究。姿态参数化方法存储了两个坐标系之间关系的相关信息。例如,方向余弦矩阵(如式(4.6))姿态参数化方式,把某坐标系中的任一矢量转换到其他坐标系中,以更加直观的方式显示和表示:

$$^B v = {^B Q^A}\,^A v \tag{4.9}$$

式中:通过在上标放置符号来表示"A"坐标系,一个用于方向余弦矩阵,另一个用于列矩阵,互相并排排列。这样排列有助于确保系统使用的协调一致性,例如

$$^B Q^A = \begin{bmatrix} b_1 \\ b_2 \\ b_3 \end{bmatrix} \cdot \begin{bmatrix} a_1 & a_2 & a_3 \end{bmatrix} \tag{4.10}$$

由于矢量与坐标系无关,所以应用上标的方法来表示矢量与坐标系间的关系,还可以用其他任意的基矢量集来描述:

$$v = \begin{bmatrix} b_1 & b_2 & b_3 \end{bmatrix} \begin{bmatrix} ^B v_1 \\ ^B v_2 \\ ^B v_3 \end{bmatrix} = \begin{bmatrix} a_1 & a_2 & a_3 \end{bmatrix} \begin{bmatrix} ^A v_1 \\ ^A v_2 \\ ^A v_3 \end{bmatrix} \tag{4.11}$$

将矢量投影到基矢量上,对公式进一步推导:

$$\begin{bmatrix} b_1 \\ b_2 \\ b_3 \end{bmatrix} \cdot v = \begin{bmatrix} b_1 \\ b_2 \\ b_3 \end{bmatrix} \cdot \begin{bmatrix} b_1 & b_2 & b_3 \end{bmatrix} \begin{bmatrix} ^B v_1 \\ ^B v_2 \\ ^B v_3 \end{bmatrix} = \begin{bmatrix} b_1 \\ b_2 \\ b_3 \end{bmatrix} \cdot \begin{bmatrix} a_1 & a_2 & a_3 \end{bmatrix} \begin{bmatrix} ^A v_1 \\ ^A v_2 \\ ^A v_3 \end{bmatrix} \tag{4.12}$$

进行适当简化后,有

$$^B v = I_{3\times 3} \begin{bmatrix} ^B v_1 \\ ^B v_2 \\ ^B v_3 \end{bmatrix} = {^B Q^A}\,^A v \tag{4.13}$$

最终推导出的结果见式(4.6)。虽然基础物理学独立于坐标系,但选择某些传统研究方法,航天器领域的工程师与动量设备工程师可以相互沟通,共同对航天器中动量设备硬件的安装定位和动量系统相关重要行为进行研究。航天器领域应用的一些术语,如标准参考轴中的滚动、俯仰和偏航,最初用于航海领域,之后被应用于描述航空飞行,接着是火箭发射。一般情况下,滚动、俯仰和偏航分别用 x、y 和 z 表示。有时在某些场合 b_1、b_2 和 b_3 被用来代替 x、y 和 z,这里我们采用更公

认的规则,用 b_1、b_2 和 b_3 来表示滚动、俯仰和偏航。对于许多卫星,俯仰轴贯穿太阳能电池板阵列(或称太阳电池翼),与早期飞行领域的应用惯例一致。偏航坐标轴与垂直指向地面的引力方向或与指向天顶的方向对齐。基矢量的第三个矢量由右手坐标系确定,如图 4.2 所示。

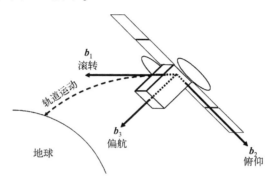

图 4.2 航天器参考坐标系统

指定动量装置方向的传统方法侧重于其预期的角动量轴,即一个完美构建设备的角动量方向。实际的角动量可能因动态不平衡、轴承跳动、机械失调或其他方面的原因而有所变化。然而,坐标系统的构建主要是基于系统研究目标的方向。对于 RWA 而言,目标方向是航天器本体参考框架中的一个固定参数 $\hat{s}_i$,即第 i 个 CMG 的自旋坐标轴,其他轴与目标方向正交,在设计过程中指定连接器和紧固件如何安装到航天器总线结构中,如何在航天器总线结构中安装动量控制设备。因此,对于一个由多个 RWA 组成的阵列,传统的方法是根据不同飞轮的 $\hat{s}_i$ 方向来确定角动量设备的目标方向。相比之下,控制力矩陀螺(CMG)的动量轴是独立的,它并不固定在航天器结构上,常平架电动机使 CMG 的动量轴进动。因此,与 RWA 相比,对于坐标系的选择要更谨慎小心。对于某个 CMG,它的常平架轴固定在航天器参考框架中,第 i 个 CMG 常平架坐标轴一般用 $\hat{g}_i$ 表示。由 CMG 获得的陀螺扭矩反过来施加到航天器本体上,方向沿着第 i 个 CMG 的输出扭矩坐标轴 $\hat{o}_i$,输出扭矩轴与其他几个矢量轴之间的关系为

$$\hat{o}_i = \hat{s}_i \times \hat{g}_i \tag{4.14}$$

式中:矢量 $\hat{s}_i$ 的方向随常平架角 δ 一起变化。所以在航天器坐标系 B 中,矢量 $\hat{s}_i$ 用矩阵表示为 $^B\hat{s}_i$,即

$$\begin{aligned}^B\hat{s}_i &= {}^B\hat{s}_i(0)\cos(\delta) + {}^B\hat{o}_i(0)\sin(\delta) \\ &= {}^B\hat{s}_i(0)\cos(\delta) + {}^B\hat{g}_i \times \hat{s}_i(0)\sin(\delta)\end{aligned} \tag{4.15}$$

式中:$^B\hat{s}_i(0)$ 和 $^B\hat{o}_i(0)$ 分别为转子动量轴的方向和输出扭矩轴的方向,如图 4.3 所示,当 $\delta=0$ 时,上标"×"表示矩阵的叉积运算操作,如式(4.32)所示。此参考配置

由 CMG 的硬件和软件共同决定。图 4.3 显示了软硬件与配置间的关系。一个 CMG 阵列通常用一个或两个简单的参数来描述,可利用动量装置的对称性实现对系统简洁紧凑的描述。对于一个 SGCMG 阵列,角度 β 确定了 SGCMG 中每个 CMG 动量的空间位置和动量可能位于的平面。可用一个法向矢量描述 CMG 动量所在位置的平面。对于 SGCMG 来说,该法向矢量显然为 $\hat{g}_i$。所以,β 代表了 $\hat{g}_i$ 与通用参考框架之间的倾斜角。在这种情况下,该法向矢量还可以用来表示金字塔的顶点或屋顶的中心线方向。图 4.4 所示为由 4 个 CMG 组成的金字塔状和屋顶状排列的阵列的 β。应用一个参数 β 足以确定屋顶状阵列的几何形状。对于一个剪式阵列甚至不需要 β,因为其共同输出轴可以与 RWA 的扭矩轴以相同的方式确定。对于金字塔阵列,可以应用另一个参数 γ 来描述每个法向矢量 $\hat{g}_i$ 围绕对称轴的倾斜平面。对于一个常规的 4 个 CMG 金字塔状阵列,该斜面或"时钟"的角度是 $90°$,5 个 CMG 金字塔状阵列是 $72°$,6 个 CMG 金字塔状阵列是 $60°$,如此等等。然而,只有 CMG 按照均匀规则排列构成的金字塔状阵列的角度才符合上述规则,也是当前的研究重点。因此,对于规则的金字塔阵列,只要确定 β 的值和 CMG 的数目就可以描述该动量控制系统。构造一个雅可比矩阵来描述航天器坐标系中整体阵列的姿态。下面给出一个具体的实例,在航天器坐标系中,规则金字塔阵列中的 4 个 CMG 中,任何一个 CMG 的常平架轴都可以表示为

$$^B\hat{g}_i = \begin{bmatrix} \sin(\beta)\cos(\gamma(i-1)) \\ \sin(\beta)\cos(\gamma(i-1)) \\ \cos(\beta) \end{bmatrix} \tag{4.16}$$

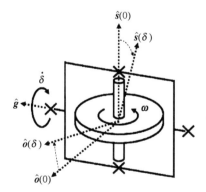

图 4.3 当 $\delta=0$ 时以参考轴形式表示的 CMG 动量

任一常平架角对应的动量轴为

$$^B\hat{s}_i(\delta_i) = \begin{bmatrix} -\cos(\delta_i)\sin(\gamma(i-1))-\sin(\delta_i)\cos(\beta)\cos(\gamma(i-1)) \\ \cos(\delta_i)\cos(\gamma(i-1))-\sin(\delta_i)\cos(\beta)\sin(\gamma(i-1)) \\ \sin(\delta_i)\sin(\beta) \end{bmatrix} \tag{4.17}$$

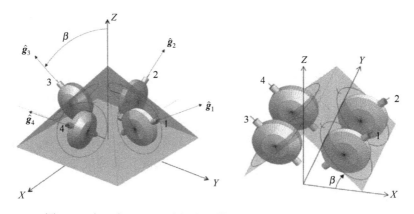

图 4.4 由 4 个 CMG 组成的金字塔状和屋顶状排列的阵列的 β

进一步,输出轴为

$$^B\hat{o}_i(\delta_i) = \begin{bmatrix} \cos(\delta_i)\cos(\beta)\cos(\gamma(i-1)) - \sin(\delta_i)\sin(\gamma(i-1)) \\ \cos(\delta_i)\cos(\beta)\sin(\gamma(i-1)) + \sin(\delta_i)\cos(\gamma(i-1)) \\ -\cos(\delta_i)\sin(\beta) \end{bmatrix} \quad (4.18)$$

参数 α、β、γ、δ 和 ε 被用来描述由 CMG 构成的通用阵列,之所以选择这几个参数,其中可能有一些历史原因在里面。一个动量控制阵列,无论是由 SGCMG 组成还是由 DGCMG 组成,阵列的外部常平架的姿态由 β 确定,对 SGCMG 阵列的情况仍然如此。内部常平架与参考空间平面位于同一平面,其方向由 α 确定。γ 确定参考平面的斜面法向,δ 和 ε 用来确定各自的常平架旋转朝向 $\hat{s}_i$。上述参数的描述方法被普遍应用,可以说是一个比较通用的规则,但现在只有 β 和 δ 依然在使用。

4.3 具有平衡转子的陀螺仪的运动方程

陀螺仪是一组刚体的集合,这些刚体相互连接。陀螺仪各组成部分的相对运动并不改变集合的总惯性二重张量。上述对陀螺仪的定义,可用来描述航天器领域,如:刚体旋转器,这是一种非常简单的设备,它只包含一个刚体,且该刚体处于自旋状态;双自旋卫星,包含一个转子和一个平台,转子和平台之间轴对称,平台固定不旋转且对转子的旋转具有阻尼作用,转子通过旋转驱动电动机连接到平台上,平台上通常安装有效载荷;动量偏置卫星,其内部安装有动量轮,当卫星本体中心围绕空间某一个轴旋转时,或者卫星本体在空间 3 个轴方向都固定不动时,该动量轮主要用于存储角动量;零动量卫星,除了可能临时储存动量用于准备动量输出外,并不产生角动量,该设备通常不旋转,只在保持指向地球的姿态的情况下才可能旋转;敏捷航天器,敏捷性意味着为了完成任务,航天器需要快速、大角度调整姿态,因为这类航天器安装各类 CMG 设备,在这些动量设备的帮助下航天器具有了敏捷性,所以能够快速扫描空间天体目标或地面目标,极大提高了获取各类目标信息的效率。应用陀螺仪的定义,在描述航天器本体坐标系的每个坐标轴上,陀螺仪相对于质心的惯性二重张量 J 是一个常量:

$$J = \begin{bmatrix} b_1 & b_2 & b_3 \end{bmatrix} \begin{bmatrix} J_{11} & J_{12} & J_{13} \\ J_{21} & J_{22} & J_{23} \\ J_{31} & J_{32} & J_{33} \end{bmatrix} \begin{bmatrix} b_1 \\ b_2 \\ b_3 \end{bmatrix} = \begin{bmatrix} b_1 & b_2 & b_3 \end{bmatrix}^B J \begin{bmatrix} b_1 \\ b_2 \\ b_3 \end{bmatrix} \quad (4.19)$$

式中:在卫星本体固定参考框架 F_B 中,b_i 是两两相互正交的单位矢量,在参考框架中固定不变。式(4.19)中,3×3 阶矩阵称为卫星本体质心惯性矩阵,用 $^B J$ 表示该矩阵,上标含义是:在卫星本体坐标系中,应用其固连基矢量构造该矩阵。在航天器固定参考框架中,具有理想静态和动态平衡的动量轮,其空间的运动不影响系统总的惯性二重张量。对于 CMG,只要能采用合适的表示方法,把转子运动和常平架运动的组合效应可视化表示为一个均匀密度球,且该球的质心固定在航天器中,这时,上述结论也适用于 CMG。航天器刚体的惯性二重张量为 J_s,在一些特殊(或近似情况)情况下,具有常量惯性转子的刚体,其惯性二重张量为 J_r,即

$$J_r = \sum_{i=1}^n J_{r,i} \quad (4.20)$$

两者之和为

$$J = J_r + J_s \quad (4.21)$$

为了进一步研究,首先给出几个定义。定义航天器本体固连参考系 F_B 相对于惯性参考系 F_N 的角速度矢量为 $\omega^{B/N}$ 即航天器本体相对于惯性参考系的角动量矢量。同样定义 F_{R_i} 为固连在第 i 个 CMG 转子上的参考框架,F_{R_i} 相对于 F_B 的角速度记为 $\omega^{R_i/B}$。动量控制系统中的 n 个动量轮,定义第 i 个 CMG 转子的转动惯量为 $J_{r,i}$,动量系统角动量是 n 个动量轮的总和,即

$$h_r = \sum_{i=1}^n J_{r,i} \cdot (\omega^{B/N} + \omega^{R_i/B}) \quad (4.22)$$

航天器总的角动量 H 也可以用单个 CMG 转子的角动量矢量 h_r 来表示,即

$$H = J_s \cdot \omega^{B/N} + h_r \quad (4.23)$$

$$H = J_s \cdot \omega^{B/N} + \sum_{i=1}^n J_{r,i} \cdot (\omega^{B/N} + \omega^{R_i/B}) \quad (4.24)$$

把 $\omega^{B/N}$ 提取出来,得

$$H = \left(J_s + \sum_{i=1}^n J_{r,i}\right) \cdot \omega^{B/N} + \sum_{i=1}^n J_{r,i} \cdot \omega^{R_i/B} \quad (4.25)$$

定义

$$h = \sum_{i=1}^n J_{r,i} \cdot \omega^{R_i/B} \quad (4.26)$$

且做一些替换和简化,陀螺仪角动量的简化表达式为

$$H = J \cdot \omega^{B/N} + h \tag{4.27}$$

陀螺仪的运动方程可以应用传输定理,简单地对 F_N 中的动量进行求导推导出来:

$$\frac{^N dH}{dt} = J_s \cdot \frac{^B d\omega^{B/N}}{dt} + \frac{^B dh}{dt} + \omega^{B/N} \times (J \cdot \omega^{B/N} + h) \tag{4.28}$$

该矢量表达式中的左上标表示对矢量进行求导数所应用的参考框架。我们在表示矢量的各元素时,也通过上标或下标的方法来区分所采用的坐标系,这两种方法并不完全相同。不同之处很明确,因为左上标的矢量表示法只适用于矢量,而区分表示矢量分量的坐标系表示法只适用于矩阵。在卫星本体固定框架坐标系中,陀螺仪的惯性二重张量是一个常量,因此,在利用雷诺微分传输定理求解惯性二重张量相对于 F_N 的导数时,可以基于对常量求导为零,消除上述导数。运动学方程可以用四元数表示,也可以采用方向余弦矩阵或其他姿态参数化方式,具体可参见文献[2,3,5]。

4.4 陀螺仪的相对平衡和稳定性

运动方程以一些简单的平衡解为特征。本节研究和关注的是相对均衡,即 F_B 中的导数为零。尽管在相对平衡状态下,轴对称陀螺体中飞轮的动量和角速度是常量,但航天器仍可能旋转。该运动称为简单旋转,只是沿本体固定的某个方向以恒定角速度旋转。在平衡状态(无施加动量)下,运动方程为

$$0 = \omega^{B/N} \times (J \cdot \omega^{B/N} + h) \tag{4.29}$$

由于飞轮动量 $\omega^{B/N} \times h$ 所产生的固连于本体的扭矩,与刚体相关的动态扭矩 $\omega^{B/N} \times J \cdot \omega^{B/N}$ 相互平衡。在平衡状态下,净扭矩(扭矩总和)为零,这种状态也称为动态平衡。如果没有动量轮,平衡状态下刚体本身的扭矩是零,此时运动方程仅表示刚体围绕其惯性矩阵主轴自旋。对于给定的 $\omega^{B/N}$,该平衡条件决定了位于垂直于平衡状态下 $\omega^{B/N}$ 平面中的动量轮的动量。它对平行于 $\omega^{B/N}$ 的方向动量轮的动量无影响,因此可以应用动量而不是应用动平衡的方式来增大系统的动态特性。这里首先把 h 沿 $\omega^{B/N}$ 进行投影,用标量 h_s 表示(飞轮动量自旋轴也称为超级自旋轴)。在设计航天器时,一般都选择 h_s,选择该参数设计航天器不影响动平衡,因此是一个通用的设计参数。应用该参数,在设计中增加有效的惯性力矩,或用来对不稳定的小型轴自旋器进行稳定。事实上,双自旋航天器就是一种小型轴刚性机构,得益其几何特性,可以较好地安装在卫星发射载体的整流罩内,正是这种被动姿态稳定方式,才使得双自旋航天器成功发射应用。可以附加下面等式来实现被动稳定:

$$0 = \boldsymbol{\omega}^{B/N} \cdot \boldsymbol{h} = \Omega h_s \tag{4.30}$$

式中：$\Omega = \|\boldsymbol{\omega}^{B/N}\|$。

用4个标量构成的方程组描述该平衡系统，该方程组是线性方程，即3×1阶矩阵的3个分量。

$$\boldsymbol{h} = \boldsymbol{h} \cdot \begin{bmatrix} \boldsymbol{b}_1 \\ \boldsymbol{b}_2 \\ \boldsymbol{b}_3 \end{bmatrix}$$

4个标量构成的方程组为

$$\boldsymbol{A}\boldsymbol{h} = \begin{bmatrix} \boldsymbol{\omega}^T \\ \boldsymbol{\omega}^\times \end{bmatrix} \boldsymbol{h} = \begin{bmatrix} \Omega h_s \\ \boldsymbol{\omega}^\times \boldsymbol{J}\boldsymbol{\omega} \end{bmatrix} \tag{4.31}$$

式中：$\boldsymbol{\omega}$ 为 $\boldsymbol{b}$ 矢量基中 $\boldsymbol{\omega}^{B/N}$ 元素构成的一个3×1阶矩阵，上标"×"表示等价于叉积操作的矩阵，即

$$\boldsymbol{\omega}^\times = \begin{bmatrix} 0 & -\boldsymbol{\omega}^{B/N} \cdot \boldsymbol{b}_3 & \boldsymbol{\omega}^{B/N} \cdot \boldsymbol{b}_2 \\ \boldsymbol{\omega}^{B/N} \cdot \boldsymbol{b}_3 & 0 & -\boldsymbol{\omega}^{B/N} \cdot \boldsymbol{b}_1 \\ -\boldsymbol{\omega}^{B/N} \cdot \boldsymbol{b}_2 & \boldsymbol{\omega}^{B/N} \cdot \boldsymbol{b}_1 & 0 \end{bmatrix} \tag{4.32}$$

$\boldsymbol{A}$ 是一个4×3阶矩阵。如果 $\boldsymbol{\omega}$ 不为0，则矩阵 $\boldsymbol{A}$ 的秩为3。该结论最简单的证明是 $\boldsymbol{\omega}^\times$ 的秩为2，而 $\boldsymbol{\omega}^T$ 不可能位于它的范围空间内。因此，由 $\boldsymbol{\omega}^\times$ 和 $\boldsymbol{\omega}^T$ 组成的矩阵的秩只能为3。在矩阵秩为3的结论上，$\boldsymbol{h}$ 可以通过 Moore-Penrose 伪逆求解，即

$$\boldsymbol{h} = (\boldsymbol{A}^T\boldsymbol{A})^{-1}\boldsymbol{A}^T \begin{bmatrix} \Omega h_s \\ \boldsymbol{\omega}^\times \boldsymbol{J}\boldsymbol{\omega} \end{bmatrix} \tag{4.33}$$

解为

$$\boldsymbol{h} = \frac{1}{\Omega^2}\begin{bmatrix} \Omega\boldsymbol{\omega} & \boldsymbol{\omega}^\times & \boldsymbol{\omega}^\times \end{bmatrix}\begin{bmatrix} h_s \\ \boldsymbol{J}\boldsymbol{\omega} \end{bmatrix} \tag{4.34}$$

对式(4.34)矩阵进行归一化，有

$$\hat{\boldsymbol{\omega}} = \frac{\boldsymbol{\omega}}{\Omega} \tag{4.35}$$

求解为

$$\boldsymbol{h} = \hat{\boldsymbol{\omega}} h_s + \Omega \hat{\boldsymbol{\omega}}^\times (\hat{\boldsymbol{\omega}}^\times \boldsymbol{J}\hat{\boldsymbol{\omega}}) \tag{4.36}$$

对于给定的平衡角速度和期望的超自旋形式，$\boldsymbol{h}$ 的表达式对于嵌入角动量陀螺整体是一个闭环解。航天器作为一个刚体围绕任一轴 $\hat{\boldsymbol{\omega}}$ 旋转，式(4.36)为其被动稳定提供了基础。众所周知，一个旋转的刚体，如一个内嵌动量为零的轴对称陀螺体，对于一个给定的角动量会有6个相对平衡条件，每个均对应围绕惯性矩阵的一个主轴旋转，可能是正方向旋转，也可以是负方向旋转。这一结果来源于刚体的

平衡条件：

$$0 = \boldsymbol{\omega}^{B/N} \times \boldsymbol{J} \cdot \boldsymbol{\omega}^{B/N} \tag{4.37}$$

这是一个简单的欧拉方程，角速度的导数为零。这种情况意味着

$$\boldsymbol{\omega}^{B/N} \parallel (\boldsymbol{J} \cdot \boldsymbol{\omega}^{B/N}) \tag{4.38}$$

即

$$\lambda \boldsymbol{\omega}^{B/N} = \boldsymbol{J} \cdot \boldsymbol{\omega}^{B/N} \tag{4.39}$$

式中：λ 有 3 个解，分别对于惯性矩阵 $^B\boldsymbol{J}$ 的 3 个特征值。特征矢量是角速度矢量的方向，每个平衡条件都对应一个角速度矢量方向，由于特征矢量及其负矢量均有解，因此有 6 个这样的方向。在以上各解中，λ 是最大主惯性矩解，表示给定角动量大小下的最小能量状态。因此，当动能可以被耗散时，围绕最大轴旋转是稳定的，这一结论被用于许多航天器结构设计中以确保任务成功。发射于 1963 年的 Syncom 2 卫星，是第一个成功发射的地球同步通信卫星。该卫星采用被动稳定方式，围绕最大惯性轴旋转，能量最小，围绕最小轴旋转，能量最大，因此系统不稳定，随着时间的增加系统会偏离平衡状态，这取决于动能被耗散的速度。早期的"探险家"系列航天器围绕最小轴旋转，系统处于不稳定状态。最大轴和最小轴的中间状态像鞍点一样，也可能不稳定，实际上，远离平衡条件的任何扰动都表示围绕最小或最大惯性轴旋转的大角度运动。采用被动稳定的航天器不会采用围绕中间惯性轴旋转的方式。陀螺仪内嵌的动量如果不为零，则情况会更复杂。对于采用内嵌动量的复杂航天器，Hughes 在文献[5]中对其平衡性进行了详细评估，文献中构建了一个多项式，对该多项式求解，求解的根对应于平衡状态。在这里，我们提供了一个更简洁的方法，基于广义特征值问题求解方法来找到这些平衡状态。相比 $\parallel \boldsymbol{H} \parallel$，如果 $\parallel \boldsymbol{h} \parallel$ 的值较小，求解陀螺仪的平衡解类似于求解单一刚体的平衡解，正如人们期望的那样，陀螺仪内嵌较大的动量将会减少实数平衡解的数量，得到的解可能是 4 个，或更少，最少为 2 个解。对于非零值的 $\boldsymbol{H}$ 和 $\boldsymbol{\omega}^{B/N}$，平衡状态下的轴对称陀螺体有

$$\boldsymbol{\omega}^{B/N} \parallel (\boldsymbol{J} \cdot \boldsymbol{\omega}^{B/N} + \boldsymbol{h}) \tag{4.40}$$

等价于

$$\lambda \boldsymbol{\omega}^{B/N} = (\boldsymbol{J} \cdot \boldsymbol{\omega}^{B/N} + \boldsymbol{h}) \tag{4.41}$$

式中的 λ 非常类似于单一刚体的情况，它是一个标量，与 $H = \parallel \boldsymbol{H} \parallel$ 和 Ω 相关且满足：

$$\lambda = \frac{H}{\Omega} \tag{4.42}$$

把 $\boldsymbol{J}$ 投影到 $\boldsymbol{b}_i$ 基上产生一个 3×3 阶惯性矩阵 $^B\boldsymbol{J}$（这里用 $\boldsymbol{J}$ 简单表示）。应用矩阵表示为

$$\lambda \boldsymbol{\omega} = \boldsymbol{J} \boldsymbol{\omega} + \boldsymbol{h} \tag{4.43}$$

式(4.43)表示一个矩阵束,近似于求解关于 λ 的特征值问题,只是公式中多了 h 项。6 个标量表达式可用于计算在已知 H、J 和 h 的条件下 ω 相应的方向:

$$\det\left(\Omega I-\begin{bmatrix} 2HJ^{-1} & J^{-2}(hh^{T}-H^{2}I) \\ I & 0 \end{bmatrix}\right)=0 \quad (4.44)$$

式中:det 表示矩阵的行列式;I 为 3×3 阶单位矩阵。每个特征值 Ω_k 是一个角速度大小的标量,与每个平衡条件对应。只有实数值才对应于实际物理解,因为能量和动量都是实数,非物理解必须是复数共轭对。因此,可能有 2 个、4 个或 6 个实数解。第 k 个角速度矢量的方向以其 b 基中分量的形式给出:

$$\omega_{k}=\left(\frac{H}{\Omega_{k}}I-J\right)^{-1}h \quad (4.45)$$

平衡性及稳定性可以用多种方法来评估,Hughes 在文献[5]中介绍了多种评估方法。通过对多年发射任务采集的数据进行分析及对失败进行总结,得到一个安全经验法则:如果 λ 的值是 6 个解中最大的,那么此时系统处于平衡且稳定的状态,同样适用于单刚体的情况。该法则适用于任何陀螺仪,但对某个刚体围绕自身旋转时,该规则退化为最大轴法则,该情形有两个解(一个正的旋转和一个负的旋转)。对于更通用的陀螺仪,正向旋转和负向旋转的稳定性可能不同。基于该原则进行航天器设计,只要动量系统能保持恒定的动量,且动量系统的控制与操纵在这些故障情况下是解耦的,则系统肯定处于被动稳定状态,在航天器姿态控制子系统发生相关软件故障时,不会威胁整个航天器飞行的稳定性。此类故障响应机制可用在许多 RWA 上,这样设计可以在从航天器数据库中发生事件命令中断突发故障情况下,按控制系统计算机最近发出的控制命令速度运行。

4.4.1 RWA 航天器

超级自旋是一种增强开环动力学以实现被动稳定的技术。超级自旋的表述最初来自于双自旋航天器。通常情况下,航天器或卫星从运载火箭上部以高自旋速率旋转并和发射载体分离,其转速为 30~60r/min(按现在的标准)。分离后,转子和平台之间的电动机使两个部件以不同的速率旋转。高速旋转部分称为"超级"旋转体。这两个反旋转体展示出轴对称陀螺体动力学特征。旋转的特性取决于载体机构中能量的耗散量,快速自旋部分可以稳定其他部分,符合 Iorillo 稳定性准则。现代航天器可以使用超自旋技术来稳定航天器,航天器可以是在轨运行的某个阶段或整个寿命期间操纵其进行旋转。通常由飞行软件输出控制指令,由动量系统执行器输出一定的嵌入式动量。通过与最大轴原理类比,超自旋稳定这种最为简单的稳定控制方法,利用动量系统来产生有效惯性 λ。6 个可能的平衡解中,该惯性位于最大轴方向。在实际应用中,λ 的值至少要比上述理论分析值增加 20%。例如,稳定一个刚体使其围绕某个主惯性轴旋转,航天器设计出的有效惯

性为

$$\lambda \geq 1.2J_{mm} \quad (4.46)$$

式中:J_{mm} 为刚体最大惯性转动惯量。

超自旋可以用来稳定航天器,且可绕空间中任意一个轴旋转,而不完全限定为围绕某个基矢量旋转。如果系统设计的动量轮的放大效应提供的最大惯性 λ_{max} 不满足系统需求,则超自旋旋转轴的动量需要进一步放大,需要再提高 20%,即

$$\lambda \geq 0.2\lambda_{max}\Omega \quad (4.47)$$

对于刚体旋转的情况,λ 的值等于刚体围绕目标轴的旋转惯量,即

$$h_s \geq (1.2J_{mm} - \lambda)\Omega \quad (4.48)$$

当围绕目标旋转轴旋转,且系统并不处于被动平衡状态时,可以采用动态平衡方式。动态平衡方式中,动量系统的动量矢量分配一些到垂直于目标的旋转轴方向。通过闭环形式,该状态下动态平衡的动量为

$$\boldsymbol{h}_d = \hat{\boldsymbol{\omega}}^{\times}(\hat{\boldsymbol{\omega}}^{\times}\boldsymbol{J}\hat{\boldsymbol{\omega}}) \quad (4.49)$$

例如,一个航天器打算围绕其 $\boldsymbol{b}_3$ 轴 $\hat{\boldsymbol{\omega}} = [0\ 0\ 1]^T$ 旋转,可以使用动量系统,附加下面的角动量常量,实现 J_{12} 和 J_{23} 惯量叉积运算的动态平衡:

$$\boldsymbol{h}_d = \begin{bmatrix} -J_{13}\Omega \\ -J_{23}\Omega \\ 0 \end{bmatrix} \quad (4.50)$$

当航天器的自旋速率很低时,超自旋和动平衡方法的有效工作只需要较少的动量。在极限状态下,由于航天器自旋速度低,因此可认为接近于非旋转状态,动量轮成为唯一的具有陀螺仪特征的刚体。受此限制,动量控制系统控制的航天器成为一种动量偏置航天器。

4.4.2 CMG 航天器

当每个 CMG 的常平架角度保持恒定不变时,配置了 CMG 的航天器表现与其他陀螺仪一样的平衡性,无论 CMG 的角度保持是由常平架电动机主动扭矩实现,还是由常平架机构的机械阻力完成。原则上,这种航天器还可以使用动态平衡和超自旋方式来增强刚体的动态特性,以实现初始设计所设定的各组成元件的结构特性。然而,与配置 RWA 的航天器相比,当 CMG 不再向动量控制设备发送控制指令后的一段时间内,其姿态控制所采用的方法不同。这种开环行为取决于 CMG 常平架中的摩擦力和迟滞效应,这些力不容易预测。下面给出的几个通用原则,为系统提供了一些观察规律的方法。在装配了动量轮的航天器中,其平衡条件为

$$0 = \boldsymbol{\omega}^{B/N} \times (\boldsymbol{J} \cdot \boldsymbol{\omega}^{B/N} + \boldsymbol{h}) \quad (4.51)$$

在附加约束条件下,常平架的角速度为零。此外,在平衡状态中,航天器的运

动不再对任一 CMG 的转子进行加速。对于第 i 个 SGCMG,在沿框架轴方向没有阻力力矩的情况下,条件为

$$0 = (\boldsymbol{\omega}^{B/N} \times \boldsymbol{h}_{c,i}) \cdot \hat{\boldsymbol{g}}_i \tag{4.52}$$

式中:$\boldsymbol{h}_{c,i}$ 为第 i 个 CMG 的角动量。

因此,平衡状态下系统的解会随阵列的几何形状的不同而变化。与装配有 RWA 的陀螺仪相比,装配有 CMG 的动量控制系统有更多的解。在有摩擦力存在时,通过计算机仿真,可以识别满足这些约束的 CMG 常平架角度和刚体角速度的稳定解。电动机齿槽、齿轮啮合、轴承的摩擦力都会阻止转子绕常平架轴自由旋转。在没有进行姿态控制时,常平架的开环运动会迅速使系统动能下降,使航天器处于平衡自转状态。这种类似于机械陀螺的运动控制方式被用来抵抗和阻止船舶在海上的滚转和俯仰运动。在空间应用中,同样可以应用上述效应的优点。这是确保系统的动力学特性可控的一个很有价值的方法,基于该方法的系统,在任何一个严重故障发生时,航天器没有了姿态控制,系统还是可以处于平衡旋转状态。

4.4.3 大角度调姿机动

欧拉定理是一种简单的方法,用于从概念上描述刚体从一种姿态机动到另一种姿态的运动过程。该定理的一个结果是,总是可以通过围绕刚体本体的一个轴或一个惯性参考框架对刚性物体进行旋转,可以对其进行空间重定向。假设机动起始时刻为 t_0,刚体的姿态通过方向余弦矩阵 $^N\boldsymbol{Q}^{B(t_0)}$ 描述,其机动完成时间为 t_f,此时其空间姿态为 $^N\boldsymbol{Q}^{B(t_f)}$。整个机动过程姿态的变化同样采用方向余弦矩阵参数化方法表示,即

$$^{B(t_f)}\boldsymbol{Q}^{B(t_0)} = (^N\boldsymbol{Q}^{B(t_f)})^T {}^N\boldsymbol{Q}^{B(t_0)} \tag{4.53}$$

对 $^{B(t_f)}\boldsymbol{Q}^{B(t_0)}$ 进行特征值分解后可求解旋转的轴角参数,用对数矩阵 $^{B(t_f)}\boldsymbol{Q}^{B(t_0)}$ 也可求解轴角参数,从最终获得的 3×3 阶斜对称矩阵中提取旋转轴的各分量。具体来说,当特征值为 1 时,矩阵 $^{B(t_f)}\boldsymbol{Q}^{B(t_0)}$ 特征矢量 $^B\boldsymbol{c}$ 对应旋转轴为

$$^{B(t_f)}\boldsymbol{Q}^{B(t_0)} = \cos\phi \boldsymbol{I}_{3\times 3} + (1-\cos\phi)^B\boldsymbol{c}^B\boldsymbol{c}^T - \sin\phi^B\boldsymbol{c}^\times \tag{4.54}$$

在 $^B\boldsymbol{c}$ 上有一个上标 B,不是用来简单地表示时间,因为根据欧拉定理,在整个运动中矢量 $\boldsymbol{c}$ 是常量。因此,不管航天器的姿态是否发生变化,$^B\boldsymbol{c}$ 矩阵都由同样的三个标量组成。在特征轴处旋转的情况下,旋转的角度是 $\phi(t)$。它以 $\phi=0$ 开始,以到达动量控制系统输出命令(最终)值,即 $\phi=\phi_c$ 时为终点,终点时具有以下角速度:

$$\boldsymbol{\omega}^{B/N} = \dot{\phi}(t)\boldsymbol{c} \tag{4.55}$$

上述运动在运动学研究中也称为"简单旋转",因为单位矢量 $\boldsymbol{c}$ 不变。基于本小节讨论的目的,定义"正矢机动"概念:正矢机动为沿着特征轴的旋转,该旋转的

角度从开始时刻直到结束的机动过程,满足半周期正弦曲线函数。"正矢函数"是下面的三角函数公式:

$$\mathrm{versin}\theta = 2\sin^2\frac{\theta}{2} = 1-\cos\theta \tag{4.56}$$

正矢函数曲线如图 4.5 所示。对于单轴运动,假设正矢机动的初始角度为 ϕ_1,总的角度变化为 $\Delta\phi$,则最后时刻的角度为

$$\phi_2 = \phi_1 + \Delta\phi \tag{4.57}$$

因为初始角度为任意值,如 $\phi_1 \equiv 0$,所以

$$\phi_2 = \Delta\phi \tag{4.58}$$

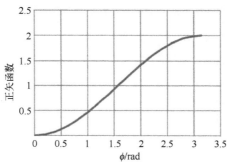

图 4.5 正矢函数

角度正矢机动的运动学公式:

$$\begin{cases} \phi(t) = \dfrac{\phi_2}{2}(1-\cos at) \\ \dot{\phi}(t) = a\dfrac{\phi_2}{2}\sin at \\ \ddot{\phi}(t) = a^2\dfrac{\phi_2}{2}\cos at \\ \dddot{\phi}(t) = -a^3\dfrac{\phi_2}{2}\sin at \end{cases} \tag{4.59}$$

式中:a 为一个时间参数(不要同之前的旋转轴矢量 c 相混淆),时间 t 满足

$$0 \leqslant t \leqslant \frac{a}{2} \tag{4.60}$$

该函数是无限可微的,因此在实际应用中可以实现平滑运动,也可以应用数值方法求解。这些函数的极大值时刻,时间参数 a 对应的运动学约束可表达为

$$a_1 = \frac{\dot{\phi}_{\max}}{2|\phi_2|}, \quad a_2 = \left(\frac{\ddot{\phi}_{\max}}{2|\phi_2|}\right)^{1/2}, \quad a_3 = \left(\frac{\dddot{\phi}_{\max}}{2|\phi_2|}\right)^{1/3} \tag{4.61}$$

式中:$\phi_{\max}$ 的顶标点表示导数的阶,而不是表示机动的初始或最终时刻。a 的最佳

选择是最大值(因为对应机动最短时间),其他两个历史时刻也在各自的约束范围内,即

$$\begin{cases} 对于 a_1 = \dfrac{\dot{\phi}_{\max}}{2|\phi_2|}, 要求 \left|\dfrac{a_1^2 \phi_2}{2}\right| \leq \ddot{\phi}_{\max} 和 \left|\dfrac{a_1^3 \phi_2}{2}\right| \leq \dddot{\phi}_{\max} \\ 对于 a_2 = \left(\dfrac{\ddot{\phi}_{\max}}{2|\phi_2|}\right)^{1/2}, 要求 \left|\dfrac{a_2 \phi_2}{2}\right| \leq \dot{\phi}_{\max} 和 \left|\dfrac{a_2^3 \phi_2}{2}\right| \leq \dddot{\phi}_{\max} \\ 对于 a_3 = \left(\dfrac{\dddot{\phi}_{\max}}{2|\phi_2|}\right)^{1/3}, 要求 \left|\dfrac{a_3 \phi_2}{2}\right| \leq \dot{\phi}_{\max} 和 \left|\dfrac{a_3^2 \phi_2}{2}\right| \leq \ddot{\phi}_{\max} \end{cases} \quad (4.62)$$

总会有一个可行解,因为每个导数都随着 a 单调增加。速率正矢函数同样适用于速率控制,但不一定能用于姿态控制。用 $\dot{\phi}$ 表示速率正矢函数的开始时刻,这类似于角度正矢函数 ϕ。角度的表达式为积分函数形式,初始角为积分常数(即0)。结果为

$$\begin{cases} \phi(t) = \dfrac{1}{2}\left[(\dot{\phi}_2+\dot{\phi}_1)t - \dfrac{1}{a}(\dot{\phi}_2-\dot{\phi}_1)\sin at\right] \\ \dot{\phi}(t) = \dfrac{1}{2}(\dot{\phi}_2-\dot{\phi}_1)(1-\cos at) + \dot{\phi}_1 \\ \ddot{\phi}(t) = \dfrac{1}{2}(\dot{\phi}_2-\dot{\phi}_1)a\sin at \\ \dddot{\phi}(t) = \dfrac{1}{2}(\dot{\phi}_2-\dot{\phi}_1)a\cos at \end{cases} \quad (4.63)$$

$\dot{\phi}$ 的最大值发生在旋转的开始或结束。由于开始或结束是求解问题的边界条件,因此规划算法不需要采用一定的方法来检测机动过程中的速率限制。在地面相关软件采取相关判断会拒绝执行不可行的命令,在这些命令到达航天器之前就会被处理,决定系统是否实现这些指令要求,机动的持续时间主要与最大加速度和跃度有关:

$$a_1 = \frac{2\dot{\phi}_{\max}}{|\dot{\phi}_2-\dot{\phi}_1|}, \quad a_2 = \left(\frac{2\ddot{\phi}_{\max}}{|\dot{\phi}_2-\dot{\phi}_1|}\right)^{1/2} \quad (4.64)$$

如机动中角度满足正矢函数的情况中,最好的选择就是选取最大值,因为受其他导数不超过其运动极限的要求:

$$\begin{cases} 对于 a_1, 要求 \left|a_1 \dfrac{\dot{\phi}_2-\dot{\phi}_1}{2}\right| \leq \ddot{\phi}_{\max} \\ 对于 a_2, 要求 \left|a_2^2 \dfrac{\dot{\phi}_2-\dot{\phi}_1}{2}\right| \leq \dddot{\phi}_{\max} \end{cases} \quad (4.65)$$

如果假设机动开始时初始条件 ϕ 不等于零,为 ϕ_0。例如,姿态控制系统可以自主地跟踪该角度,如果角度的值与指令值误差较大,则系统会连续计算相应的特征值参数并调整系统,直到误差角度小到足以满足条件,即从动力学角度看是线性的。在这种情况下,表达式中的 ϕ_e 可以用增量值替换,$\delta\phi=\phi_e-\phi_0$。不管初始条件如何指定,系统下达的命令角度值是正还是负,从初始值到最后终值的运动过程,函数都可以提供一个平滑的输出。从运动学角度对系统进行分析,可知为达到系统设计期望的敏捷性要求系统所需的峰值动量、扭矩和常平架加速度(在 CMG 的情况下)。具体地说,自转轴决定了动量系统需要执行的动量 J_e 的标量惯性:

$$J_e = c \cdot J \cdot c \tag{4.66}$$

根据式(4.66),由机动过程的运动学可得出动量系统执行器的峰值性能为

$$\begin{cases} h_{\max} = \dot{\phi}_{\max} J_e \\ \tau_{\max} = \ddot{\phi}_{\max} J_e \end{cases} \tag{4.67}$$

常平架的加速度受到加速度导数约束($\dddot{\phi}$),也受到各类常平架的速度控制环路需求的影响,常平架速度控制环路的需求已经在第 3 章讨论过了。本节得到的一些简单结论没有考虑各种意外情况、边界值和一些与控制相关的现象,如超调现象。航天器围绕特性值进行机动,并不一定是一条最快的路线,也不一定是最节省能量的一条路线。时间和功率消耗的充分优化,需要考虑系统惯性变化的所有可能路径范围。围绕一个具有较低惯量的轴旋转机动,而不是沿着特征轴旋转可能会加快机动速度。动量系统扭矩和动量包络也起到一定的作用:如果应用到阵列性能包络的某些边界值,选择对应的某些轴而不是几何上最短的轴,可能开发出效率更高的机动算法。对航天器其他方面的约束,如系统相对于太阳或地球方向的一些特定的约束,由于热量或通信方面的原因,也必须在系统的设计中加以考虑,不能纯粹从时间和动力优化方面考虑。对特征值旋转机动进行研究,我们得出了反映动量系统的一些深层次运动规律,特别是在航天器设计的早期阶段,但详细设计出在操作概念具有较高敏捷性的航天器可能最终要求从不同运动学方面研究。

4.5 控制力矩陀螺

研究 CMG 的动力学主要包括对各类刚体、敏捷性和非线性效应等因素进行研究,本节推导处于静态平衡条件下 CMG 的基本运行方程。在 CMG 的运动过程中,理想状态下,每个元件的质心在航天器固定参考框架中都固定不动。但在工程实践中,转子的静态不平衡和动态不平衡,会导致航天器结构的振动,常见的扰动有齿轮啮合扰动和轴承带来的相关扰动。这种诱导振动(IV)属于高频机械扰动,会

影响有效载荷的精度。由于常平架-电动机的扭矩主要通过齿轮的齿槽来传动（多种作用中的一种），以实现波纹状输出扭矩（OTR）。这种实现方式中，常平架的运动具有不精确性的特征。波纹的频率与 IV 相比比较低。然而，在动量控制系统的某些运行方式下，如低频激励航天器柔性模式。波纹状输出扭矩 OTR 可能具有较大的模，这会影响航天器的空间指向性能，但 IV 中采用同样的方式则不会有此影响。这些影响将在 4.7 节单独分析。虽然多个常平架的设计从理论的角度来看最为常见，但 SGCMG 在实践中应用相对最多，因为通过转子的进动来产生相应的控制扭矩，是由结构部件产生而不是基于安装在其他常平架轴上的电动机产生，这样就节省了重量和能源。认识到 SGCMG 的广泛使用，该推导过程假设 h 由一组内部元素组成，且每个元素与一个常平架轴线相对应。图 4.6 所示为一个 SGCMG 的各组件。考虑一个航天器刚体的旋转，其角动量矢量（H）为

$$H = J \cdot \omega^{B/N} + h \tag{4.68}$$

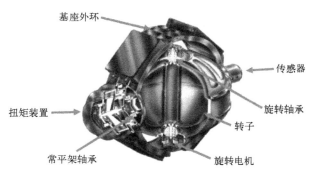

图 4.6 单常平架 CMG（图片由霍尼韦尔国际公司提供）

如上所述，假设内部各组件围绕各自的旋转轴旋转，角速度矢量处于静态平衡状态，这意味着刚体的质量中心此时不加速，那么单独地应用旋转动力学方程就可以完全地对系统的运动进行描述。对装配有 RWA 的动量系统航天器，我们对所有相关动量装置由于航天器围绕本体的自转所产生的动量进行求和，得

$$J_g \cdot \omega^{B/N} + J_r \cdot \omega^{B/N} \tag{4.69}$$

它主要用于驱动航天器总线运动。n 个 CMG 的剩余动量为

$$h = \sum_{i=1}^{n} J'_{g,i} \cdot \omega^{G_i/B} + J_{r,i} \cdot \omega^{R_i/B} \tag{4.70}$$

对式（4.70）进一步简化：常平架结构的惯性记为 $J'_{g,i}$，那么扩展惯量 $J_{g,i}$ 可以写为包括转子惯量 $J_{r,i}$ 的表达式，即：

$$J_{g,i} = J'_{g,i} + J_{r,i} \tag{4.71}$$

则

$$h = \sum_{i=1}^{n} J'_{g,i} \cdot \omega^{G_i/B} + J_{r,i} \cdot (\omega^{G_i/B} + \omega^{R_i/B}) \tag{4.72}$$

就成为

$$h = \sum_{i=1}^{n} J_{g,i} \omega^{G_i/B} + J_{r,i} \omega^{R_i/G_i} \qquad (4.73)$$

替换常平架速度标量$\dot{\delta}_i$、转子速度$\Omega_{r,i}$和沿转子旋转方向的单位矢量后,得

$$h = \sum_{i=1}^{n} J_{g,i}(\dot{\delta}_i \hat{g}_i) + J_{r,i} \cdot (\Omega_{r,i} \hat{s}_i) \qquad (4.74)$$

由于常平架和转子采取动态平衡方式,因此它们各自惯性二重张量不包括惯性积。$\hat{g}_i$和$\hat{s}_i$方向上的惯性分别为$J_{g,i}$和$J_{r,i}$,所以有

$$h = \sum_{i=1}^{n} J_{g,i} \dot{\delta}_i \hat{g}_i + J_{r,i} \Omega_{r,i} \hat{s}_i \qquad (4.75)$$

该类航天器的动力学类似于装配有 RWA 的航天器,两类航天器都开始于角动量和惯性求导。然而,对于装配 CMG 的航天器,此导数求解结果包含多个由常平架所产生的附加项:

$$\frac{^N dH}{dt} = J \cdot \frac{^B d\omega^{B/N}}{dt} + \frac{^B d}{dt} \Big(\sum_{i=1}^{n} J_{g,i} \dot{\delta}_i \hat{g}_i + J_{r,i} \Omega_{r,i} \hat{s}_i \Big) + \\ \omega^{B/N} \times \Big(J \cdot \omega^{B/N} + \sum_{i=1}^{n} J_{g,i} \dot{\delta}_i \hat{g}_i + J_{r,i} \Omega_{r,i} \hat{s}_i \Big) \qquad (4.76)$$

第一个括号项可以展开为

$$\frac{^B d}{dt} \Big(\sum_{i=1}^{n} J_{g,i} \dot{\delta}_i \hat{g}_i + J_{r,i} \Omega_{r,i} \hat{s}_i \Big) \\ = \Big(\sum_{i=1}^{n} J_{g,i} \ddot{\delta}_i \hat{g}_i + J_{r,i} \dot{\Omega}_{r,i} \hat{s}_i \Big) + \\ \Big(\sum_{i=1}^{n} J_{g,i} \dot{\delta}_i \frac{^B d}{dt} \hat{g}_i + J_{r,i} \Omega_{r,i} \frac{^B d}{dt} \hat{s}_i \Big) \qquad (4.77)$$

基于 CMG 的运动学方程,在航天器本体框架坐标系中,对常平架轴和转子旋转轴求导。由于常平架轴固定在F_B坐标中,所以,有

$$\frac{^B d}{dt} \hat{g}_i = 0 \qquad (4.78)$$

基于微分传输理论,有下面定义:

$$\frac{^B d}{dt} \hat{s}_i = \frac{^{G_i} d}{dt} \hat{s}_i + \omega^{G_i/B} \times \hat{s}_i = 0 + \dot{\delta} \hat{g}_i \times \hat{s}_i \qquad (4.79)$$

该方向就是输出扭矩($\hat{o}_i$)的方向。因此,有

$$\frac{^B d}{dt} \hat{s}_i = \dot{\delta} \hat{o}_i \qquad (4.80)$$

把式(4.80)中的结果替换到式(4.77)中,从而对于装配有 CMG 的航天器,其

转子的旋转速度不再是一个常量,其角动量对时间的导数的完整表达式为

$$\frac{^N\mathrm{d}\boldsymbol{H}}{\mathrm{d}t}=\boldsymbol{J}\cdot\frac{^B\mathrm{d}\boldsymbol{\omega}^{B/N}}{\mathrm{d}t}+\left(\sum_{i=1}^{n}\boldsymbol{J}_{g,i}\ddot{\delta}_i\hat{\boldsymbol{g}}_i+\boldsymbol{J}_{r,i}(\dot{\Omega}_{r,i}\hat{\boldsymbol{s}}_i+\delta\Omega_{r,i}\hat{\boldsymbol{o}}_i)\right)+$$
$$\boldsymbol{\omega}^{B/N}\times\left(\boldsymbol{J}\cdot\boldsymbol{\omega}^{B/N}+\sum_{i=1}^{n}\boldsymbol{J}_{g,i}\dot{\delta}_i\hat{\boldsymbol{g}}_i+\boldsymbol{J}_{r,i}\Omega_{r,i}\hat{\boldsymbol{s}}_i\right)$$
(4.81)

对式(4.81)中的每项进行考虑是非常有意义的:

(1) $\boldsymbol{J}\cdot\frac{^B\mathrm{d}\boldsymbol{\omega}^{B/N}}{\mathrm{d}t}+\boldsymbol{\omega}^{B/N}\times\boldsymbol{J}\cdot\boldsymbol{\omega}^{B/N}$,该项代表由于航天器总线结构角加速度和角速度引起的刚体运动,属于欧拉方程。

(2) $\boldsymbol{\omega}^{B/N}\times\left(\sum_{i=1}^{n}\boldsymbol{J}_{g,i}\dot{\delta}_i\hat{\boldsymbol{g}}_i\right)$,该项代表由常平架的运动对航天器施加的陀螺效应。虽然该项在高逼真度仿真模拟中很重要,但由于常平架速度远低于转子速度,因此可忽略一阶扭矩,在动量大小分析中也可以忽略。忽略上述两个因素类似于设 $\boldsymbol{J}_{g,i}=0$。

(3) $\boldsymbol{\omega}^{B/N}\times\left(\sum_{i=1}^{n}\boldsymbol{J}_{r,i}\Omega_{r,i}\hat{\boldsymbol{s}}_i\right)$,该项代表航天器旋转转子在某些瞬时方向上对航天器本体施加的陀螺效应。该项对航天器动力学有重要影响。对于每个 CMG,它也是常平架电动机必须做出反应的一个力矩,即"基速率"效应。该效应是常平架电动机设计中重要因素之一。

(4) $\sum_{i=1}^{n}\boldsymbol{J}_{g,i}\ddot{\delta}_i\hat{\boldsymbol{g}}_i$,该项代表常平架的加速效应对航天器施加的扭矩,内部常平架总成主要包括转子和支撑它的常平架结构。该项是调整常平架电动机大小的重要因素,但在一些简单的分析中,侧重于动量系统扭矩和动量能力时,它可以被忽略。

(5) $\sum_{i=1}^{n}\boldsymbol{J}_{r,i}\dot{\Omega}_{r,i}\hat{\boldsymbol{s}}_i$,该项代表了由于转子向上或向下旋转,航天器所生成的扭矩。对于典型的 SGCMG,系统中很少存在该类运动,但它对变速 CMG 有重要影响。

(6) $\sum_{i=1}^{n}\boldsymbol{J}_{r,i}\dot{\delta}\Omega_{r,i}\hat{\boldsymbol{o}}_i$,该项代表常平架中,由各转子角动量所产生的施加在航天器本体上的陀螺输出扭矩,该项值在 SGCMG 的输出扭矩中起支配地位。

航天器中转子以恒定速度转动是比较简单的模型,该模型只包括输出扭矩效应。在这种情况下,航天器的动力学方程为

$$\frac{^N\mathrm{d}\boldsymbol{H}}{\mathrm{d}t}=\boldsymbol{J}\cdot\frac{^B\mathrm{d}\boldsymbol{\omega}^{B/N}}{\mathrm{d}t}+\sum_{i=1}^{n}\boldsymbol{J}_{r,i}\dot{\delta}_i\Omega_{r,i}\hat{\boldsymbol{o}}_i+$$
$$\boldsymbol{\omega}^{B/N}\times\left(\boldsymbol{J}\cdot\boldsymbol{\omega}^{B/N}+\sum_{i=1}^{n}\boldsymbol{J}_{r,i}\Omega_{r,i}\hat{\boldsymbol{s}}_i\right)$$
(4.82)

为了构建适合于姿态控制仿真的模型,可以将此方程进行分割,把动量系统作为一个独立的子系统从航天器本体模型中分割出来:

$$\begin{cases} \dfrac{^{\mathrm{N}}\mathrm{d}\boldsymbol{H}}{\mathrm{d}t} + \boldsymbol{\tau}_{\mathrm{o}} = \boldsymbol{J} \cdot \dfrac{^{\mathrm{B}}\mathrm{d}\boldsymbol{\omega}^{\mathrm{B/N}}}{\mathrm{d}t} + \boldsymbol{\omega}^{\mathrm{B/N}} \times \left(\boldsymbol{J} \cdot \boldsymbol{\omega}^{\mathrm{B/N}} + \sum_{i=1}^{n} J_{\mathrm{r},i} \Omega_{\mathrm{r},i} \hat{\boldsymbol{s}}_{i}\right) \\ \boldsymbol{\tau}_{\mathrm{o}} = -\sum_{i=1}^{n} J_{\mathrm{r},i} \dot{\delta}_{i} \Omega_{\mathrm{r},i} \hat{\boldsymbol{o}}_{i} \end{cases} \quad (4.83)$$

$\boldsymbol{\tau}_{\mathrm{o}}$ 中的负号反映了这样一个事实,即在航天器上作用的扭矩与施加在动量系统上的扭矩方向相反。这些等式可以写成矩阵形式以求解角加速度。在这里,矩阵通过本体固定的基矢量 $\boldsymbol{b}_i$ 进行构造,并添加左上标 B 表示。在没有外部扭矩的情况下,有

$$^{\mathrm{B}}\dot{\boldsymbol{\omega}} = {}^{\mathrm{B}}\boldsymbol{J}^{-1}\left[{}^{\mathrm{B}}\boldsymbol{\tau}_{\mathrm{o}} - \boldsymbol{\omega}^{\times}\left({}^{\mathrm{B}}\boldsymbol{J}\boldsymbol{\omega} + \sum_{i=1}^{n} J_{\mathrm{r},i}\Omega_{\mathrm{r},i}{}^{\mathrm{B}}\hat{\boldsymbol{s}}_i\right)\right] \quad (4.84)$$

$$^{\mathrm{B}}\boldsymbol{\tau}_{\mathrm{o}} = -\left(\sum_{i=1}^{n} J_{\mathrm{r},i} \dot{\delta}_{i} \Omega_{\mathrm{r},i} {}^{\mathrm{B}}\hat{\boldsymbol{o}}_i\right) \quad (4.85)$$

4.6 雅可比执行器

雅可比矩阵 $\boldsymbol{A}$ 是 $m \times 1$ 阶实值函数 $\boldsymbol{F}(\boldsymbol{x})$ 相对于 $n \times 1$ 阶列矩阵对变量 $\boldsymbol{x}$ 求偏导数得到的 $n \times m$ 阶矩阵,即

$$\boldsymbol{A} = \dfrac{\partial \boldsymbol{F}}{\partial \boldsymbol{x}} = \begin{bmatrix} \dfrac{\partial \boldsymbol{F}}{\partial \boldsymbol{x}_1} & \cdots & \dfrac{\partial \boldsymbol{F}}{\partial \boldsymbol{x}_n} \end{bmatrix} = \begin{bmatrix} \dfrac{\partial F_1}{\partial x_1} & \cdots & \dfrac{\partial F_1}{\partial x_n} \\ \vdots & & \vdots \\ \dfrac{\partial F_n}{\partial x_1} & \cdots & \dfrac{\partial F_n}{\partial x_n} \end{bmatrix} \quad (4.86)$$

式中: F_i、x_i 为实值函数形式矩阵分量,也是一个列矩阵。

通过观察线性和标量形式的简单例子,可以帮助我们理解雅可比矩阵表达的物理意义。考虑某个电动机的输出扭矩满足函数 $\tau = Ki$,其中 τ 为输出扭矩,K 为标量增益,也称为扭矩常数,i 为电动机的输入电流。在这种情况下,输出扭矩 $\tau(i)$ 相对于输出电流 i 求偏导数后,产生一个标量的雅可比矩阵,因为 K 是一个常数而不是 i 的函数,它只是增益系数 K。这种增益对电流起到了放大作用,任意值的 i 都可以产生扭矩。RWA 阵列的情况与之类似。增益 K 在刚才的标量雅可比矩阵的例子中,其特征是放大。除此之外,一般情况下雅可比矩阵存在的奇异性也是一个重要特征。如零点奇异值,大致类似于零增益,这时不能在所有方向同时具有放大效应,但至少对于某些方向存在放大效应。RWA 的角动量是系统转子的速度乘以各部分惯性的总和。在可能的情况下,所有 RWA 有相同的转动惯量,则阵

列角动量为

$$h = J_r \sum_{i=1}^{n} \Omega_{r,i} {}^B\hat{s}_i \tag{4.87}$$

输出扭矩是 RWA 阵列角动量与时间的导数。根据复合导数求导规则,有

$$\frac{dh}{dt} = {}^B\tau_o = \frac{\partial h}{\partial \Omega_r} \dot{\Omega}_r = J_r \begin{bmatrix} {}^B\hat{s}_i & \cdots & {}^B\hat{s}_n \end{bmatrix} \begin{bmatrix} \dot{\Omega}_{r,1} \\ \vdots \\ \dot{\Omega}_{r,n} \end{bmatrix} \tag{4.88}$$

因此,RWA 角动量相对于 RWA 转子速率的雅可比矩阵为

$$A = J_r \begin{bmatrix} {}^B\hat{s}_i & \cdots & {}^B\hat{s}_n \end{bmatrix} \tag{4.89}$$

与上述线性标量的例子中电动机输出扭矩类似,RWA 阵列的雅可比矩阵是常量。因此,如果动量系统包括 3 个或更多个 RWA,且各 RWA 的自旋轴间线性不相关,那么该雅可比矩阵不可能是奇异的。对于 CMG 阵列的雅可比矩阵,情况会更复杂些,因为雅可比矩阵不是常量,它是常平架和转子状态的函数。CMG 阵列的雅可比矩阵为

$$A = \frac{\partial h}{\partial \Delta} = \begin{bmatrix} \frac{\partial h}{\partial \delta_1} & \cdots & \frac{\partial h}{\partial \delta_n} \end{bmatrix} \tag{4.90}$$

转子的角动量可能是常量且均匀地分布于阵列中所有的 CMG 上。在这种情况下,雅可比矩阵是在航天器本体坐标系中所有输出扭矩方向的串联再乘以 CMG 转子角动量,即

$$A = \frac{\partial h}{\partial \Delta} = h_r \begin{bmatrix} {}^B\hat{o}_1 & \cdots & {}^B\hat{o}_n \end{bmatrix} \tag{4.91}$$

因此,当 CMG 的输出扭矩方向都位于同一个平面时,奇点就会出现。在数学上,这种情况对应于矩阵 $\begin{bmatrix} {}^B\hat{o}_1 & \cdots & {}^B\hat{o}_n \end{bmatrix}$ 的秩小于 3。对于变速控制力矩陀螺(VSCMG)的阵列,CMG 阵列雅可比矩阵和 RWA 阵列雅可比矩阵是串联的,但该情况下转子角动量不是均匀分布的(因为 VSCMG 转子速度会变化)。因此,VSCMG 阵列雅可比矩阵为

$$A = \begin{bmatrix} \frac{\partial h}{\partial \Delta} & \frac{\partial h}{\partial \Omega_r} \end{bmatrix} \tag{4.92}$$

VSCMG 阵列的总输出扭矩为

$${}^B\tau_o = A \begin{bmatrix} \dot{\Delta} \\ \dot{\Omega}_r \end{bmatrix} \tag{4.93}$$

如果阵列中至少有两个 VSCMG,且具有线性独立的常平架轴,则在转子速度不为零的情况下,该雅可比矩阵总是满秩的。然而仅分析秩是不行的,VSCMG 阵

列存在更深层次的问题,包括丢失陀螺扭矩的问题,这会在后面的章节讨论。对于 DGCMG 阵列,其雅可比矩阵和 SGCMG 阵列类似,因为附加的常平架,其矩阵会包含一组附加的列。DGCMG 的雅可比矩阵为

$$A = \begin{bmatrix} \dfrac{\partial h}{\partial \Delta_1} & \dfrac{\partial h}{\partial \Delta_2} \end{bmatrix} \quad (4.94)$$

式中:Δ_1、Δ_2 分别为内部和外部常平架角的列矩阵。即使对于所有 CMG,都具有恒定和均匀分布的角动量,外部常平架的雅可比矩阵也不是单位矢量的串联[6]。对于某个动量装置阵列,它通常用雅可比矩阵的秩属性来测量到奇异状态的距离。在计算之前,雅可比矩阵要进行规范化(根据转子动量大小进行缩放),规范化后可以作为一个度量参数,如 $m = \sqrt{\det(AA^T)}$ 可以度量系统的可操作度,$m = \sqrt{\det(AA^T)}$ 等于雅可比矩阵的奇异值的乘积(如第 7 章所述)。例如,在所有 CMG 都具有恒定的均匀分布角动量时,度量参数变为 $m = \sqrt{\det(\hat{A}\hat{A}^T)}$,其中 $A = h_r \hat{A}$。雅可比矩阵的规范化不仅提供测量独立于 CMG 大小的奇异性的方法,它也在研究奇点规避中作为数值稳定值。

4.7 转子及常平架结构的动力学

旋转体柔性动力学分析是一门专业学科,构建描述该类系统的真实有效的方程组很困难,且大多数"尝试"的求解方法存在各种各样的问题,随着数值解法的发展,应当采用数值方法求解该类系统。这种微妙的变化激发我们针对该类系统,提出一些简单的设计原则,即动量设备器件要设计为高刚度的刚体,使它们的柔性动力学可以从航天器结构的基本振动模式和姿态控制回路中分离出来。这些频率的分离,在发射-载体及载荷分析中,除了具备一些其他优点外,重要的是它简化了控制设计,提高了航天器快速响应的可预测性。设计为高刚度与飞行硬件的需要也相一致,可以承受运载火箭动力学的高负载要求,包括声波载荷和火箭发动机振动要求。然而,这里指的刚度,不是从物质的压力方面进行考虑,主要是指动量执行器的机械设计方面。RWA 和 CMG 通过最大化轴承跨度部分实现了刚度要求,轴承跨度意思是多个轴承之间的距离,用于支持转子和(在 CMG 的情况下)常平架。轴承间分离距离越远,它们可以反馈的动量就越大。这些设备还包括高刚度的转子、结构元件和支架,同时尽量减少这些元件的质量。详细的设计与特定设备有关,与应用目的有关,这超出了本书讨论的范围。然而,在各类执行器中,有两个显而易见的、一般通用的规则:

(1)转子的振动模式:陀螺效应把刚体的章动耦合到转子的结构上使其发生偏转。

（2）CMG 有一个特定的效应：输出轴刚度以附加惯量的形式，增加对常平架电动机输出扭矩的需求。

第一点对一个旋转对称刚体来说，如具有两个自由度的扭簧这类简单的模型，效应很明显。一个本体固定的参考框架 F_B 与转子固定连接在一起，一个由基矢量 b_i 构成的坐标系固定在 F_B 中。在这个模型中，刚体表示围绕 b_1 轴高速旋转的转子，如图 4.7 所示。基矢量允许转子在 b_2-b_3 平面内的任意轴上偏转，偏离过程刚度均匀变化。该简化表达方法中，包括一个嵌入的角动量矢量，h_r 围绕 b_1 轴旋转并且转子沿横向方向转动一个小角度。假设运动足够微小，角速度矢量由一个三参数姿态的导数表示，包括该微小旋转，在坐标系的 3 个基轴中，每个轴上都有一个微小的旋转：

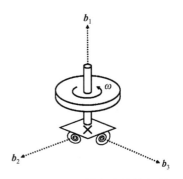

图 4.7 围绕 b_1 轴高速旋转的转子

$$^B\begin{bmatrix} \theta_1 \\ \theta_2 \\ \theta_3 \end{bmatrix} \approx {}^B\begin{bmatrix} \int \omega_1 \mathrm{d}t \\ \int \omega_2 \mathrm{d}t \\ \int \omega_3 \mathrm{d}t \end{bmatrix} \tag{4.95}$$

式中：左上标 B 表示坐标系统 B。但是，因为弹簧只在横向方向偏转，故围绕 b_1 轴的旋转为零，如果转子质量中心的惯性二重张量 $J_r = J_r b_1 b_1 + J_t (b_2 b_2 + b_3 b_3)$，则用矩阵形式描述的运动方程为

$$^B J_r^B \dot{\omega}^{B/N} + {}^B \omega^{B/N \times} ({}^B J_r^B \omega^{B/N} + {}^B h) = {}^B \tau_K \tag{4.96}$$

式中：上标"×"表示矩阵等价与矢量的叉积；τ_K 为转子沿其柔性基座横向偏转产生的扭矩。把 $\dot{\theta}$ 替换成 $^B\omega^{B/N}$ 后，得

$$^B\begin{bmatrix} J_r & 0 & 0 \\ 0 & J_t & 0 \\ 0 & 0 & J_t \end{bmatrix} {}^B\begin{bmatrix} \ddot{\theta}_1 \\ \ddot{\theta}_2 \\ \ddot{\theta}_3 \end{bmatrix} + {}^B\begin{bmatrix} 0 & -\dot{\theta}_3 & \dot{\theta}_2 \\ \dot{\theta}_3 & 0 & -\dot{\theta}_1 \\ -\dot{\theta}_2 & \dot{\theta}_1 & 0 \end{bmatrix} \left({}^B\begin{bmatrix} J_r & 0 & 0 \\ 0 & J_t & 0 \\ 0 & 0 & J_t \end{bmatrix} {}^B\begin{bmatrix} \dot{\theta}_1 \\ \dot{\theta}_2 \\ \dot{\theta}_3 \end{bmatrix} + \begin{bmatrix} h_r \\ 0 \\ 0 \end{bmatrix} \right) = \begin{bmatrix} 0 \\ -k\theta_2 \\ -k\theta_3 \end{bmatrix} \tag{4.97}$$

同样，小角度的假设消除了弹簧扭矩和旋转轴间的耦合，有

$$\begin{cases} \ddot{\theta}_2 = -\dfrac{1}{J_t}(h_r \dot{\theta}_3 + k\dot{\theta}_2) \\ \ddot{\theta}_3 = -\dfrac{1}{J_t}(h_r \dot{\theta}_2 + k\dot{\theta}_3) \end{cases} \tag{4.98}$$

应用状态空间动力学矩阵将二阶、耦合的、常微分方程转换为一阶形式,有

$$A = \begin{bmatrix} 0 & -\dfrac{h_r}{J_t} & -\dfrac{k}{J_t} & 0 \\ \dfrac{h_r}{J_t} & 0 & 0 & -\dfrac{k}{J_t} \\ 1 & 0 & 0 & 0 \\ 0 & 1 & 0 & 0 \end{bmatrix} \quad (4.99)$$

特征值(自然频率)为

$$\lambda = \left(\left(\dfrac{h_r}{2J_t} \right)^2 + \dfrac{k}{J_t} \right)^{1/2} \pm \dfrac{h_r}{2J_t} \quad (4.100)$$

如果转子动量为零,方程在这种简单情况下,其根是扭转刚度上的固有频率,即

$$\lim_{h_r \to 0} \lambda = \pm \left(\dfrac{k}{J_t} \right)^{1/2} \quad (4.101)$$

各振动模式中,围绕横向轴的旋转振荡是一种典型模式,第二个振动模式是关于另一个横向轴的旋转振荡,如图 4.8 所示。然而对于转子动量不等于零时,这两种模式既可能相互耦合,又可能相互分离。在转子动量无限大(或零刚度)约束的限制下,特征值方法为

$$\lim_{h_r \to \infty} \lambda = 0, \dfrac{h_r}{J_t} \quad (4.102)$$

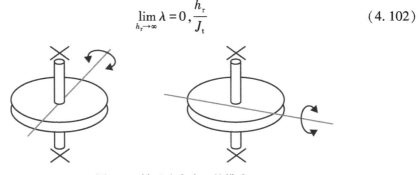

图 4.8 转子速度为 0 的模式

随着转子动量的增加,"进动"频率逐渐趋近于零,而"章动"频率逐渐趋近于刚体的章动频率。这种陀螺式的耦合表现为一种锥状的运动,转子在与章动模式形成的锥体在同一方向上旋转,而进动模式中转子的旋转方向则相反,即转子会沿进动方向相反的方向旋转,如图 4.9 所示。如果章动或进动模式中,某个模式的频率与转子的自旋速度频率重合,则此时系统会产生激励效应。固有自然频率随速度的变化如图 4.10 所示。进动模式的频率与转子的旋转速度频率在频率 $\sqrt{K/(J_r + J_t)}$ 处会相交。对于章动模式,如果 $J_r > J_t$,转子设计为扁圆状(或称圆盘

状),而没有设计为扁长的(如小半径的圆柱),章动模式频率与转子旋转速度频率肯定发生相交。对于进动模式,耦合锥体存在于转子逆行旋转方向,故进动模式也可以与自旋频率重合。逆向模式直接表现出一种有趣的现象,该现象可追溯到极零(点)相消。由上述运动模式的简单数学模型可以得出如下结论,即自旋振动不会触发系统的逆行模式,因为自旋模式中,转子旋转的特征矢量是两两正交的。虽然这样说,但在实际的情况中情况会更复杂,各模式中还包括缺陷、非线性以及其他包括未建模特征在内的微妙效应,模式间可能会相互触发。转子自旋振动还可以通过周围结构传输能量。以上讨论适用于 RWA。然而,同样情况下的 CMG,围绕 X 和 Y 轴的刚度则有很大的不同(一个不同点是常平架),这导致了完全不同的行为。显然,对旋转体的模式激励的研究很重要,即使是高刚度的刚体。

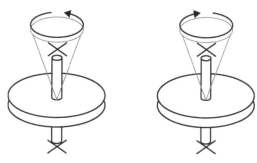

图 4.9　转子旋转模式

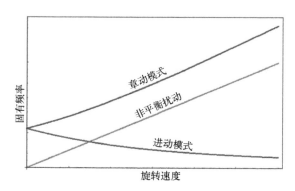

图 4.10　自旋速度的固有频率变化

这里考虑到的第二个柔性效应是附加惯性。附加惯性是因为所有结构要素中都存在柔性量,这意味着在垂直于常平架轴的平面内,限制了 CMG 的动量矢量移动。柔性量元素包括转子外壳或线圈、转子的轴、转子的轴承、常平架结构、常平架轴承以及构成常平架驱动阵列中的其他相关元素。航天器总线与常平架之间的机械设备也发挥重要作用。所有这些要素叠加后形成的综合刚度,无论是串联还是平行,都一起组成"输出轴刚度"。该概念表明刚度与 CMG 的输出轴相关。具体地说,刚度负责约束输出轴,使其保持垂直于常平架轴运动。各要素参与度的评估方法首先是建立解析模型或此子系统的有限元分析模型。在转子边缘上施加一力偶 M,在与输出轴平行的方向上,让模型偏转一个角度,如图 4.11 所示。

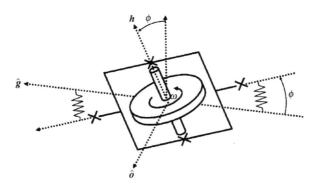

图 4.11 输出轴刚度的概念模型

刚度是力偶与角度的比值。与该子系统越切合,转子倾斜趋向常平架或远离常平架的程度越高。把动量 h_r 沿常平架轴 $\hat{g}_i$ 方向投影,由此产生的动量变化表示常平架必须做出反应的扭矩。在各公式中,许多参数为标量形式,因为基于此形式的分析,比建立系统详细模型来分析的通用情况相比要简单得多。对于给定的常平架速率标量 δ 和输出轴刚度 K_{OA},输出扭矩近似为

$$\begin{aligned}\tau_o &= \dot{\delta} h_r \\ \tau_o &= -K_{OA}\phi\end{aligned} \quad (4.103)$$

或者

$$\phi = -\frac{\dot{\delta} h_r}{K_{OA}} \quad (4.104)$$

h_r 偏转角度为 ϕ,与 CMG 输出扭矩 τ_o 呈比例关系。这样沿常平架轴方向产生角动量 h_g:

$$h_g = h_r \sin(-\phi) \quad (4.105)$$

对于小角度值,有

$$h_g = -h_r \phi \quad (4.106)$$

对式(4.106)进行一些替换,得

$$h_g = \frac{\dot{\delta} h_r^2}{K_{OA}} \quad (4.107)$$

式(4.108)中动量对时间求导数后,得到由于输出轴刚度效应在常平架上产生的扭矩:

$$\tau_{g,K} = \frac{\ddot{\delta} h_r^2}{K_{OA}} \qquad (4.108)$$

常平架必须加速以产生惯性 $J_{g,\text{eff}}$，该惯性结合了内环常平架总成（IGA）的刚性惯量和输出轴的刚度效应，即

$$\tau_g = \tau_{g,r} + \tau_{g,K} = J_{g,\text{eff}} \ddot{\delta} \qquad (4.109)$$

扭矩使刚性 IGA 加速，有

$$\tau_{g,r} = J_g \ddot{\delta} \qquad (4.110)$$

组合效应的有效惯量为

$$J_{g,\text{eff}} = J_g + \frac{h_r^2}{K_{OA}} \qquad (4.111)$$

式（4.111）较为简单明了，描述了顺应式常平架结构的影响：一是使系统具有较低刚度耗费功率；二是最终增加齿轮和常平架序列的重量。除了上述的"准静态"行为，系统具有动态效应：常平架的初始旋转传导振荡扰动，该振荡扰动某种程度降低了航天器的空间指向性能。这些影响因素通常在 CMG 设计中要着重考虑，输出轴刚度设计要足够高，常平架动力学中最重要就是刚体惯性。抛开某个特定应用的刚度设计要求，必须考虑通用情况，对系统的有效惯性进行估计，使其满足航天器级姿态控制的要求，满足常平架扭矩要求。

4.8 放大 CMG 执行器产生的效应

越来越多的小型卫星或者被称为微型卫星相继出现和使用，他们应用于各种类型的任务，因此急切需要满足这类体积大小、质量和能源需求的姿态稳定控制执行器，要求这类具有新型结构的卫星执行器具有高精度的指向定向能力。从 20 世纪 90 年代起，一些微型的 RWA 应用于姿态控制速度缓慢的卫星，这些 RWA 成功应用于该类卫星的调姿任务，同时期的这类卫星很多，如 NASA 发射的电话微型卫星，它采用整合一个直流电动机这种简单的方法，该卫星用直流电动机所具有的惯性直接作为转子的惯性。一些小型的 RWA 安装有自动姿态调整辅助决策传感器作为姿态控制子系统中的关键元器件，如美国蓝色峡谷技术公司的 XACT 单元。甚至现有开发使用的一些微型的 CMG 都可以为小型"立方体"卫星提供灵巧的姿态控制能力。佛罗里达大学设计开发的一种紧凑型 CMG 和蜜蜂机器人公司设计的卫星 CMG 产品就是具有该类特性的成功产品。上述两个产品如图 4.12 和图 4.13 所示，但是，如果两者进行比较，这些动量系统在等比例放大尺寸的情况下并不能发挥相同的效能。对于小型转子来说，总体上，系统各设备的尺寸大小同多种因素有关，转子、传感器、轴承、组成结构、集流环体系和电子器件等都可能在决定设备的大小和尺寸的设计中起到决定性的作用。对于大型卫星，这种总体上表

图 4.12 （a）独立紧凑型 CMG 以及（b）一个按金字塔排列的 4 个 CMG 阵列（图片由佛罗里达大学提供）

图 4.13 蜜蜂大小的机械人微型 CMG（图片由蜜蜂机器人公司提供）

现出来的特性反过来使得动量设备的尺寸大小与总体航天器不成比例,占用比例更大。因此,一些对于大型卫星而言微不足道的动力学特性对于微型卫星而言必须仔细加以考虑,这些特性中对于相对微小的卫星来说,不利因素有以下几点：

（1）没有专门针对小型的并且具有高性能的相关组件。

（2）缺少满足结构、机械、工艺和公差等制造程序。

（3）缺少精确的定位和相关的角速度传感器使得内循环控制精度下降,因此需要更具有鲁棒性的控制结构,更非常规的控制理念或者只能降低性能这种简单的方式。

（4）对于微型卫星,动量系统的执行器和航天器本体一样,它们尺寸不变,这就导致了引起更多的扰动,如诱导振动和 OTR。

（5）微型卫星的质量小,一般很少安装整合振动隔离装置,这使得它们振动吸收能力弱,空间定向性差。

（6）之前对于大型卫星而言可以忽略不计的常平架和相关组件的动力学特性,现在必须加以考虑,需要开发精确的模型和控制方法,否则会在一定程度上降低系统效能。

目前,微型卫星的动量控制系统基本都使用 RWA 执行器,RWA 动量执行器的主要缺点是对于小型卫星而言系统所储备的扭矩相对较低,设计研究生产该类动量执行器有多家公司,如 Dynacon 公司、Sinclair Interplanetary 公司、Clyde Space 公司、Maryland Aerospace Incorporated 公司和 Blue Canyon Technologies 公司等,还有很多高校也设计和研制了相关的动量执行器。RWA 如果设计的尺寸小一些,就会具有很强的灵活性,这是个很大的优点。在对小型 CMG 的建模和控制中,必须对它们的陀螺动力学加以考虑。如果不考虑动力学特性会造成操纵算法精度降低,进而无法求解陀螺的高精度转动速率,实现目标扭矩。此外,随着微型卫星基准速率和常平架装置惯性的增加,应用一组微小 CMG 组成一个具有一定规模的阵列,CMG 动量控制执行器机构的常平架电动机,需要处理高能量驱动模式所带来的附加动力学特性。这种特性降低了扭矩的放大效应,同时也降低了精度。包含质量偏置类型动量控制系统的航天器,其运动方程深入推导,以及附加动力学特性对于扭矩放大效应和控制精度的影响参见附录 A。

4.8.1 尺寸增大所带来的扭矩放大效应衰减

微型卫星应用示例中,应用微型 CMG 也会带来一个不好解决的问题——卫星尺寸大小问题。一个原因是在当前的工艺条件下,没有高精度的满足尺寸大小要求的组件、轴承以及常平架元件具有的摩擦因数,另一个原因是各元件的尺寸大小相互间并不呈线性比例关系,单位能量输入所带来的扭矩输出随着元件尺寸的增大,扭矩的增大趋势相对较低,另外微型卫星的基座速率都很高,所有这些都限制了微型 CMG 的使用,最近几年或者在将来,微小卫星的应用前景也受此限制。在转子以恒定速度($\dot{\Omega}=0$)转动的条件下,考虑 SGCMG 的输出扭矩,有

$$\tau_{o,i} = J_{r,i}\hat{o}_i\dot{\delta}\Omega_{r,i} + J_{g,i}\ddot{\delta} \quad (4.112)$$

式中:$J_{r,i}\hat{o}\dot{\delta}\Omega_{r,i}$ 为陀螺仪的输出扭矩;$J_{g,i}\ddot{\delta}$ 为常平架的漂移扭矩。

式(4.112)描述了一种简单的运行情况,常平架的旋转轴在航天器坐标系中被精确定位安装,忽略转子扭矩而保留转子速度。定义输入扭矩为

$$\tau_i = \tau_{Gf_i} + J_{g,i}\ddot{\delta}_i + J_{r_i} \cdot \omega^{B/N} \cdot \hat{o}_i\Omega_{r,i} \quad (4.113)$$

式中:τ_{Gf_i} 为常平架摩擦扭矩。对公式进行进一步推导可得出微型 CMG 动量控制系统所具有的扭矩放大效应方程,即

$$\tau_a = \frac{\tau_o}{\tau_i} \approx \frac{|J_{r,i}\hat{o}_i\dot{\delta}_i\Omega_{r,i}| + |J_{g,i}\ddot{\delta}_i|}{|\tau_{Gf_i}| + |J_{g,i}\ddot{\delta}_i| + |J_{g,i}\ddot{\delta}_i| + J_{r_i} \cdot \omega^{B/N} \cdot \hat{o}_i\Omega_{r,i}|} \quad (4.114)$$

如果忽略常平架转动摩擦扭矩,则式(4.113)可以进一步简化,基于之前的假设,有

$$\tau_a = \frac{|h_{r_i}\dot{\delta}_i| + |J_{g,i}\ddot{\delta}_i|}{|J_{g,i}\ddot{\delta}_i| + \|h_{r_i}\boldsymbol{\omega}^{B/N}\|} = \frac{|\dot{\delta}_i| + \left|\dfrac{J_{g,i}}{h_{r_i}}\right||\ddot{\delta}_i|}{\dfrac{J_{g,i}}{h_{r_i}}|\ddot{\delta}_i| + \|\boldsymbol{\omega}^{B/N}\|} = \frac{|\dot{\delta}_i| + \varepsilon|\ddot{\delta}_i|}{\varepsilon|\ddot{\delta}_i| + \|\boldsymbol{\omega}^{B/N}\|} \quad (4.115)$$

式中：ε 为 CMG 动量设备的常平架扭矩和 RWA 扭矩相似程度（RWA 扭矩也是绕常平架旋转轴旋转的扭矩）。当常平架效能与 RWA 相似时，在 h_{r_i} 趋近于零时，ε 趋近于零；如果角动量接近于无限大或常平架惯量忽略不计，则 ε 则趋近于无限大。在图 4.14 中，给出接近于理想状态 SGCMG 的情形，其中标量 $\omega_t = \boldsymbol{\omega}^{B/N} \cdot \hat{\boldsymbol{o}}_i$，当常平架摩擦力增加后，扭矩的放大效应下降，当转子角动量矢量的模与常平架转动惯量数值比较相对较小时，扭矩放大效应也会减少。不能满足小型卫星在大小、质量、能源等方面的要求。制造相应的 CMG 有上述一系列困难，这些难点使得这类动量控制设备的扭矩放大效应在一定程度上可能受到限制。

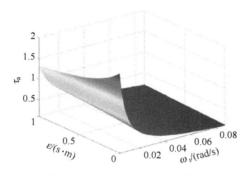

图 4.14 扭矩放大效应与卫星基速率和效率参数的关系图

4.9 本章小节

本章介绍了与 RWA 和 CMG 的运动相关的物理基础知识，这些知识在航天器领域可用来实现航天器姿态控制。目前，动量设备引起研究人员的广泛兴趣。本章主要聚焦相关的刚体运动学模型。我们应用了一个非常通用的矢量/二阶张量表示方法来表示系统的物理特征，应用这种与坐标系完全解耦的方法，实现了导数变量的简洁表示。本章还对常用的坐标系、动量系统设计中的柔性效应，特别是转子及其相关结构方面的机械力学适应性进行了介绍。转子结构方面的适应性，能产生耦合、柔性的陀螺仪模式，且能够阻止和减缓常平架加速过程。这种阻尼作用主要通过惯性形式体现出来。动量控制系统提供了一种独特的设计方法，应用该方法能够实现具有鲁棒性的轻型航天器设计，但如果想很好的应用该技术，需要详细认真地分析刚体和柔性体的动力学特性。

参考文献

[1] P. Hughes, *Spacecraft attitude dynamics* (Courier Corporation, 2012)
[2] J. Stuelpnagel, On the parametrization of the three-dimensional rotation group. SIAM Rev. **6**(4), 422 (1964)
[3] M. Shuster, A survey of attitude representations. Navigation **8**(9), 439–517 (1993)
[4] F. Markley, J. Crassidis, *Spacecraft Attitude Determination and Control* (Springer, Berlin, 2014)
[5] P. Hughes, *Spacecraft Attitude Dynamics* (Wiley, New York, 1986)
[6] H. Kurokawa, A geometric study of single gimbal control moment gyros (singularity problems and steering law). Technical Report 175, Agency of Industrial Technology and Science, Japan, 1998

第5章　陀螺仪动量控制的奇异点问题

本书主要研究内容是航天器动量控制系统,必须认真研究与 CMG 相关的空间几何运动奇异点问题。本书首先讨论 DGCMG 中相关的一些通用性空间奇异性问题(如常平架锁定问题),然后讨论 SGCMG 中相关的更复杂的空间奇异性问题,如奇异点的数学结构以及如何避免这些奇异性,解决这些奇异性的方法等,采用了一种更让读者能够理解的方式进行介绍,特别是对相关的数学理论不太熟悉的读者会发现我们讲解方式的好处。在动量空间中,本书对如何通过三维平面的表示方式,直观表示一组 CMG 阵列空间奇异点位置进行讨论。本书对一组 CMG 阵列,在零动量位置出现奇异点的条件下,实施零动量转动的技术进行研究分析和总结,给出几点简短的讨论结果。

5.1　奇　异　值

一个矩阵不管是方阵还是非方阵,都可以进行奇异值分解,分解后的公式为

$$A = U\Sigma V^{\mathrm{T}} \tag{5.1}$$

式中:U、V 均为单位矩阵;Σ 为

$$\Sigma = \begin{bmatrix} \sigma_1 & 0 & 0 & \cdots & 0 \\ 0 & \sigma_2 & 0 & \cdots & 0 \\ 0 & 0 & \sigma_3 & \cdots & 0 \end{bmatrix} \tag{5.2}$$

Σ 是由所有奇异值 σ_i 组成的奇异矩阵。可以把 σ_i 按照从大到小进行排列:$\sigma_1 > \sigma_2 > \sigma_3$,正如文献[1,2]中所述。矩阵 A 的秩等于对角矩阵 Σ 非零奇异值的数目,如果一个矩阵具有一个或多于一个数目的零奇异值,那么该矩阵为奇异矩阵,如果一个矩阵为奇异矩阵,那么该矩阵为不可逆矩阵,非方阵是不可逆的,其具有的非零奇异值数量的最大值等于矩阵的最小维数。因此,非方阵的奇异值最大数目等于矩阵的最小维数,例如下面矩阵:

$$B = \begin{bmatrix} 1 & 0 & 0 \\ 0 & 2 & 0 \end{bmatrix}$$

该矩阵有两个非零奇异值,所以该矩阵的秩为 2,下面这个矩阵为二维矩阵,即

$$B = \begin{bmatrix} 1 & 0 & 0 \\ 0 & 0 & 0 \end{bmatrix}$$

但它的秩为 1，这是因为此矩阵只有一个非零的奇异值，及 $\sigma_1 = 1$。

5.2 坐标系奇异性和几何空间奇异性

在空间处理中，如果坐标系参数化方法选择不好，在数学处理过程中会出现奇异性和奇异点，例如在某个坐标系参数化方法中用到了正切函数、正割函数或者余弦函数，在奇异点位置，应用参数化方法无法求解常平架的角度，即函数在奇异点位置无值，这些并不是物理上设备的特性引起的奇异性。也有一些几何上的奇异性，同时也表现出基本的物理学特性，即该类奇异点肯定会影响动量控制阵列的运动，不管采用何种数学参数化方法，奇异性一定会出现。本章将详细讨论这两种奇异性间的区别和联系。

5.2.1 坐标系统的奇异性

坐标系用来描述一个动态系统的空间状态，例如许多机械设备的运动角度和位置信息都是通过坐标系来描述的，对于 CMG 阵列常平架的运动角度，同样也可以用坐标系来描述。转子的旋转运动参数是一个周期性变量，在描述其角度的坐标系中可以忽略，该周期性变量以一个恒定的方式变化，可以用静态参数描述，例如用角动量标量 h_r 来表示。从数学角度看，坐标系的奇异性表现为：在运动空间的某处，描述运动的函数无定义，或者函数在该点处的变化率无穷大。这类奇异性发生的主要原因是未正确选择坐标系。分析人员或者系统工程人员可以基于便利性或硬件方面继承性等因素选择。因此，如果随便选择而遇到了物理性的奇异点问题，可以随时改变选择其他参数化方法，系统可以用一组角度参数描述，但一组不是角度的参数也可以描述一个相同系统。运动学微分方程组的求解会碰到坐标奇异性问题，微分方程组是时间的函数，反映了系统的演变运动过程，同时也反映出多个坐标系间的相互关系。下面是一些特定的例子。

例 5.1 考虑三坐标姿态情况，用欧拉角描述两组基矢量间的姿态关系。通过一组由 3 个顺序旋转的不同轴来描述对象的空间姿态，最常见的是 3-2-1 模式，即偏航-俯仰-滚转。先围绕 Z 轴（或称为轴 3）旋转角度 ψ，然后围绕 y''' 轴旋转角度 θ，最后围绕 x'' 轴旋转角度 ϕ，最终实现从一个基准坐标系 X, Y, Z 转换到另一个基准坐标系 x', y', z'。如图 5.1 所示，3 个方向余弦矩阵（DCM）组成一个旋转序列，方向余弦矩阵如下：

$$\boldsymbol{D}_3(\psi) = \begin{bmatrix} c(\psi) & s(\psi) & 0 \\ -s(\psi) & c(\psi) & 0 \\ 0 & 0 & 1 \end{bmatrix}$$

$$\boldsymbol{D}_2(\theta) = \begin{bmatrix} c(\theta) & 0 & -s(\theta) \\ 0 & 1 & 0 \\ s(\theta) & 0 & c(\theta) \end{bmatrix}$$

$$\boldsymbol{D}_1(\phi) = \begin{bmatrix} 1 & c(\phi) & s(\psi) \\ 0 & c(\phi) & s(\psi) \\ 0 & -s(\phi) & c(\phi) \end{bmatrix}$$

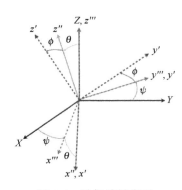

图 5.1 欧拉旋转序列

式中:$c(\cdot) = \cos(\cdot)$;$s(\cdot) = \sin(\cdot)$。

根据这一组旋转矩阵具有的几何特性,3个方向余弦矩阵 DCM 的叉积本身也为方向余弦矩阵,有

$$\boldsymbol{D}_{321} = \boldsymbol{D}_1(\phi)\boldsymbol{D}_2(\theta)\boldsymbol{D}_3(\psi)$$

或扩展为

$$\boldsymbol{D}_{321} = \begin{bmatrix} c(\theta)c(\psi) & c(\theta)s(\psi) & -s(\theta) \\ s(\phi)s(\theta)c(\psi)-c(\phi)s(\psi) & s(\phi)s(\theta)s(\psi)+c(\phi)c(\psi) & s(\phi)c(\theta) \\ c(\phi)s(\theta)c(\psi)+s(\phi)s(\psi) & c(\phi)s(\theta)s(\psi)-s(\phi)c(\psi) & c(\phi)c(\theta) \end{bmatrix}$$

式中:3×3阶的矩阵实现初始坐标矩阵到目标坐标矩阵的转化,即

$$[x' \quad y' \quad z'] = \boldsymbol{D}_{321}[X \quad Y \quad Z]$$

求解变换矩阵的3个欧拉角的过程中可能存在奇异性,第一个欧拉角 ψ 是一个反正切,即为 $\boldsymbol{D}_{321}(1,2)$ 和 $\boldsymbol{D}_{321}(1,1)$ 的比率,如下式所示:

$$\psi = \arctan\left(\frac{\boldsymbol{D}_{321}(1,2)}{\boldsymbol{D}_{321}(1,1)}\right) \tag{5.3}$$

$$\psi = \arctan\left(\frac{\boldsymbol{D}_{321}(2,3)}{-\boldsymbol{D}_{321}(3,3)}\right) \tag{5.4}$$

如果式(5.3)和式(5.4)中两个除式的分母都为零,那么这两个欧拉角无定义,然而在方向余弦矩阵应用中,采用其他的参数化方法提取坐标转换的欧拉角坐标同样存在奇异值。文献[3]给出了一个结论:任何用于表示三维空间姿态的参数化方法都肯定存在奇异值,都不是通用的,任何试图找出一种无奇异值的参数化方法都是不可能的,并给出了详细的解释。因此,我们在动量控制系统的应用中,采用三维坐标参数化方法肯定会遇到奇异值的处理问题,例如在考察欧拉角顺序旋转矩阵的运动学微分方程组时,有

$$\begin{bmatrix} \dot{\phi} \\ \dot{\theta} \\ \dot{\psi} \end{bmatrix} = \frac{1}{c(\theta)} \begin{bmatrix} 0 & -s(\psi) & c(\phi) \\ 0 & c(\phi)c(\theta) & -s(\phi)c(\theta) \\ c(\theta) & s(\phi)s(\theta) & c(\phi)s(\theta) \end{bmatrix} \begin{bmatrix} \omega_1 \\ \omega_2 \\ \omega_3 \end{bmatrix} \tag{5.5}$$

式中：ω_i 为一个坐标系相对于另一个坐标系的角速度 ω 的分量，很显然，在式(5.5)的微分方程组中，当角度 $\theta=(2n+1)\cdot\pi/2(n=0,1,\cdots)$ 时存在奇异值。因此，坐标系奇异性和奇异值的出现不仅存在于从其他坐标系求解欧拉角过程中，也存在于运动学微分方程组对运动姿态的推导求解过程中。

其他的具有奇异值的参数化方法有 Gibbs 矢量、调整 Rodrigues 参数化方法等。如果想完美表现空间姿态变换描述，至少需要 4 个参数化方法组合使用才能够避免奇异性问题，具体可参见文献[4]，文献[4]给出了一个示例，详细地展示了为了描述系统的运动，选择的参数化方法是如何产生奇异值的。

更进一步说，通过选择另一种不同的参数化方法可以规避该处位置的奇异性。第 6 章将在坐标系产生奇异性问题的基础上，详细地介绍系统物理特征行为直接产生的奇异性，该类奇异性问题是无法通过改变参数化方法的方式规避的。

5.2.2 与空间几何运动约束相关的奇异性

空间几何运动的奇异点，如关节运动约束边界的限制，独立于不同坐标系的选择，这类奇异性问题本质上是由于动态系统物理学特性引起的，是无法通过数学方法解决的，如果系统具有该类物理学奇异性问题，一定要十分重视，因为一个从坐标参数化方法视角看不存在奇异性的方法，可能存在物理学奇异性问题，而且这些物理性奇异性问题属于潜在问题，影响系统的动力学描述。早期的一些文献论述了机械臂运动领域的空间几何奇异性问题。

例 5.2 下面给出一个机械臂运动的实例，如图 5.2 所示，图中运动学公式为

$$\dot{x}=\frac{\partial x}{\partial q}\dot{q}=A(q)\dot{q}$$

式中：x 为一个列矢量矩阵，表示机械臂的末端效应器相对于固定坐标系的空间位置和姿态；$\dot{x}$ 是一个列矢量矩阵，用以表示机械臂末端效应器相对于固定坐标系的速度，即坐标系的一维导数；$A(q)$ 为雅可比矩阵，它是由多个关节自由度变量组成的状态空间函数；$\dot{q}$ 为各关节的角速度列矢量矩阵。

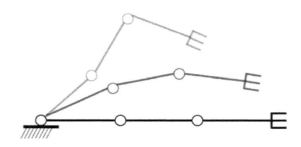

图 5.2 最大伸展状态下三连杆机械臂的奇异性状态

一般来讲,雅可比矩阵 A 是一个非方阵,且为不可逆矩阵,可以通过求其摩尔伪逆的方法表示关节 $\dot{x}$ 相对于目标状态的速度 $\dot{q}$。因此,雅可比矩阵 A 的秩可以认为是 $\dim(x)$ 行列式和 $\dim(q)$ 行列式两者中的较小值,可以求解摩尔伪逆的最小二乘解,且该解位于矩阵 A 的整个状态空间内。该解对应关节运动速度最小状态,基于能源利用的规律,或者从机械设计的角度考虑,该解一定是一个优选方案解。在矩阵 A 的零空间内运动不会对 $\dot{x}$ 产生影响,因此如果在矩阵 A 的零空间内运动,消耗了电能,却不会产生任何运动结果。基于雅可比矩阵伪逆求解结果也可以理解为最小方差估计的最小误差解。假设考虑行列式 $\dim(x)$ 的值小于行列式 $\dim(q)$ 的值,即 $\dim(x)<\dim(q)$,那么对于该冗余机械臂运动系统,摩尔逆的求解结果为

$$\dot{q} = A^{\mathrm{T}}(AA^{\mathrm{T}})^{-1}\dot{x}$$

如果 $\dim(x)>\dim(q)$,那么该机械臂系统称为欠约束系统,在该情况下,有

$$\dot{q} = (A^{\mathrm{T}}A)^{-1}A^{\mathrm{T}}\dot{x}$$

最后一种特殊情况,即 $\dim(x)=\dim(q)$,该情况下,雅可比矩阵为方阵,矩阵的逆就是我们熟悉的方阵的逆:

$$\dot{q} = A^{-1}\dot{x}$$

在该情况下,如果矩阵的秩小于其行列式的值,那么矩阵属于非满秩矩阵,特别地,如果拥有一个刚体末端效应器的典型机械臂系统,描述其末端效应器的位置和姿态的雅可比矩阵的秩小于6,即 $\mathrm{rank}(A)<6$。那么在该情况下,矩阵 A 是不可逆的,只能求出摩尔伪逆,且存在奇异性。同样,在该情况下,机械臂系统存在运动学奇异性问题,图5.2给出了这样一类奇异性的实例,在该图中,机械臂处于最大伸展状态,在机械臂各关节运动操纵平面内,三个关节的自由度分别为 θ_1、θ_2、θ_3,三个自由度以水平面为准,假设关节间的各段长度为1,且只有末端效应器的位置和速度可以控制,那么末端效应器的位置与各关节自由度间的关系为

$$r = \begin{bmatrix} \cos(\theta_1)+\cos(\theta_2)+\cos(\theta_3) \\ \sin(\theta_1)+\sin(\theta_2)+\sin(\theta_3) \end{bmatrix}$$

末端效应器的速度用公式表示为

$$\dot{r} = \begin{bmatrix} -\sin(\theta_1) & -\sin(\theta_2) & -\sin(\theta_3) \\ \cos(\theta_1) & \cos(\theta_2) & \cos(\theta_3) \end{bmatrix} \begin{bmatrix} \dot{\theta}_1 \\ \dot{\theta}_2 \\ \dot{\theta}_3 \end{bmatrix} = A\dot{\Theta}$$

图5.2中最大伸展状态的三链式机械操纵臂处于奇异点位置,该状态下,$\theta_1=\theta_2=\theta_3=0$,有

$$\dot{r} = \begin{bmatrix} 0 & 0 & 0 \\ 1 & 1 & 1 \end{bmatrix} \dot{\Theta}$$

3个自由度的值为0,很明显,该位置处存在奇异性,矩阵的秩为1,机械臂在该奇异性位置方向为 $u = \pm [1 \quad 0]^T$,该奇异值与后续章节要讲的 CMG 的外部过饱和奇异性很相似。

装配有 CMG 的航天器是上述机械臂系统的一类特殊情形,如文献[5]介绍的一样。它把同机械臂操纵器相关的奇异性问题与 SGCMG 关联起来。下面介绍 CMG 相关的几何空间奇异性问题。

5.3 控制力矩陀螺的奇异性

一个装配了一组 RWA 阵列的航天器,它的雅可比矩阵是一个常量矩阵,实际上在航天器发射之前其几何特性就知道了,相比照,CMG 的常平架角度变化后,它的雅可比矩阵也会变化,因此在航天器的飞行中,如第 4 章介绍,CMG 的常平架角度变化,可能存在奇异性问题,如果 CMG 的雅可比矩阵处于奇异位置,那么在此时刻,在某个或多个方向上无法提供力矩。当雅可比矩阵的秩为 2 时,也称为"2-秩"状态,奇异点处的奇异轴为一个矢量轴。图 5.3 为一个由 3 个 CMG 组成的阵列动量矢量,其具有平行的万向轴。伸向纸面的垂直矢量轴存在奇异性。如果雅可比矩阵的秩为 1,即在秩为 1 的奇异状态,各奇异轴在一个平面中。那么,可以设计冗余 CMG 阵列,冗余阵列提供零解或零运动,该方式在保持目标角动量的同时可以规避奇异位置。

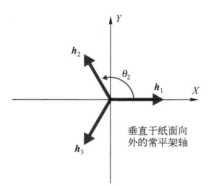

图 5.3 具有平行常平架轴的 3 个 CMG 的角动量矢量

5.3.1 CMG 奇异性的概念

当雅可比矩阵接近于奇异点位置时,常平架的角速度需要产生一个接近于无限大的力矩。在奇异点位置附近,系统的硬件设备有限的能力无法使阵列在一个或多个方向上产生所需的力矩。接下来可能失去对航天器的姿态控制,因此阵列不光是在雅可比矩阵不满秩时存在奇异性,在奇异点位置附近的一个有限区域内,

阵列满足控制要求的能力也会显著下降。这里举一个例子,如图 5.3 所示,3 个 SGCMG 位于一个平面,考虑该动量系统的动量矢量,3 个常平架的轴都垂直于纸面向外,该例子没有任何实际的工程应用价值,但通过该例子,我们可以研究感兴趣的奇异性发生机理。图中的系统位于一个零动量状态,通过旋转 3 个常平架的轴,可以改变整个阵列的动量矢量 h,使其指向平面内的任意方向,图 5.4 描述了旋转常平架轴在 X 轴或 Y 轴产生最大动量的过程。通过 3 个 CMG 的组合可以在任意方向产生最大达到 $3h$ 的动量,当动量达到 $3h$ 状态后,整个阵列就无法再产生更大的矢量 $|h|$。该状态称为饱和奇异性状态,同其他的任意机械物理系统设备一样,受组成该阵列的硬件限制,该状态下达到最大常平架速率。为了在系统重定向过程中避免这种不可预知的力矩需求(与自动控制中反馈增益下降类似),整个阵列达到饱和状态,航天器姿态控制系统设计一定要在所需的目标动量与动量控制阵列具有的最大能力间设置一定的冗余量。要求阵列在 X 轴方向产生一个净动量时,该状态称为超敏感状态,如图 5.5 所示。

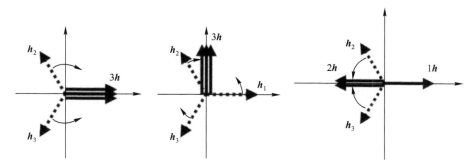

图 5.4 阵列最大动量态(饱和度)   图 5.5 阵列的奇异状态(内部)

通过一个很简单的操纵控制算法就可以在正确的方向而不是当前存在奇异值的方向改变常平架的角度 δ_2 和 δ_3。但是由于在该点位置,有

$$\frac{\partial \boldsymbol{h}_X}{\partial \delta_1} = 0 \tag{5.6}$$

因此从该算法可以推断出无法改变角度 δ_1 的值。现在阵列动量的模仅仅是 $1h$,但是没有办法做到既产生新的动量而又保证在 Y 轴方向不出错,特别地,如果改变常平架的任一轴方向角度,不管是增加还是减少都不会在目标方向得到输出动量,它会始终保持在 h。这种状态称为"机构内部的奇异性",因为它位于系统能够提供动量的饱和范围内,而不是在范围外。在同样的模式下,如果其中一个 CMG 沿着与其他的 CMG 相反的方向配置,这个 CMG 带来的问题就称为"悬挂陀螺"模式。近些年来,如何规避上述奇异性问题已成为研究热点问题,有大量的研究文章。通过研究发现,对于一个由 3 个 SGCMG 组成的阵列,系统在 $1h$ 和 $3h$ 位置有奇异性,

如果系统阵列由 4 个 SGCMG 组成,那么奇异点位置在 0h、2h 和 4h 处,如果是 5 个,奇异点位置在 1h、3h、5h,以此类推。在 6.5.2 节和文献[6]中会进一步进行讨论。表 5.1 给出了阵列中 CMG 的数目与奇异点发生位置的关系。

表 5.1　与阵列中 CMG 数目相关的奇异点位置

数组中的 CMG 数量	奇异点位置
2	0h、2h
3	1h、3h
4	0h、2h、4h
5	1h、3h、5h
6	0h、2h、4h、6h

文献[6]中的例子不再是简单的平面特例,大多数 CMG 阵列中被称为 nh 的平面中动量并不能达到 nh。一个传统规避策略是,用一个由 3 个 SGCMG 构成的阵列来规避 0h 处的奇异点,调整动量控制系统的尺寸使系统对阵列输出动量的需求不超过 1h。通过该方式,整个奇异点处理问题被巧妙地规避了。然而,该方法把动量限制在 1h 的球形区域内,本书认为该方法有局限性。先进的奇异点规避算法可以让 4 个 CMG 组成的阵列输出足够大的动量范围,或者降低动量系统对尺寸、重量和电源能量的需求,具体可参见第 7 章。

5.4　DGCMG 的奇异性

DGCMG 如图 5.6 所示,具有极为复杂的机械结构,是最复杂的 CMG 之一。复杂性主要在于系统有多个常平架结构,多个附加的驱动电动机及相关电路设备、滑动环、各类传感器等,多个常平架采用蜂巢形式安装在物理上也带来了诸多问题,如质量增加和服务效能受限等。

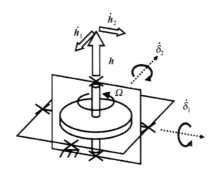

图 5.6　双常平架组成的控制力矩陀螺

还有飞行控制软件中的复杂数学模型设计求解问题。DGCMG 的雅可比矩阵的各列由 n 个矢量组成,各矢量并不是归一化形式,另外,内部和外部的常平架的雅可比矩阵部分,是内部和外部常平架旋转角度的耦合函数(参见第 4 章)。尽管如此,应用这样一个阵列实现动量控制仍然会遇到复杂的数学问题。由多个 DGCMG 组成阵列的空间几何奇异性问题,与同样的 SGCMG 类似,但有一点不同,具有 3 个或多个 DGCMG 的阵列存在一个尚可处理的奇异点,如文献[7]中所介绍,尚可处理的奇异点可以通过多样化的算法进行规避,不同的算法提供不同的零空间,以避免奇异性问题(见第 7 章)。因此,可以得出动量系统不存在奇异性且能够提供的动量范围。

5.4.1 DGCMG 的常平架锁定状态

DGCMG 中最常遇到的奇异值就是出现了常平架锁定状态,图 5.7 所示为该状态位置。当 DGCMG 转子的旋转轴和输出的常平架轴平行时,系统处于常平架锁定状态,处于该状态下的各个常平架,输出的常平架无法重新定向整个系统的动量方向,从数学角度看,常平架锁定表示失去了对某个自由度的控制。该状态中,DGCMG 的行为降级为存在内部结构常平架的 SGCMG。

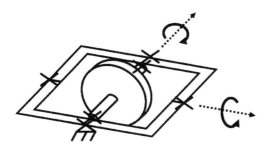

图 5.7 DGCMG 中的常平架锁定状态

5.5 SGCMG 的奇异性

航天器的姿态控制系统通常由 4 个或更多设备(RWA 或 CMG)组成,该阵列被证明是冗余的,如果设备是 RWA,那么冗余性设计的目的是系统容错。SGCMG 阵列如果选择冗余度设计,那么可能规避机构内部的奇异性问题,因而极大提升了系统动量和力矩的存储能力,但不需要增加较大的质量,即是一种质量-高效方式。对于所有的冗余性设计的阵列,其雅可比矩阵都是非方阵,都是不可逆的。与坐标系统奇异性不同,CMG 内部所具有的空间几何奇异性,不仅有数学参数化方法方面的奇异性,也有物理性的奇异性。在物理性奇异性中,在某个奇异轴或者某个平面内的奇异轴上,物理设备上无法提供力矩。此外,外部的奇异性位置对应于系统在任意方向能够提供的最大角动量。CMG 存在的奇异性是物理性的,这一点对于分析很重要,因此仅仅在算法中采取一些措施,如避免数学上除数为零等处理是无法规避上述奇异性问题的。如果要处理该问题,需要零运动空间。零运动空间是规避机构内部奇异性问题的有效方法,零运动取决于奇异性的形式,本章把零运动分为双曲线零运动和椭圆零运动两种类型。

在分析 CMG 的奇异性问题过程中,奇异性的方向最重要:如果目标力矩的某个分量与奇异轴的方向正交,则通过选择合适操纵算法可以规避该奇异性。

5.5.1 SGCMG 的常平架锁定

常平架锁定状态中,目标角动量矢量的所有分量都与奇异轴方向平行,如果该奇异性状态中不存在零空间,那么该状态就是无法逾越的。与 DGCMG 的常平架锁定状态不同,当 SGCMG 阵列处于锁定状态时,其所有奇异点位置满足

$$\dot{\boldsymbol{\Delta}} = \boldsymbol{A}^+ \dot{\boldsymbol{h}} = \boldsymbol{A}^T (\boldsymbol{A}\boldsymbol{A}^T)^{-1} \dot{\boldsymbol{h}} = 0, \dot{\boldsymbol{h}} \neq 0$$

式中:$\boldsymbol{\Delta}$ 为常平架的速度矩阵,当锁定状态发生时,系统受困于当前的奇异性状态,双曲线奇异性和椭圆奇异性都可能出现锁定,这取决于指令力矩,然而和椭圆奇异性相比,双曲线奇异性有特殊性,它存在规避常平架锁定的可能性。

5.6 奇异性分类

奇异性明显存在两大类,每大类中又分为多个子类,同之前讨论的一样,如图 5.8 所示,SGCMG 又可分为组和子组。如前述讨论,任何阵列中,超过阵列能够提供的力矩范围的饱和奇异性广泛存在。饱和奇异性也称为机构外部奇异性,对设计和确定姿态控制系统的尺寸和大小有很大的影响,与本书讨论的奇异性规避问题相关性不大。另一类奇异性称为内部奇异性,其更重要。图 5.9 中的阵列是一个实际应用的事例,为了便于讨论,这种之前讨论过的按照屋顶形状排列的阵列,存在一个"共享方向",它与参考坐标系的 Y 轴平齐。假设每个平面上的常平架固定不动,这样图中标注红色的动量矢量与其他矢量相反,一个指向 Y 轴正向,一个指向 Y 轴负向,所有的动量矢量相消。阵列的动量为零,图 5.9 中的 4 个 CMG 没有一个能调整增加自己的动量,进而在 Y 轴方向改变系统阵列的动量。因此,该状态下无论常平架的速度如何变化,都不能在 Y 轴产生力矩,这就是一种典型的内部奇异性状态,即虽然当前阵列输出的力矩远远小于阵列能够提供的力矩最大值,但仍无法输出任何力矩。

如果只有 3 个 CMG 处于正在操纵状态,那么常平架角度集合和动量状态集合在 $\mathbf{R}^3$ 上形成 1:1 的图,因此任意内部类型的奇异性都与某个单一的动量状态相对应。唯一能够规避该奇异的方法是远离该位置,且只有上述一种处理方法,没有其

他备选方案,极大地限制了工程实际应用中系统动量能够提供的输出范围。因此,具有 3 个 CMG 的阵列并不能充分应用和发挥系统的最大输出动量能力。但是对于具有 4 个或者更多 CMG 的阵列进行操纵,通过常平架角度的穷尽组合可能达到上述状态,有些可能并不处于奇异性状态。这就为我们打开一扇门,我们可以创造性地设计操纵算法来规避奇异性。

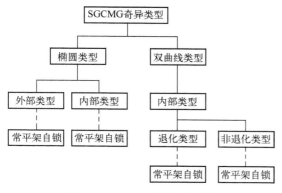

图 5.8　SGCMG 奇异性的分类

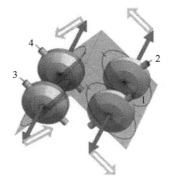

图 5.9　空格共享奇异性方向的空间配置(见彩图)

5.7　奇异性的数学定义

一般情况,可以用多种几何体,如曲面、多分支体等来表示双曲线或者椭圆内部奇异性。文献[8,9]中首次用微分几何来分析 SGCMG 相关的几何类型奇异性问题。文献[8]应用二次方乘积,从微分几何奇异性的条件进一步推导出各奇异性类型的条件,他们的研究结果把 SGCMG 相关的几何奇异性分别命名为双曲线类型和椭圆类型。文献[7]和文献[10]中对 SGCMG 的几何奇异性和机械臂操纵器几何奇异性相比较,文献[8]在零空间运动的条件下,研究了奇异点位置处零空间运动的可能性。Bedrossian 等通过推导的方法研究确定双曲线类型奇异性是否会退化为一组特定的常平架角度值。文献[11]对文献[8]和文献[10]等的研究结果进一步扩展,研究了一对剪刀状排列的 SGCMG 阵列在零动量状态的位置情况,认为该配置包含一个退化的双曲线奇点。文献[7]中进一步研究了两种类型阵列的奇异性:第一类有平行的常平架轴;另一类则没有。通过微分几何和曲线准则,文献中把包含多达 6 个 SGCMG 的阵列分成平行类和独立类进行研究,给出两类奇异性的特性。对于内部奇异性所表现出的行为特征可以应用线性代数而不是微分几何来描述,本章应用文献[10]中提出的描述方法从数学上对奇异性进行定义。按照惯例定义正交基为 $\{\hat{s}_i, \hat{o}_i, \hat{g}_i\}$,如图 5.10 所示。其中 $\hat{s}_i$ 是第 i 个 CMG 的自旋坐

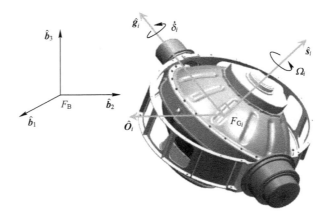

图 5.10 固定在航天器体上的 CMG 坐标系

标轴,$\hat{o}_i$ 是第 i 个 CMG 的输出力矩坐标轴,$\hat{g}_i$ 第 i 个 CMG 的常平架坐标轴,对 SGCMG 处于奇异性位置的角动量进行泰勒级数展开,展开到二阶,有

$$h(\pmb{\Delta}) - h(\pmb{\Delta}^{\mathrm{S}}) = \sum_{i=1}^{n} \frac{\partial h_i}{\partial \delta_i}\bigg|_{\delta_i^{\mathrm{S}}} \partial \delta_i + \frac{1}{2}\frac{\partial^2 h_i}{\partial \delta_i^2}\bigg|_{\delta_i^{\mathrm{S}}} \partial \delta_i^{\mathrm{S}} + \mathrm{H.\,O.\,T.} \quad (5.7)$$

式中:$h(\pmb{\Delta}^{\mathrm{S}})$ 为当 SGCMG 阵列处于奇异性位置,且该处常平架角度为 $\pmb{\Delta}^{\mathrm{S}}$、$\partial \delta_i = \delta_i - \delta_i^{\mathrm{S}}$ 时的角动量;n 为系统中 SGCMG 的数量;h_i 为第 i 个 SGCMG 的角动量,因为只考虑起作用的零空间解,所以 H. O. T 是可以忽略的高阶形式。因此式(5.7)中的泰勒级数展开式仍然有效,因为当前状态下系统是收敛的。式(5.7)右边的第一项包含雅可比矩阵的第 i 列,即

$$\partial_i = \frac{\partial h_i}{\partial \delta_i}\bigg|_{\delta_i^{\mathrm{S}}} \quad (5.8)$$

表示第 i 个 SGCMG 的力矩方向,式(5.7)右边的第二项是一个 Hessian 矩阵且包含雅可比矩阵的第 i 列与第 i 个常平架角度的偏导数,即

$$\frac{\partial^2 h_i}{\partial \delta_i^2} = \frac{\partial \hat{o}_i}{\partial \delta_i} = -h_{r_i}\hat{s}_i = -h_i \quad (5.9)$$

把式(5.9)替换成式(5.7),结果值与由 $(\pmb{A}^{\mathrm{T}})$ 零空间获得的奇异轴方向 $\pmb{u}$ 内积,得

$$\pmb{u}^{\mathrm{T}}[h(\pmb{\Delta}) - h(\pmb{\Delta}^{\mathrm{S}})] = \frac{1}{2}\sum_{i=1}^{n} \pmb{u}^{\mathrm{T}} h_i \partial \delta_i^2 \quad (5.10)$$

式(5.7)右手的第一项 $\pmb{u}^{\mathrm{T}}\hat{o}_i$,因为奇异轴定义原因对系统无任何作用,式(5.10)进一步可以写成紧凑的矩阵形式,即

$$\pmb{u}^{\mathrm{T}}[h(\pmb{\Delta}) - h(\pmb{\Delta}^{\mathrm{S}})] = \frac{1}{2}\partial \pmb{\Delta}^{\mathrm{T}} \pmb{P} \partial \pmb{\Delta} = 0 \quad (5.11)$$

式中：P 是定义为 $P=\text{diag}(\boldsymbol{u}^T h_i)$ 的奇异值投影矩阵，该定义中，在 $h(\boldsymbol{\Delta})=h(\boldsymbol{\Delta}^s)$ 的条件下，零空间运动并不影响整个系统的角动量，因此式(5.11)的左手侧为零，即 $\partial \boldsymbol{\Delta}^T P \partial \boldsymbol{\Delta}=0$。正如文献[10]中所介绍的，零空间运动可以表示为 $N=\text{null}(A)$，具体展开为矩阵形式，即

$$\partial \boldsymbol{\Delta} = \sum_{i=1}^{n} \lambda_i v_i = N\boldsymbol{\lambda} \tag{5.12}$$

式中：$\boldsymbol{\lambda}$ 为零空间 v_i 基矢量的缩放分量的列矩阵；v_i 为零空间基的列矢量。因此，对于任一 SGCMG，$N \in \mathbf{R}^{n \times (n-\text{rank}(A))}$ 为一个 $n \times (n-\text{rank}(A))$ 的实矩阵。通过观察零空间的约束，把式(5.12)替换为式(5.11)后得

$$\boldsymbol{\lambda}^T S \boldsymbol{\lambda} = 0 \tag{5.13}$$

通过上述研究结论，矩阵 S 的奇异性定义可描述为

$$S = N^T P N \tag{5.14}$$

因此，只要 $N \in \mathbf{R}^{(n-\text{rank}(A)) \times (n-\text{rank}(A))}$，上述结论就是正确的，矩阵 S 的特征值确定了奇异性是属于双曲线型还是椭圆类型。当矩阵是正定或负定的，即它具有所有的正的或负的特征值，它的零空间很小(只有当 $\boldsymbol{\lambda}=0$ 的时候才满足式(5.13)要求)，在矩阵 S 处于定状态(正定或负定)下，奇异性为椭圆类型。之所以称为椭圆类型，主要是因为式(5.13)有椭圆二次方特征。举一个例子，当矩阵秩为 2 时，在奇点处把式(5.13)重新组织成椭圆函数形式，有

$$au_1^2 + bu_2^2 = r^2 \tag{5.15}$$

式中：u_1、u_2 为零空间的相关系数以及矩阵 S 的特征矢量的函数。λ、a、b 是矩阵 S 的特征值，也是椭球、椭圆或超椭球的长半轴，把任意 λ 带入式(5.13)得到的值为 r^2。当矩阵 S 是半正定时，即在空间点 $\boldsymbol{\Delta}^s$ 处，在所有的 λ 值中，至少有一个 $\lambda \neq 0$，那么此时系统属于非平凡零空间状态。这时候 λ 的值满足式(5.13)。半正定状态下的奇异性也称为双曲线类型奇异性，在半正定状态下，一个或多个特征值为零，由式(5.13)可得到一个二次方的抛物线形状。如果矩阵 S 是非定矩阵，那么它的特征值有正有负还有零，这种情况下，即使矩阵 S 本身可能无零空间，式(5.14)也可能为零。例如，考虑

$$S = N^T P N = \begin{bmatrix} 1 & 1 \end{bmatrix} \begin{bmatrix} -1 & 0 \\ 0 & 1 \end{bmatrix} \begin{bmatrix} 1 \\ 1 \end{bmatrix}$$

该式的解恰好为零，但事实上与矩阵 S 的秩没有关系，通过类比，对于所有的矩阵，不管是半定还是非定矩阵，在奇异点附近还是存在规避奇异性的可能，即在奇异点附近，对于常平架角度的求解，至少存在一个零解或非平凡零运动解。因为式(5.13)的二次方函数形如双曲线，所以该类奇异性被称为双曲线类型。这里着重强调了可能性，是因为附加零解不是通过零运动规避和跨越该奇异点的充要条件。正如下面要列举的退化双曲线奇异性类型的例子，详细情况在文献[10]中有

具体讨论。

5.7.1 退化奇异性的确定

如前面章节所述,文献[10]中作者首次研究如何应用零空间基来计算和确定角动量空间中的某个确定点是否有零解。该文献还给出确定是否所有的零解都为奇异解的解析求解方法,即奇异性属于退化超双曲线奇异性。如果矩阵的秩为1,那么需要在式(5.10)的泰勒级数展开式中取更多的项来确定是否存在零空间解。接近奇异点边缘的退化零空间解位于雅可比矩阵不满秩条件下的一条局部曲线上。因此,退化双曲线类型奇异性状态下的零运动,满足式(5.13)中的零空间运动条件,且不改变阵列的角动量。尽管每个 CMG 的单个输出力矩的方向,即雅可比矩阵的每列可能改变,但雅可比矩阵实时都能保持非满秩状态。为了以退化方式确定和描述超双曲线类型奇异性,我们首先确定系统到达奇异状态相关的通用性度量参数,奇异性度量值 $m=\sqrt{\det(\boldsymbol{A}\boldsymbol{A}^{\mathrm{T}})}$,如文献[12]中计算该值为雅可比矩阵各奇异值的乘积。目标是求解当 $m(\boldsymbol{\Delta})>0$ 时超双曲线的零解,进而可能求解出零空间解,让系统远离奇异值状态。为了实现求解目标,首先需要求解非零位置,即满足式(5.13)的非平凡容许零解 $\boldsymbol{\lambda}$。只要求解出 $\boldsymbol{\lambda}$ 就能知道所有的零解中是否有满足约束 $m(\boldsymbol{\Delta})>0$ 的解,对泰勒级数针对 m 在特殊位置 δ 处扩展研究分析表明:

$$m(\boldsymbol{\Delta}^S+\boldsymbol{\Delta})=m(\boldsymbol{\Delta}^S)+\sum_{i=1}^{n}\frac{\partial m}{\partial \delta_i}\bigg|_{\delta_i^S}\partial \delta_i+\frac{1}{2}\sum_{j=1}^{n}\sum_{i=1}^{n}\frac{\partial^2 m}{\partial \delta_j \partial \delta_i}\partial \delta_j \partial \delta_i\bigg|_{\delta_i^S}+\mathrm{H.O.T.} \qquad (5.16)$$

很显然通过奇异性的定义和 $\dfrac{\partial m}{\partial \delta_i}\bigg|_{\delta_i^S}=0$ 可知 $m(\boldsymbol{\Delta}^S)=0$。由于 m 是一个不受约束的静止点,因此忽略泰勒级数余项 H.O.T.,则式(5.16)的矩阵形式为

$$m(\boldsymbol{\Delta}^S+\boldsymbol{\Delta})=\frac{1}{2}\partial \boldsymbol{\Delta}^{\mathrm{T}}\frac{\partial^2 m}{\partial \boldsymbol{\Delta}\partial \boldsymbol{\Delta}^{\mathrm{T}}}\partial \boldsymbol{\Delta} \qquad (5.17)$$

式(5.17)中零解 $\boldsymbol{\lambda}$ 可以表示为一组零空间基矢量的线性组合,且

$$\boldsymbol{W}=\boldsymbol{N}^{\mathrm{T}}\frac{\partial^2 m}{\partial \boldsymbol{\Delta}\partial \boldsymbol{\Delta}^{\mathrm{T}}}\boldsymbol{N}=\boldsymbol{N}^{\mathrm{T}}\boldsymbol{M}\boldsymbol{N} \qquad (5.18)$$

式中:$\boldsymbol{M}$ 为 m 的海森矩阵,实际上,在奇异值附近 $m>0(\forall \delta)$,意味着 $\boldsymbol{M}$ 和 $\boldsymbol{W}$ 两个都是正定矩阵,所以阵列具有成功规避奇异点的零解的充要条件,即超双曲线奇异性是非退化的,$\boldsymbol{M}>0$。然而,如果 $\boldsymbol{W}$ 是奇异矩阵,则矩阵有零空间,也存在解使式(5.17)为零保持二次方形式。如果上述解与式(5.13)的二次方求解结果相同,那么退化的测试结果存在不确定性且无效。当系统进入该状态后,不存在零解使系统规避奇异位置,式(5.13)和式(5.17)中的 H.O.T. 二次方不能忽略,必须要

考虑。因此,双曲线奇点的退化解可通过局部分析和对整个集合进行搜索,或者搜索所有能产生相同角动量的零解的轨迹来求解。上述两种方法都不是较直接的处理方法,可能会出现一些状况,如对于一个具有 4 个 CMG 并呈屋顶形状排列的动量控制系统,在奇点处可能存在零运动解,此时,通过一组相互连接的零运动,操纵系统可在有限的时间内到达非奇异性角动量状态。

5.8 超双曲线奇异性

上述章节从数学上把奇异性定义为通过零运动方式跨越或规避奇异点的能力,所有这些奇异点都位于图 5.19 所示的角动量范围示意图中。图 5.20 中与超双曲线对应的,位于奇异平面内的所有点具有零解或者零运动,可能被用来规避奇异性。本节给出一些超双曲线奇异性的例子。

5.8.1 非退化超双曲线奇异性

非退化超双曲线奇异性在奇异点处有多个连续的非奇异零解,该奇异点处存在可以规避奇异值的零运动,包含 4 个按照金字塔状排列 CMG 的阵列,既有双曲线奇异值又有椭圆类型奇异值,具体参见第 6 章。下面以一个具有 4 个 CMG 且按照金字塔形状排列的阵列为例,以前述章节讲到的方法为工具,对 CMG 阵列的奇异性进行分类。文献[13]中列举了一个例子,该例子中有一个由 4 个 CMG 按照金字塔状排列的阵列,且该阵列的方向角为 β,即转子角动量平面的角度。相对于 SGCMG 阵列的水平轴,旋转的常平架跨越该平面,该方向角是 4.2 节倾斜角的补充。

例 5.3 阵列的角动量如下:

$$\boldsymbol{h} = h_r \begin{bmatrix} -c(\beta)s(\delta_1) \\ c(\delta_1) \\ s(\beta)s(\delta_1) \end{bmatrix} + h_r \begin{bmatrix} -c(\delta_2) \\ -c(\beta)s(\delta_2) \\ s(\beta)s(\delta_2) \end{bmatrix} + h_r \begin{bmatrix} -c(\beta)s(\delta_3) \\ -c(\delta_3) \\ s(\beta)s(\delta_3) \end{bmatrix} + h_r \begin{bmatrix} -c(\delta_4) \\ c(\beta)s(\delta_4) \\ s(\beta)s(\delta_4) \end{bmatrix}$$

$$\boldsymbol{A} = h_r \begin{bmatrix} -c(\beta)c(\delta_1) & s(\delta_2) & c(\beta)c(\delta_3) & -s(\delta_4) \\ -s(\delta_1) & c(\beta)c(\delta_2) & s(\delta_3) & c(\beta)c(\delta_4) \\ s(\beta)c(\delta_1) & -s(\beta)c(\delta_2) & s(\beta)c(\delta_3) & s(\beta)c(\delta_4) \end{bmatrix}$$

假设一个由 4 个 CMG 按照金字塔状排列的阵列的角动量为零,一组常平架角度值 $\boldsymbol{\Delta} = [90\ 180\ -90\ 0]^T$ 是一个双曲线类型奇异点,其雅可比矩阵为

$$\boldsymbol{A} = h_r \begin{bmatrix} 0 & 0 & 0 & 0 \\ -1 & c(\beta) & -1 & c(\beta) \\ 0 & -s(\beta) & 0 & s(\beta) \end{bmatrix}$$

且奇异轴方向为

$$u = \begin{bmatrix} 1 \\ 0 \\ 0 \end{bmatrix}$$

最终投影矩阵为

$$P = h_r \mathrm{diag}(-c(\beta), 1, -c(\beta), 1)$$

雅可比矩阵零空间以矩阵形式表示为

$$N = \begin{bmatrix} -1 & 2c(\beta) \\ 0 & 1 \\ 1 & 0 \\ 0 & 1 \end{bmatrix}$$

推导奇异值定义结果矩阵为

$$S = 2h_r \begin{bmatrix} -c(\beta) & c(\beta)^2 \\ c(\beta)^2 & 1-2c(\beta)^3 \end{bmatrix}$$

奇异值定义矩阵的行列式为 $4h_r c(\beta)(c(\beta)^3 - 1)$。如果 $0 \leqslant \beta \leqslant 2\pi$ 和 $c(\beta) \geqslant 0$,那么 $4h_r c(\beta)$ 项可以忽略,且 $c(\beta)^3 \leqslant 1$,因此,S 是非定矩阵或者半定矩阵,该类型奇异性是双曲线奇异性。

5.8.2 退化双曲线类型奇异性

当位于雅可比矩阵奇异点对应的角动量特定点所有的零解位置,无实时奇异性规避的可能空间时,双曲线类型奇异性则属于退化类型,无法跨越。与椭圆类型奇异点类似,可以用椭圆类型奇异性处理方式进行处理。文献[11]中给出一个具有两个 SGCMG 的例子,两个 SGCMG 的常平架的轴平行,下面研究该设备的双曲线类型奇异性。

例 5.4 具有平行常平架轴的 2 个 SGCMG 的角动量和雅可比矩阵分别为

$$h = h_r \begin{bmatrix} s(\delta_1) \\ c(\delta_1) \end{bmatrix} + h_r \begin{bmatrix} s(\delta_2) \\ c(\delta_2) \end{bmatrix}$$

$$A = h_r \begin{bmatrix} c(\delta_1) & c(\delta_2) \\ -s(\delta_1) & -s(\delta_2) \end{bmatrix}$$

对于该阵列,奇点 m 的度量值如下:

$$m = s(\delta_1 - \delta_2)$$

现在,对于该阵列有两个奇异值状态,一个是当 $\delta_1 - \delta_2 = 0$ 时,在 $2h$ 处系统的奇异点类型是饱和性的。另一个是当 $h = 0$ 时,即当 $\delta_1 - \delta_2 = \pi$ 时的内部奇异点。因为所有的双曲线类型奇异点都是内部的,对于退化双曲线类型奇异点,我们研究第二种方法。通过检查发现这样的规律,所有的 $0h$ 时系统的状态都具有 $\delta_1 - \delta_2 = \pi$ 特点,因此都是奇异的。

图 5.11 中给出了奇异点配置。另外,两个常平架的旋转运动属于零运动形式,这时奇异点条件仍然起作用。因此,该奇异点位置的角动量表现为零运动形式且一直处于奇异状态。更进一步讲,处于该点,常平架角度的任意组合得到的角动量都属于退化双曲线类型奇异性。

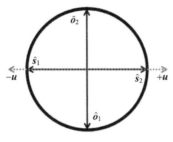

图 5.11　退化双曲奇异性

5.9　椭圆奇异性

如果一个阵列在给定的某个角动量处不存在零运动,则称为椭圆奇异性。因为椭圆奇异性无零运动解,规避奇异性的唯一方法只能是让阵列避开选取该处的角动量,故角动量出现了跳动。这种跳动会引起航天器姿态控制系统无法实现预期的运动,即出现偏差。

5.9.1　外部椭圆奇异性

椭圆奇异性包含内部和外部奇异性两种,如前所述,外部奇异性出现在阵列角动量封闭曲面体的表面。再一次审视前面所讲的由 4 个 CMG 组成的按照金字塔形状排列的动量控制阵列,它的倾斜角为 β。

例 5.5　对于一个含有 4 个 CMG 的金字塔阵列,当 $\boldsymbol{\Delta}^s = [90 \quad 90 \quad 90 \quad 90]^T$ 时的常平架角度集合是具有外部椭圆奇异性,角动量和雅可比矩阵满足

$$\boldsymbol{A} = \boldsymbol{h}_r \begin{bmatrix} 0 & 1 & 0 & -1 \\ -1 & 0 & 1 & 0 \\ 0 & 0 & 0 & 0 \end{bmatrix}$$

奇异方向轴为

$$\boldsymbol{u} = \begin{bmatrix} 0 \\ 0 \\ 1 \end{bmatrix}$$

最终投影矩阵为

$$\boldsymbol{P} = \boldsymbol{h}_r \mathrm{diag}(s(\beta), s(\beta), s(\beta), s(\beta))$$

那么雅可比矩阵零空间运动的矩阵收敛形式为

$$N = \begin{bmatrix} 0 & 1 \\ 1 & 0 \\ 0 & 1 \\ 1 & 0 \end{bmatrix}$$

最终的奇异值定义矩阵为

$$S = 2h_r \begin{bmatrix} s(\beta) & 0 \\ 0 & s(\beta) \end{bmatrix}$$

上述奇异值定义矩阵的行列式为 $2h_r s(\beta)^2$,S 的值很明显为正,因此矩阵 S 是正定矩阵,相应为椭圆奇异性。因为在接近 Δ^s 时不存在零运动,所以奇异性为椭圆类型且无法跨越,还有就是矩阵 P 也是正定的,故该奇异性为外部奇异性,即为角动量投影的最大值。矩阵 S 为正定,那么矩阵 P 肯定也正定,这也说明所有的外部奇异性肯定都为椭圆奇异类型。

5.9.2 内部椭圆奇异性

那些位于奇异曲面内部的椭圆奇异,如图 5.20 中具有 4 个 CMG 并按金字塔状排列的阵列所表现的一样,称为椭圆内部奇异性。与外部奇异性不同,这些奇异值不是确定 CMG 阵列尺寸那样简单,更进一步讲,因为它们同时出现,因此这些奇异点不能通过实时和简单的算法进行规避。下面列举一个含有 4 个 CMG 并按金字塔形状排列的阵列的例子,分析其内部奇异性问题。

例 5.6 对于一个由 4 个 CMG 组成的金字塔阵列,当 $\Delta^s = \begin{bmatrix} -90 & 0 & 90 & 0 \end{bmatrix}^T$ 时的常平架角度集合具有内部椭圆奇异性,角动量和雅可比矩阵满足

$$h = h_r \begin{bmatrix} c(\beta) \\ 0 \\ -s(\beta) \end{bmatrix} + h_r \begin{bmatrix} -1 \\ 0 \\ 0 \end{bmatrix} + h_r \begin{bmatrix} c(\beta) \\ 0 \\ s(\beta) \end{bmatrix} + h_r \begin{bmatrix} 1 \\ 0 \\ 0 \end{bmatrix}$$

$$A = h_r \begin{bmatrix} 0 & 0 & 0 & 0 \\ 1 & -c(\beta) & 1 & c(\beta) \\ 0 & s(\beta) & 0 & s(\beta) \end{bmatrix}$$

奇异方向轴为

$$u = \begin{bmatrix} 1 \\ 0 \\ 0 \end{bmatrix}$$

最终投影矩阵为

$$P = h_r \text{diag}(c(\beta), -1, c(\beta), 1)$$

那么雅可比矩阵零空间运动的矩阵收敛形式为

$$N = \begin{bmatrix} -1 & 2c(\beta) \\ 0 & -1 \\ 1 & 0 \\ 0 & 1 \end{bmatrix}$$

最终的奇异值定义矩阵为

$$S = 2h_r \begin{bmatrix} c(\beta) & c(\beta)^2 \\ c(\beta)^2 & 2c(\beta)^3 \end{bmatrix}$$

上述奇异值定义矩阵的行列式为 $2h_r c(\beta)^4$，该值很明显为正，被定义为椭圆奇异性。因为在接近 Δ^S 时不存在零运动，该奇异性为椭圆类型且无法跨越，同样，矩阵 P 是非定矩阵，属于内部奇异性。

5.10 奇异点的可通性和不可通性

通过对 CMG 阵列遇到的奇异值进行定义和分类，下面讨论对于设计阵列结构和控制具有实际工程应用价值的奇异点的一个重要特性，即奇异点位置的可通性。目前在各种相关文献中都没有清晰且一致的讨论。当前的情况是没有一个能够让读者理解可通性概念的相关标准，因此对可通性概念定义大多偏重于数学定义。这里从研究问题的视角定义角动量中各点的可通性和角动量中各点的奇异性。通过定义角动量中奇异点位置的可通性，为应用基于 CMG 角动量控制系统控制航天器姿态的使用者提供一种解决处理角动量工作空间中复杂和容易造成困扰部分的方法。讨论前我们要区分常平架工作空间中的点和角动量工作空间中点的区别，前者是一组特定的常平架角度，后者是三坐标空间的一矢量。任意一个阵列如果包含的 CMG 数目大于 3，那么多个常平架的角度具有多种组合对应于角动量空间中的相同点。这些常平架角度组合中有些可能处于奇点位置，有些可能没有处于奇点位置。可通性是动量空间中某个点最为重要的特征之一，是对整个常平架角度集合进行遍历并映射至该点处。本节讨论的概念未基于局部分析法，因此与文献[10,14]中介绍的相关概念不同。如果仅应用多个常平架的零运动就能够把某点从奇点位置转换到非奇点位置，则称动量空间中的某点是可通的。图 5.12 所示为可通奇异性和不可通奇异性的分类情况。

图 5.12 不可通和可通奇异性的类型

注意到我们不能简单地对图5.8所给出的奇异性类型进行扩展,这主要是因为可通性是动量点的一个属性,而图5.8描述的奇异性只是某特定常平架角度集合的属性。本节之后部分,我们将对图5.12中给出的不同类型中的各类分别进行分析描述。为了方便读者理解,这里首先列举一个简单的例子,该例子中多个CMG构成的阵列满足共面条件且其常平架轴平行。这类简单的阵列为我们提供一种极其方便的可视方法,可以方便区分各类奇异性的区别。

5.10.1 不可通性奇异点

首先,考虑动量空间中的某点满足5.9节给出的椭圆奇异性,且该点不具备零空间运动特性,从可通性的定义看该点必为不可通点,处于饱和状态的边界条件下的所有点都属于上述类型,如图5.13所示。

角动量的奇点都属于椭圆奇异性,它们可能有多个常平架角度解(如某解的镜像),各奇点间不相互连接,因此它们之间并不存在零运

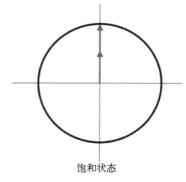

图5.13 饱和奇点(椭圆)

动。下一步,考虑动量空间中以退化双曲线为特征的某点,具体见5.8.2节,该点可能有零运动,但是所有的常平架角集合都为奇异状态。因此,该点从定义上看是不可通的,如图5.14所示,一个含有两个圆盘的原点位置就是这样的一个例子。虽然这些点是不可通的,但事实上并不意味着这些点不能规避和跨越。然而,通过这些点通常会引起力矩误差,即整个阵列获得的净动量必须由目标动量轨迹获得。是否有力矩误差主要取决于命令力矩的实时方向和常平架集的奇异轴方向。考虑下面的可能性,命令力矩恰好为奇异轴,该情形被称为常平架锁定状态。该状态下,无法沿着目标方向运动。命令力矩有一些分量位于奇异轴方向,这种情况称为"方向可通性",目标力矩在某些方向可以获得,但将会有误差。虽然有误差,但通过获得的力矩系统运行到了其他的动量点位置,这样就可能规避某些奇异点。文献[14]中讨论了如何应用范围空间中的轨迹方法实现奇点规避设计。命令力矩在奇异轴方向无任何分量,该状态下无论该点是不是奇异点,都可以在无误差条件下通过该点。这是一种非正常的状态,如图5.15所示,也称为方向可通性,任何奇异性都可能存在。注意到我们如何遵循显示的动量轨迹而无需考虑奇异性,所需要的力矩恰好精确地在雅可比矩阵非奇异子空间内下降的概率很小,该子空间内力矩误差很小。如果单纯考虑系统工作在该情形下则不具备工程实用价值,这是因为在奇异轴方向任何所需的力矩都会导致姿态控制误差。因此,最有可能设计的航天器最起码能够处理可通的内部奇异性。

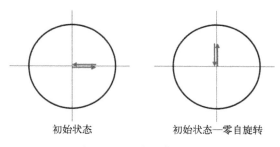

初始状态　　　　　　初始状态—零自旋转

图 5.14　退化双曲奇异性

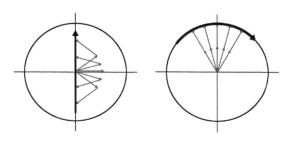

图 5.15　方向可通性

5.10.2　可通性奇异点

动量空间中的某点可能具有一组常平架角度集合,集合以非退化双曲线奇异性为特征(5.1.8节)。该类点有零空间,仅仅应用零运动是完全可能从一个奇异位置移动到常平架角集合的非奇异位置,这也就是说从定义上看是可通的。可通的奇异点由两类组成,即局部类型和全局类型。与之前讨论的不可通点分类不同,后者取决于实时力矩需求,局部和全局只是动量点的一个特征,把可通性分为"局部"类型和"全局"类型同控制理论领域视点局部稳定性和全局稳定性具有异曲同工之妙。局部可通性,以屋顶状排列的 4 个 CMG 阵列为例,该阵列由两组 CMG 组成,每组 CMG 由之前讨论的两个 CMG 圆盘构成。如图 6.8 中所示的蓝-绿色圆盘为该屋顶状排列的 4 个 CMG 阵列的内部奇异表面。这些圆盘同每对 CMG 的原点相对应,其中一对 CMG 和另一对 CMG 圆盘间的动量为 $2h$。可以绘制出两个圆盘来对该阵列中 4 个 CMG 的运动进行可视化显示。在图 5.16 中,顶部一行显示的为 XY 平面内的圆盘,底部一行显示为 YZ 平面内的圆盘,该例中阵列的共享轴为 Y 轴。图 5.16 显示了该屋顶状的 4 个 CMG 阵列原点处的零空间。通过 1~5 的截图可以看出所有的常平架角集合都被映射到阵列净动量 $[0\ 0\ 0]^T$ 处,因此它们间的动量满足零空间条件。截图 1 是奇异状态,阵列无法在 Y 轴方向产生力矩。截

图 2 和 3 中阵列处于非奇异状态,在截图 4 中阵列有一次进入奇异状态,我们可以发现有意思的一点就是该奇异位置矩阵的阵列为 1,即阵列只能够在 Y 轴方向产生力矩。因为该阵列的矩阵为 3,所以可以求出零空间内的 3 个自由度。截图 4 状态可以运动回到截图 3 状态,或者两个圆盘成对旋转,使其达到截图 5 所示的配置状态。

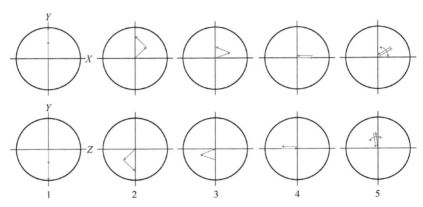

图 5.16　4 个屋顶状 CMG 阵列的原点位置的零空间

图 5.16 中截图 5 描述的这种配置,矩阵的秩为 2,每个圆盘都可以在一个方向产生力矩,这样该阵列可以在零空间产生两个自由度,且每个圆盘内的多个 CMG 可以独立地成对进行旋转。然而注意到,除了零运动方法外没有其他方法可以不经过截图 4 所示的状态从当前的这些配置状态重新返回截图 3 的非奇异状态,该点在动量空间内具有上述的较为困难复杂的特征称为局部可通性。特别是由奇异状态返回非奇异状态只有零空间一种方法,这样就无法实时快速实现。这样需要耗费一定的时间操纵 CMG 达到配置状态 4,然后达到配置状态 3。当然截图 5 中的奇异点可以应用单位空间来实时进行规避,但这样处理会产生前面所述的力矩误差,这就是为什么对由 4 个 CMG 组成屋顶状排列阵列的整个动量空间范围内进行动量控制处理在某些点需要力矩误差。产生的误差(如移动远离初始点位置)会影响设计法则。

全局可通性:如果动量空间中某点对应的所有的常平架角奇异状态集合可以在零空间内从奇异状态实时转换到非奇异状态,那么该点就具有全局可通性。全局可通性的最经典例子图 5.17 所示的示例,该示例中,3 个平行配置的 CMG 属于 $1h$ 奇异环。通过对称性,$1h$ 内部奇异表面上的任意点都是全局可通的,同样的规律也适用于屋顶状排列的由 6 个 CMG 组成的阵列,其可以分解为两组 3 个平行状态 CMG,它们角动量内部所有点都是全局可通的,参见文献[7,9]。这样配置的阵列只要采用合适的操纵算法就可以避免所有内部的奇异性。

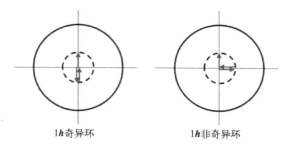

1h奇异环　　　　　　　　1h非奇异环

图 5.17　具有全局类型可通奇异点的 3 个平行配置的 CMG

5.11　SGCMG 奇异表面

如果能够理解奇异性会在动量空间的什么位置出现对于问题的分析很有帮助,卫星姿态控制设计者可能希望了解所有存在雅可比矩阵奇异风险的角动量的先验信息,这样他就可以设计出规避或跨越该类点的算法。典型情况基于应用零运动来处理奇异性的目的,SGCMG 阵列具有足够的冗余性。这种冗余性以及雅可比矩阵元素变量都是 SGCMG 常平架角度的非线性函数的这种事实,使得应用可视化方法来描述常平架角和角动量两者之间的独特对应关系变得异常困难。但是构建一个显示 n 维情况下奇异性曲面的整个最大范围三维曲面还是可行的。第一步是应用角动量的方式为奇异轴方向矢量 $u \in \mathbf{R}^3$ 构建一个基矢量。应用如图 5.10 所示的矢量正交基形式,奇异轴方向矢量为

$$u \in \mathbf{R}^3 : u \cdot \hat{o}_i = 0, \quad i = 1, 2, \cdots, n \tag{5.19}$$

在该矢量基中,所有的力矩矢量都位于一个平面,且 u 垂直于该平面,该约束关系把 $\hat{s}_i$ 投影到 u 上为一个最大或最小值。将该推导过程进一步简化为通用情形,即阵列中所有 SGCMG 角动量的模都相等。此时对于给定的某奇异轴方向矢量 $u \neq \hat{g}_i$,对于 DGCMG 来说 $u = \hat{g}_i$ 或对于第 6 章说的情况也一样,奇异性的条件如下:

$$u \cdot \hat{s}_i > 0, \quad u \cdot \hat{s}_i < 0 \tag{5.20}$$

式(5.20)中对于奇异轴方向 $u \cdot \hat{o}_i = 0$ 的定义必须保持,即奇异性必须存在一个奇异轴方向矢量。从图 5.10 中的正交矢量基可得

$$\begin{cases} \hat{s}_i = \hat{o}_i \times \hat{g}_i \\ \hat{o}_i = \hat{g}_i \times \hat{s}_i \\ \hat{g}_i = \hat{s}_i \times \hat{o}_i \end{cases} \tag{5.21}$$

式中:$i = 1, 2, \cdots, n$。

定义投影 $\varepsilon_i \triangleq u \cdot \hat{s}_i$ 为式(5.11)中矩阵 P 的投影。那么力矩轴矢量为

$$\hat{\boldsymbol{o}}_i = \varepsilon_i \frac{\hat{\boldsymbol{g}}_i}{\|\hat{\boldsymbol{g}}_i \times \boldsymbol{u}\|}, \quad \boldsymbol{u} \neq \hat{\boldsymbol{g}}_i, \quad i=1,2,\cdots,n \qquad (5.22)$$

对于所有的力矩矢量,式(5.22)满足式(5.19)和式(5.21),最终的旋转轴为

$$\hat{\boldsymbol{s}}_i = \varepsilon_i \frac{(\hat{\boldsymbol{g}}_i \times \boldsymbol{u}) \times \hat{\boldsymbol{g}}_i}{\|\hat{\boldsymbol{g}}_i \times \boldsymbol{u}\|}, \quad \boldsymbol{u} \neq \hat{\boldsymbol{g}}_i, \quad i=1,2,\cdots,n \qquad (5.23)$$

因为有两个奇异轴方向(正方向和负方向,即 $\varepsilon_i \pm 1$),在奇异动量的每点,任意奇异轴方向,对于 n 个 SGCMG 组成的阵列来说,常平架角度的奇异性配置状态有 2^n 种。因此,增加更多的 SGCMG 并不一定能使阵列的奇异性问题得到更好的解决和规避。图 5.18 所示为在单一 SGCMG 的坐标系中,把奇异轴方向矢量投影到 CMG 的轴矢量上的情形。

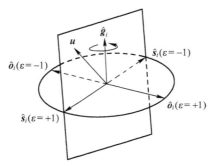

图 5.18 奇异轴方向矢量通过 CMG 坐标框架形式重构的例子[15]

在图 5.18 中,奇异轴方向矢量与第 i 个常平架轴位于同一平面,且第 i 个力矩矢量始终和第 i 个旋转轴正交。该几何体与式(5.19)~式(5.23)中的定义是一致的,所有 SGCMG 产生的整体归一化的角动量为

$$\bar{\boldsymbol{h}} = \sum_{i=1}^{n} \hat{\boldsymbol{s}}_i = \sum_{i=1}^{n} \varepsilon_i \frac{(\hat{\boldsymbol{g}}_i \times \boldsymbol{u}) \times \hat{\boldsymbol{g}}_i}{\|\hat{\boldsymbol{g}}_i \times \boldsymbol{u}\|}, \quad \boldsymbol{u} \neq \hat{\boldsymbol{g}}_i, \quad i=1,2,\cdots,n \qquad (5.24)$$

对于任何常平架轴,当 $\boldsymbol{u}=\hat{\boldsymbol{g}}_i$ 时,式(5.22)~式(5.24)与这些常平架轴相对应且都是非定矩阵。对于任意 $\boldsymbol{u} \in \mathbf{R}^3$ 和 $\varepsilon_i \neq 0$ 即 $\boldsymbol{u}$ 和 $\hat{\boldsymbol{g}}_i$ 不共线,由式(5.24)得到归一化后的角动量 $\bar{\boldsymbol{h}}$,其形成的轨迹称为角动量包围体的外部奇异表面和内部奇异表面。

典型地,ε_i 的符号顺序与奇异性区域相关的奇异表面相对应,举个例子,对于一个由 4 个 CMG 组成的阵列,其符号顺序 $\varepsilon=\{+,+,+,+\}$ 或 $\varepsilon=\{-,-,-,-\}$,与 $4h$ 的饱和奇异性区域相对应。符号顺序 $\varepsilon=\{+,+,+,-\}$ 或 $\varepsilon=\{+,-,-,-\}$ 或其他的每组只有一个符号同其他 3 个不同的一共 16 种组合都与 ε 奇异性区域相对应。图 5.19 所示的角动量包围体表示的情形是阵列所有 $\varepsilon_i \neq 0$ 所构成的集合都具有相同的符号。相似的情形,对于一个金字塔状排列的 4 个 CMG 阵列来说,通过设置

ε_i 的符号序列中一个与剩下的不同,可以与图 5.20 中 4 个内部奇异表面中的任意一个对应起来。这一过程在动量包围体内部产生一些点也可能是奇异的。在这些点中有一部分点对应的雅可比矩阵秩小于 3 为真正的奇异点。

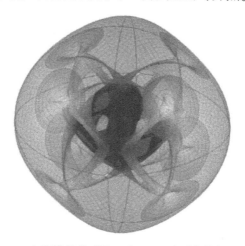

图 5.19　金字塔状排列的 4 个 CMG 阵列的外部(饱和)和内部奇异表面(红色为外部表面)(见彩图)

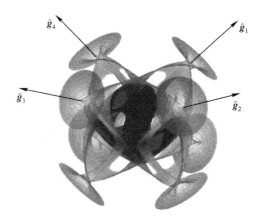

图 5.20　金字塔状排列的 4 个 CMG 阵列的内部奇异表面(见彩图)

5.12　奇异表面的特点

式(5.24)求得的所有奇异性角动量点的轨迹组成内部和外部奇异性表面,外部奇异表面是所有的奇异角动量状态,对应于最大阵列角动量组成的轨迹,即 $\varepsilon =$ $\{+,+,+,+\}$ 或 $\varepsilon = \{-,-,-,-\}$。这样的限制具有一定的物理原因:零运动形式不能提供超出阵列能力的角动量。不超过饱和状态奇异表面内部,如图 5.20 所示的金字塔状排列的 4 个 CMG 阵列中的情形,表面上的点可能是椭圆类型或者双曲线类型奇异点。图 5.19 所示这些奇异曲面与外部奇异曲面像喇叭和微坑一样平滑地连接在一起,它们有时也被称为"莲叶"。这些微坑与 CMG 的常平架轴正交的平面相切,CMG 沿着该轴无法输出任何的动量。这样的平面共有 4 个,每个都对应于阵列中 4 个 CMG 的一个。注意到图 5.20 所示的角动量包络表面几乎呈现椭球体状,但在这些表面附近有多个微坑和平面状角动量包络。对于该阵列常取倾斜角 $\beta = 54.74°$ 是因为该角度可产生阵列所需的平衡性,使包络尽可能接近于一个椭球体。然而,实施该角度且球状角动量包络具有实用性的情形较少存在;例如在所有轴方向具有相同惯性和敏捷性要求的概率很低。更常用的是,如 6.8 节所述,选取可操作、具有实用性,在一个或两个方向对动量包络进行偏移以实现最大敏捷性。随着更多的 SGCMG 加入,外部奇异值表面更接近于球形。然而,大多数阵列加入更多的 SGCMG 并不能消除奇异性问题。实际上,对于任意奇异方向而言,常平架角度的奇异性组合的数目可达到 2^n。因此,认为通过加入更多的 SGCMG 就一定可以改善系统奇异规避问题的想法是错误的。另外,研究表明优化奇异表面包络的形状同时最大可能的增加可用动量是较为有效的方法。如第 6 章和第 7 章所述,该种方法可以在航天器姿态控制系统中最大化角动量的应用率,而不是仅仅从奇异性规避方面考虑常平架的行为。文献[16,17]中应用了航天器惯性特性来选择 SGCMG 常平架轴的方向以最大化两个姿态控制系统的整体效率。已经讨论的以及通常用于 SGCMG 的奇异性平面通过从一个 n 维的常平架角度集合映射到三维空间。因此,表面通常很微妙且难以进行可视化。文献[18,6]中交叉引用了奇异表面相关的技术得到内部奇异表面到外部奇异表面以及远离奇异点的角动量。

5.13 奇异点附近的数值敏感性

根据式(5.19)所示,当一个 SGCMG 阵列某个奇异性方向轴 u 正交于所有输出力矩的方向 $\hat{o}_i$ 时奇异性就会产生。然而,这只是从理论上分析的结论且忽略了系统硬件的限制和精度问题。实际上,由于有限的常平架-速率的限制,在阵列不能产生任何扭矩时不仅仅是数个奇异点,往往会存在一个奇异区域。重新审视式(5.19),为了消除这些限制和要求对公式进行如下修正:

$$u \in \mathbf{R}^3 : |u \cdot \hat{o}_i| \leq \alpha(\dot{\delta}_{\max}), \quad i = 1, 2, \cdots, n \tag{5.25}$$

式中:$\alpha(\dot{\delta}_{\max})$ 基于能达到的常平架最大速度对距离奇异性位置进行了限制。

式(5.25)中的条件,如果对于所有的力矩矢量都小于 $\alpha(\dot{\delta}_{\max})$ 值,那么雅可比矩阵就非常接近于奇异性位置,至少有一个 CMG 无法产生满足所需力矩的常平架速率。式(5.25)中条件从某种程度取决于所采用的操纵算法。最简单的平面例子中通过奇异性区域对上述含义进行了描述。再考虑例 5.4 中剪刀状排列的 SGCMG,一对 SGCMG 分别在 $0h$ 和 $2h$ 处有奇异性问题,且其中在 $0h$ 处只有一个奇异点。雅可比矩阵为

$$A = h_r \begin{bmatrix} c(\delta_1) & c(\delta_2) \\ -s(\delta_1) & -s(\delta_2) \end{bmatrix}$$

在 $0h$ 处的奇异点位置,雅可比矩阵和奇异方向轴为

$$A = h_r \begin{bmatrix} 1 & -1 \\ 0 & 0 \end{bmatrix}$$

$$u = \begin{bmatrix} 1 \\ 0 \end{bmatrix}$$

对于该系统,假设 $h_r = 1$,让力矩和角动量矢量沿着初始位置常平架轴方向偏差 $1°$,这时雅可比矩阵为

$$A = \begin{bmatrix} 0.9998 & -1 \\ -0.0175 & 0 \end{bmatrix}$$

那么所需力矩为

$$\boldsymbol{\Delta} = A^{-1}\dot{\boldsymbol{h}} = \frac{1}{\det(A)}\mathrm{adj}(A)\dot{\boldsymbol{h}}$$

式中:$\mathrm{adj}(A)$ 是矩阵 A 的共轭矩阵或称矩阵 A 的转置余因数,且

$$\frac{1}{\det(A)} = -57.2987 \tag{5.26}$$

式(5.26)给出了一个为了达到所需要的力矩 $\dot{h}$,对所需要的常平架角速度需要施加数值大约为 57 的增益因子。很明显,当阵列到达奇异位置附近时甚至未到达该位置时,矩阵 A 的行列式 $\det(A)$ 值变得很小,因此增益因子和力矩相乘可能引起系统无法提供的常平架速度需求。

5.14 变速控制力矩陀螺的奇异性

变速控制力矩陀螺(VSCMG)不同于 SGCMG,主要是因为它以转子扭矩的形式提供一个附加的控制自由度。在原则上这种变速控制可用于奇点规避,因此,如文献[15]讲述,有可能为一组两个具有线性独立常平架轴的 VSCMG 提供完整的三轴无奇异雅可比矩阵的航天器控制。然而,扭矩的规律并不能线性地扩展应用到对电源的消耗。RWA 和 VSCMG 一样,同样具有变速度转子,通过转子的加速可以产生一定的力矩。该方式输出与输入扭矩的比值最多可达 1:1。SGCMG 通过将扭矩输入放大到常平架轴的陀螺效应来产生扭矩,进而产生更高的输出扭矩。在实际操作中,VSCMG 的转子扭矩要远低于 CMG 的输出扭矩,有时可达到一个或多

个数量级。如果超过3个数量级(如典型SGCMG中的情况),转子扭矩的能力与CMG的输出扭矩能力间的差距使得变速控制方法带来的优势基本上无关紧要。应用大型的VSCMG,通过其转子的转动可以提供更大的扭矩,但也需要一个更大质量的旋转电动机,这样又会引起热能处理方面的挑战,增大应力轴承设计的难度,最终得到一个不是最佳的系统设计。"微型卫星"的CMG(也称CSCMG)是转子扭矩和陀螺输出扭矩平衡的一个完美的示例。为了进行奇异性规避和满足VSCMG应用的输入能源要求,减少所需RWA加速度的数量。文献[19]开发了一个完美的数学加权摩尔伪逆方法,使用局部梯度方法使系统远离奇异性位置且追踪一个期望的转子速率。文献[19]的算法表明可以使系统收敛到一组期望的速率或加速度,因此可以适当减少用于奇异性规避所需要的转子加速度。然而,这种方法不能解决取决于转子速度的SGCMG雅可比矩阵贡献率问题。当VSCMG转子速度下降时,SGCMG对陀螺扭矩的贡献也将线性减少。因此,事实上转子转速往往牺牲了输出扭矩的能力。更糟糕的是,如果CMG的转子动量变化太大,动量包络可能出现空洞,这点与饱和性奇点类似。但是在包络内部,这些空洞并不一定能反映在奇异的雅可比矩阵中,在这些配置状态中仅应用常平架的运动是不可通的,也说明即使在非奇异常平架角配置状态下也不能实现的角动量值。这些存在的诸多问题正是在工程实践中VSCMG不能得到广泛应用的原因。

5.15 零动量自旋

在航天器发射过程中,动量设备是关闭的。这样做有诸多原因,包括航天器发射装置通常禁止航天器执行器运行,直到分离后才会打开。此外,许多转子都会被锁定以更方便管理发射负载。只有在航天器分离后锁定装置才会解锁。因此,动量设备的常平架和转子速度为零,即任务执行的初始状态为零运动状态。特定的程序可以防止航天器在轨自检和RWA及SGCMG自旋过程中翻滚,这些特定的程序使CMG的转子加速旋转到功率限制范围内的最大动量容量,同时保持零动量,使阵列远离奇点。这些需求要求在动量控制系统的零空间内实施零动量的旋转。可能有一个无限连续的可用于旋转动量控制系统的自旋配置文件维持阵列处于零动量状态。此外,一般来说,动量设备中的低扭矩转子的旋转电动机及其功率限制意味着现实工程中动量设备自旋可能需要几个小时完成。例如,国际空间站的CMG转速约为17r/min,需要约6.5h才能达到全速的6600r/min。此外,执行器参数的不确定性,如对齐、常平架和转子惯性、摩擦力等都可能会影响航天器动量设备加速过程的状态。文献[20]中解决了这些参数的不确定性问题,并给出一个渐近的研究结果,用来处理4个CMG组成的金字塔阵列在实际工程应用中在航天器发射后的反翻滚和零动量旋转。

5.15.1 RWA 零动量自旋

RWA 在轨道上调试自检时通常不会全速旋转。与 SGCMG 不同,它们有减速旋转以降低速度的能力,这样系统的黏滞摩擦效应相对要小,因此静态功耗也较低(参见第3章)。不过,为了避免系统在零速度附近运行所引起的扭矩误差,一些 RWA 通常要远离零速度运行。对于这样的一些 RWA,初始的旋转运动很简单。它们在系统的多个常平架中并不包含额外的自由度,且只要 RWA 阵列中包含至少 3 个独立的 RWA 转子轴,系统就不会进入奇异配置状态。如果 RWA 阵列想在零空间内旋转得到一组不同的速度,以最大限度地减少通过零点位置情况,则至少需要 4 个 RWA。这种自旋运动操作通常速度很快,这是因为转子的偏置速度通常是整个运行速度中的一小部分,所以该过程在整体上可能需要数分钟就可以完成。

5.15.2 4 个 CMG 屋顶状排列的零动量自旋

对屋顶状排列的 CMG 进行旋转采用的策略涉及沿着它们所共享的轴线,对屋顶的一个窗格上的动量进行偏置,这使得在初始状态时的 $0h$ 奇异点位置,屋顶的两个窗格可以很好地被分开。这个奇异点问题在 7.4.3.4 节中进行讨论,并在图 7.8 中加以说明。如果 4 个 CMG 阵列未在相等的扭矩条件下旋转,不管是否由于旋转电动机的公差或是节省电源能量采取了相应措施,常平架角度可以进行必要的调整,以保持屋顶状阵列中每个窗格的净动量具有相等的大小和相反的方向。

5.15.3 4 个 CMG 金字塔状排列的零动量自旋

4 个 CMG 的金字塔状排列具有两个常用的镜像图像配置,该方式可用于零动量且能够远离奇点状态。这些配置将所有角动量矢量都放置在一个平面中(不共面的转矩矢量),如图 5.21 所示。有可能出现电力无法满足同时旋转所有 4 个 CMG 且保持零动量状态的情形。因此,CMG 的各转子中每次至少有 2 个转子可沿着平行且反向的旋转轴旋转,这样以最大限度地减少对姿态扰动和及时实现机动动作。

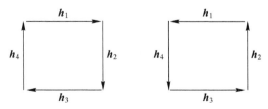

图 5.21 4 个 CMG 金字塔状排列时的非奇异零动量配置

5.16 本章小结

本章讨论控制力矩陀螺所固有的主要问题之一,即被称为奇异性的问题。该问题在诸多研究文献中作为一个纯粹的数学研究对象,但该问题在航天器设计中有着重要的物理影响。研究奇异性的分类有助于认清空间姿态控制体系结构的设计,如选择合理的阵列以实现奇异点回避。对这些分类的透彻理解有助于新的动量控制系统能更成功地发展成可行的具有实际工程应用价值的技术。这种系统-工程研究活动受益于角动量空间中奇异曲面的可视化创建。应用该方法可以帮助建立一个标准化的专业词汇数据库表,用于交流动量系统设计中的风险和机会,平衡数学学术文献中的理论与技术研究所表现出来的乐观热情。对奇异点问题处理的现实工程意义可以提供在新的空间系统理论技术概念中所缺乏的洞察力。

参 考 文 献

[1] D. Bernstein, *Matrix Mathematics: Theory, Facts, and Formulas* (Princeton University Press, Princeton, 2009)
[2] C. Meyer, *Matrix Analysis and Applied Linear Algebra* (SIAM, Philadelphia, 2000)
[3] J. Stuelpnagel, On the parametrization of the three-dimensional rotation group. SIAM Rev. **6**(4), 422 (1964)
[4] M. Shuster, A survey of attitude representations. Navigation **8**(9), 439–517 (1993)
[5] N. Bedrossian, Classification of singular configurations for redundant manipulators, in *1990 IEEE International Conference on Robotics and Automation, 1990. Proceedings.* (IEEE, 1990), pp. 818–823
[6] M. Meffe, G. Stocking, Momentum envelope topology of single-gimbal cmg arrays for space vehicle control, in *Guidance and Control 1987*, vol. 1, 1987, pp. 19–32
[7] H. Kurokawa, A geometric study of single gimbal control moment gyros (singularity problems and steering law). Technical Report 175, Agency of Industrial Technology and Science, Japan, 1998
[8] G. Margulies, J. Aubrun, Geometric theory of single-gimbal control moment gyro systems. AAS J. Astronaut. Sci. **26**(2), 159 (1978)
[9] E. Tokar, V. Platonov, Singular surfaces in unsupported gyrodyne systems. Cosm. Res. **16**, 547 (1979)
[10] N.S. Bedrossian, J. Paradiso, E.V. Bergmann, D. Rowell, Redundant single gimbal control moment gyroscope singularity analysis. AIAA J. Guid. Control. Dyn. **13**(6), 1096 (1990)
[11] B. Wie, Singularity analysis and visualization for single-gimbal control moment gyro systems. AIAA J. Guid. Control. Dyn. **27**(2), 271 (2004)
[12] T. Yoshikawa, Dynamic manipulability of robot manipulators, in *1985 IEEE International Conference on Robotics and Automation. Proceedings.*, vol. 2 (IEEE, 1985), pp. 1033–1038
[13] N. Bedrossian, Steering law design for redundant single gimbal control moment gyroscpoes. Master's Thesis, MIT, 1987
[14] K. Yamada, I. Jikuya, Directional passability and quadratic steering logic for pyramid-type single gimbal control moment gyros. Elsevier Acta Astronaut. **102**, 103 (2014)
[15] H. Yoon, P. Tsiotras, Singularity analysis of variable-speed control moment gyros. AIAA J. Guid. Control. Dyn. **27**(3), 374 (2004)
[16] G. Leve, F. Boyarko, N. Fitz-Coy, Optimization in choosing gimbal axis orientations of

optimization in choosing gimbal axis orientations of a cmg attitude control system, in *AIAA Infotech@Aerospace Conference*, Seattle, WA, 6–10 April 2009)
[17] T. Sands, J. Kim, B. Agrawal, 2h singularity-free momentum generation with non-redundant single gimbaled control moment gyroscopes, in *45th IEEE Conference on Decision and Control*, 2006, pp. 1551–1556
[18] J. Dominguez, B. Wie, Computation and visualization of control moment gyroscope singularities, in *AIAA Guidance, Navigation, and Control Conference and Exhibit*, 2002
[19] H. Schaub, J. Junkins, Singularity avoidance using null motion and variable-speed control moment gyros. J. Guid. Control. Dyn. **23**(1), 11 (2000)
[20] D. Kim, F. Leve, N. Fitz-Coy, W. Dixon, New startup method using internal momentum management of variable-speed control moment gyroscopes. AIAA J. Guid. Control. Dyn. **35**(5), 1472 (2012)

第 6 章 动量控制系统阵列的结构

本章为设计由动量器件组成的阵列体系结构提供分析工具和基本理论。首先,讨论执行器的定位特性及其对动量控制系统性能包络的影响,其次对常见的阵列类型进行综述,如 RWA、CMG 和它们的混合阵列,讨论了各类阵列的性能指标,总结了用于优化阵列体系结构的方法。

6.1 动量设备的特征

推进器将外力应用到航天器上,该力施加到推进器上推进剂排出点处。推进器推力矢量及与质心的空间位置两方面一起,共同影响施加到航天器上的外部扭矩。与推进器相同,动量设备阵列的性能包络主要取决于它们相对于航天器本体的定位。然而,与推进器不同的是,动量装置相对于航天器质心的位置与其姿态控制能力无关。姿态控制能力完全取决于刚体动力学:构成刚体的所有质点具有相同的角速度和角加速度。因此,施加扭矩到刚体会以同样的方式加速其所有质点的惯性,无论采用什么机械方法来生成和应用扭矩,一定是这样的,否则,如果本体发生扭曲和变形,就成了非刚性情形。动量装置对航天器施加扭矩而不是力,因此允许在航天器本体的任何位置施加该扭矩。

动量装置在航天器内部可以传递扭矩,从而节省了用于把航天器和动量控制系统组合到一起的角动量。扭矩通过执行器的结构传递到航天器本体。基于机械设计的考虑(如轴承和电动机的选择、转子的形状和尺寸),动量装置阵列中执行器对齐定位是关键的系统级性能指标。以下各节介绍阵列中为动量控制执行器选择定位方式的最佳做法。相关的概念和知识在第 3 章中已经描述,执行器动力学在第 4 章中也已讨论。

6.2 RWA 阵列的动量和扭矩能力

RWA 阵列的动量和扭矩能力取决于执行器相对于航天器本体的定位以及转子速度和加速度的约束范围。通常假设阵列中的 RWA 是相同的,因此,阵列中的所有 RWA,对速率和加速度限制是一致的。此假设提供了直观的可视化方法来分析阵列的性能和能力。考虑一个由三个相互正交的 RWA 构成的阵列。该阵列的动量和扭矩包络形状为立方体。对于动量容量,该立方体边长为 $2h_{max}$,为 3 个飞轮中每个飞轮的正负动量限制范围。对于扭矩,边长为 $2\tau_{max}$。因此,阵列的最大角动量和扭矩位于 $\boldsymbol{h} = \frac{\sqrt{3}}{3}\begin{bmatrix}1 & 1 & 1\end{bmatrix}^{\mathrm{T}}$ 方向,其中最大的动量为 $\sqrt{3}h_{max}$,最大的扭矩是 $\sqrt{3}\tau_{max}$ 并指向立方体的一个顶点,如图 6.1 所示。对于由 3 个 RWA 构成的一般阵列,其不一定是相互正交的,扭矩和动量包络为平行六面体。

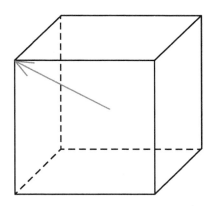

图 6.1 三-正交-偏斜 RWA 阵列的角动量包络

两种常用的 RWA 阵列中,有一个是 NASA 早期最喜欢应用的,图 6.2 所示为 3 个正交的和一个偏斜的(正交-偏斜)RWA 阵列。在此阵列中,可以通过两种方式应用偏斜 RWA:一是可以充当休眠备用,因为它在所有 3 个轴中都有组件,因此如果有单个 RWA 出现故障,它仍保持三轴控制的能力;二是可以作为 4 个 RWA 阵列的一部分。同时使用所有 4 个 RWA 会引入单自由度的零空间,这使其可以规避零轮速度(此时摩擦难以处理),如第 3 章所述。

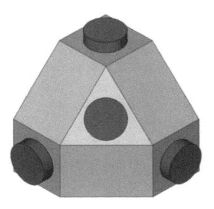

图 6.2 正交-偏斜 RWA 阵列

RWA 阵列有一个缺点,即如果任一飞轮而不是偏斜的转子发生了故障,由此产生的扭矩可能是错误的,在 3 个轴间产生不平衡,在故障 RWA 的方向几乎没有能力。

4 个 RWA 的另一个常见用途是图 6.3 所示的四金字塔阵列。在这个阵列中,任何单一的 RWA 故障都会导致同一种类型的角动量和扭矩包络。此阵列在故障后,仍然对每个轴不具备相等的控制能力,但无论哪个执行器失败,在任一轴上的性能都远远优于正交-偏斜阵列。文献[1]对如何选择 RWA 阵列来优化动量进行了详细的讨论,给我们揭示了不少规律。

图 6.3　4 个 RWA 构成的四金字塔阵列

6.3　CMG 阵列的动量和扭矩能力

与 RWA 不同,CMG 通常具有恒定大小的转子角动量。CMG 阵列的最大角动量或性能包络由一个曲面组成,该曲面上所有组成点与一个奇异的雅可比矩阵对应(参见第 5 章)。

SGCMG 阵列的包络由所有 CMG 常平架轴的定位方式确定。任何一个 SGCMG 的所有可能的角动量状态的轨迹构成一个圆(但不包含内部的点,即不是圆盘),该圆位于在法线为常平架轴的平面上。这些一维位点的组合包含了所有配置可能的范围。因此,线性、三轴姿态控制需要至少 3 个 SGCMG。

单个 DGCMG 的角动量状态的轨迹是一个球体(但不包含内部的点,即不是球)。因此,完全的三轴控制需要至少两个 DGCMG,代表 4 个独立自由度。单个冗余自由度可用于优化或故障容错。

6.4　DGCMG 阵列

DGCMG 被用于美国第一个空间站,称为太空实验室。

太空实验室是第一个利用大型 CMG 进行动量存储和姿态控制的载人航天器,

首次利用载体机动处理 CMG 动量饱和问题,第一次利用全数字控制系统,具有在轨软件重编程能力和广泛的自动冗余管理能力,第一个使用基于四参数的捷联计算的姿态参考系统,允许应用全姿态特征轴机动方案[2]。

太空实验室发射后,在轨飞行状态的姿态控制通过 3 个正交 DGCMG 实现,如图 6.4 所示,该动量控制系统提供的动量能力约为 3000N·m。CMG 具有两种控制模式,分别为同时对 2 个 CMG 控制和同时对 3 个 CMG 进行控制。飞行中,当对 CMG 的动量进行初始化后,载体的惯性动量突然增大 10 倍。因此,上述两种 CMG 的控制模式都失效了,除了周期循环的扭矩外,无法处理长期持续的扭矩和机动。在第三次载人任务中的第 9 天,有证据显示 1 号 CMG 发生故障,系统修改模式为同时对两个 CMG 进行控制。1 号 CMG 故障后,2 号 CMG 也开始出现遇险迹象,太空实验室改变了对 CMG 的控制分配和机动选择,以延长 2 号 CMG 的寿命,直至任务结束。

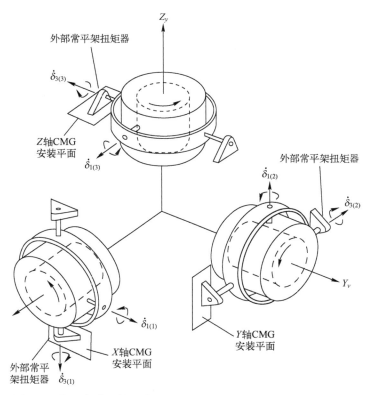

图 6.4　太空实验室的 3 个正交 DGCMG 阵列(图片由 NASA 提供)

国际空间站也使用了 DGCMG。这些 CMG 是由邦迪克斯公司建造的,邦迪克斯公司现在是 L3 空间和航海公司的一个分部。他们生产的 CMG 可提供 4760N·m·s 的角动量,安装的不锈钢转子转速可达 6600r/min。该 4 个 CMG 组成的阵列可以在任一方向存储大约 $1.9\times10^4\rm{N\cdot m\cdot s}$ 的角动量。每个 DGCMG 有两个姿态控制自由度，至少需要两个 CMG 为国际空间站提供姿态控制服务。NASA 的国际空间站计划中配置了 6 个这样的 CMG：4 个为国际空间站服务、2 个作为备份。其中一个备份已经替换了 2002 年 6 月发生故障的 CMG，另一 CMG 由于高强度振动而关闭，这表明轴承发生了故障。因此，目前只有 3 个 CMG 在国际空间站上运行。

对 DGCMG 动量包络中的各点，如果要使系统达到一定的输出扭矩，则需要更高的常平架速率。而 DGCMG 阵列一般无法产生高扭矩。DGCMG 超过 SGCMG 阵列的能力在于：能在任意方向有效地分配动量。这种分布是以较低的常平架速度实现的，但在设计时要注意避免单一 CMG 出现常平架锁定现象。这种操纵方式是一种避免奇点的方式，但 DGCMG 在这方面面临的挑战通常比 SGCMG 要少。

6.5 SGCMG 阵列

本节讨论多个 CMG 构成的典型阵列和 CMG 及 RWA 的异构阵列。

6.5.1 剪刀对 CMG 阵列

也许最直观的 CMG 三轴姿态控制阵列就是一个由 3 个正交剪刀对组成的阵列[3]。剪刀对由两组 CMG 组成，具有平行的常平架轴和一个线性约束，以使常平架的角度大小相等。如果没有该约束条件，这两个 CMG 可以在半径为 $2h$ 的圆盘内产生动量。然而，对于剪刀对，两个常平架的移动沿其净动量形成的轨迹是一条线。此配置如图 6.5 所示，其中常平架轴垂直页面向外。由于两个 CMG 扫过相同的角度 δ，在任何时候，图中沿 X 轴方向的净动量始终为零。沿 Y 轴方向的净动量是 $2h_r\sin\delta$。在常平架速率为 $\dot\delta$ 时，在 Y 轴上产生的扭矩为 $2\dot\delta h_r\cos\delta$。

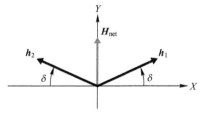

图 6.5 剪刀对 CMG

这种限制也许是操纵算法中简单的一种形式。它是如此简单以至于只要涉及反馈控制算法的地方都可以用齿轮序列或机械连接代替。20 世纪 70 年代的航天器领域的机动控制单元采用了一种机械解决方案，即由 3 个剪刀对组成的控制系统。从数学上来说，约束要求常平架沿相反方向以速率 $\tau/(2h\cos\delta)$ 旋转以产生输出扭矩 τ。单个剪刀对线上的每个动量状态都有完全的访问权，并且不会遇到奇点（当然，除了 $2h$ 的饱和状态）。在没有约束的情况下，在圆盘的初始位置处存在一个奇点，使得操纵这样两个简单设备极其复杂。

在基座运动的情况下，使用机械连杆机构施加约束具有独特的优势。例如，考虑图 6.5 中几乎接近饱和的阵列（δ 接近 90°），CMG 的底座几乎瞬间开始围绕 X

轴旋转。陀螺开始进动以使两个常平架沿同一方向旋转。如果各常平架是单独控制的,每一个常平架电动机将不得不消耗一定的电力来阻止该运动。然而,如果存在一个机制,迫使常平架只沿相反的方向旋转,在机械系统不工作或无任何功耗的情况下,该机制始终能维持约束。

由于其固有的简单性,剪刀对已有许多应用,如机器人机械手、航天调姿机动和汽车[3-5]等领域。上述应用中,最著名的一个应用案例是应用剪刀对在空间进行定位以产生滚动扭矩来稳定在海上航行的船舶。因为只有某个轴上的扭矩是必需的,故该应用案例没有对横向动量施加任何约束。

可以把这种简单性延伸到三轴姿态控制的一般情况。一个由 CMG 组成的三轴正交剪刀对阵列,该阵列具有一个最大的角动量包络,类似于图 6.1 中的 RWA 阵列,该立方体包络的边长为 $4h$。然而,使用这种 3 个正交剪刀对的易用性和简便性的代价是航天器必须在任何时候同时操纵 6 个 CMG,以形成一个形如 $\pm 2h$ 的立方角动量包络。某个 CMG 故障使得在某个轴上的能力减半且将一些横向扭矩耦合到其他 CMG 上,这进一步降低了这些方向的控制能力。因此,如果使用这类CMG 阵列,卫星设计者必须平衡选择复杂的操纵控制算法,这样会增加器件的体积、质量和所需功率。

6.5.2 共线(多类型)阵列

剪刀对阵列代表了各种阵列类型中一族,其特征是两个或多个 CMG 使用共同的常平架轴。在不少研究文献中,最受欢迎的一种共线阵列是屋顶状阵列。这些阵列有两个共同的常平架轴方向。CMG 的角动量和扭矩与共同的常平架轴都位于一平面(屋顶状的一个侧面)内,在图 6.6 中显示为蓝色表面。该图为 6 个 CMG 和 4 个 CMG 的屋顶状阵列。屋顶状阵列在研究文献中也称为"多类型"阵列[6]。研究更早的应用是图中显示的两个三重结构,也称为"单常平架-双三重结构",该结构的应用可回溯到 1980 年或更早[7]。

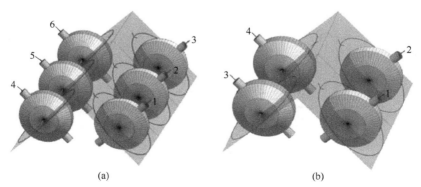

图 6.6 6 个 CMG 屋顶状阵列(a)和 4 个 CMG 屋顶状阵列(b)(见彩图)

因为屋顶状阵列只有两个角动量和扭矩平面,它们可能存在满轶减 1 个奇异点。某个轶减 1 奇异点处,仅在一个方向上扭矩可用。然而,由 4 个或更多的 CMG 构成的屋顶状阵列比其他 CMG 阵列体系结构(如倾斜、金字塔或对称类型阵列)更可取,因为它们没有椭圆内部奇异点(参见第 5 章和文献[8])。因此,在动量包络内部的每个角动量点位置,所有的屋顶状阵列都可以提供一个非奇异的常平架角度解。这一特征使屋顶状阵列的操纵法则在接近包络边缘能够实现非奇异角动量。然而,它的内部奇异点是双曲线奇异点,因此并不保证对常平架角的所有组合通过零空间运动就一定能跨越奇异点位置。零空间运动可能必须事先进行规划,以便避免某些特定的常平架角组合。对于这种情况,梯度方法无效[9]。

讨论分析到此,我们简要地介绍了描述和绘制奇异曲面的相关话题。第 5 章详细讨论了奇异点和奇异曲面的构造,但在这里我们介绍了一种描述各种奇异结构的通用约定,以及如何对它们进行可视化。

一般而言,CMG 阵列的目的是在三维包络中提供动量。由于 SGCMG 输出扭矩的方向随常平架角的不同而变化,如果在一组常平架轴的角度集合上,在所有 3 个轴上都不能提供扭矩。当发生这种情况时,阵列可以被认为是奇异的。考虑图 6.6 中的 4 个 CMG 构成的屋顶状阵列,常平架空间定位已示出,所有的自旋轴(动量矢量)与屋顶的峰线平行,称为共享轴。对阵列中任何常平架角的小改动都会产生 dH/dt,其方向与共享轴正交,但此时不管常平架角度如何变化都不能沿共享轴方向产生 dH/dt 的扭矩。因而这个常平架角度是奇异的。

一旦遇到像这样的一组常平架角,旋转任一 CMG 常平架角 180°也会产生同样的奇异状态。这里归纳出描述这些奇异状态存在的公式。在图 6.7 中,如果所有 4 个动量矢量不平行,但它们指向同一个方向,则这种状态称为 $4h$ 奇异点状态。对于一个由 n 个 CMG 组成的阵列,nh 奇异点状态总是位于阵列的饱和表面上。接下来,如果其中的一个 CMG 与余下的其他 3 个指向相反的方向,这称为 $2h$ 奇异点状态。这样一个简单的配置中,这些名字来源于净动量,但 nh 奇异曲面并不总是具有 nh 的动量大小。最后,如果其中两个 CMG 与另两个 CMG 指向相反,则该条件称为 $0h$ 奇异点。这些组合如图 6.7 所示。通常,可以通过将动量矢量投射到奇异方向,并检查它们的符号来确定是哪种类型。

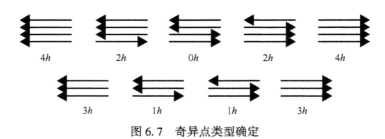

图 6.7 奇异点类型确定

从定义中可以看出,具有偶数数量 CMG 的阵列可能有 $0h,2h,\cdots,nh$ 奇异点,具有奇数个 CMG 的阵列可能有 $1h,3h,\cdots,nh$ 奇点(参见表 5.1,描述具有典型数量 CMG 阵列的奇异点位置)。所有的处于奇异状态下的常平架角度集合,与其对应的所有的阵列动量状态称为奇异曲面或奇异曲面集。对于给定阵列体系结构,对这些曲面的研究对理解奇点的性质很有帮助。

4 个 CMG 和 6 个 CMG 屋顶状阵列的奇异包络如图 6.8 和图 6.9 所示。蓝色和青色表示内部奇异包络,6 个或更多个 CMG 组成的屋顶状阵列,通过零空间运动,对角动量包络内所有奇异点状态全部是可通的。回忆 5.10 节所介绍,可通性是一个局部特征;尽管零空间运动可能无法实时规避与一组特定的常平架角对应的奇异点,但在有限的时间内可以解决该问题。在橙色和红色表面中,外表面表示外部或饱和奇异曲面,无论常平架如何运动,通过零空间运动这些表面永远是不可通的。

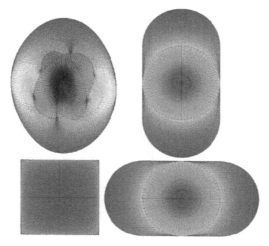

图 6.8 4 个 CMG 构成的屋顶状阵列的奇异包络(见彩图)

一般来说,这些 $0h,2h,\cdots,nh$ 的奇异包络,当一起绘制时,所有可能的奇异动量状态之间连续地连接在一起。然而,重要的是要认识到,对于内部表面上的点,这里应用三维角动量方式显示,而不是用 n 维常平架角来表示。因此,这样一个点不一定是奇异的,可能其中一些常平架角度集对应的动量位于奇异状态,而有些则不是。许多点可以通过常平架角度的组合实现,使阵列保持良好的控制状态。选择这些组合最大核心挑战是操纵控制算法的设计和选择,目的是使航天器能够有效地利用阵列。

在两组常平架轴之间,具有 90°排列的 4 个 CMG 屋顶状阵列也称为 90°排列的 CMG 阵列,该阵列如图 6.10 所示。

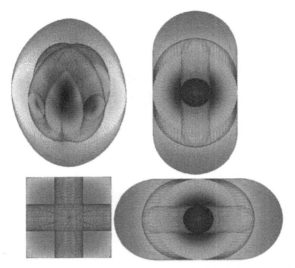

图 6.9　6 个 CMG 构成的屋顶状阵列的奇异包络（见彩图）

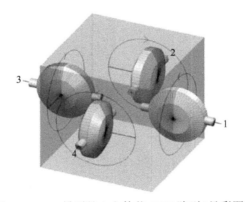

图 6.10　90°排列的立方体状 CMG 阵列（见彩图）

6.5.3　3/4 立方体状 CMG 阵列

在 90°排列的立方体状 CMG 阵列中，如果发生单个 CMG 故障，系统就退化为 3/4 立方体状 CMG 阵列。因此，在可能的情况下，系统需要进行容错设计，使其性能设计必须满足 3/4 立方体状 CMG 阵列的要求。在典型的动量系统操纵航天调整姿态过程中，4 个 CMG 中只有 3 个 CMG 处于活动状态，剩下的一个处于休眠备用状态。3/4 立方体状 CMG 阵列的奇异包络如图 6.11 所示。

在图 6.11 中，在 $1h$ 的球体中不存在关于零角动量的奇异点[10]。$1h$ "奇异无关"球体的应用是该阵列首次被使用的原因之一，也是许多航天器的首选阵列。使用 3 个 CMG 是无法通过零空间运动来避免奇点的，因为并不存在零空间（参见第 5 章）。因此，任何航天器级性能要求必须在动量包络的无奇异区域内实现。

124

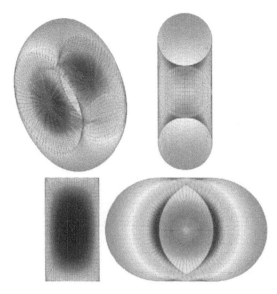

图 6.11　3/4 立方体状 CMG 阵列的奇异包络(见彩图)

6.5.4　金字塔阵列

也许最常讨论的阵列体系结构是金字塔阵列。它经常出现在各类学术文献中,也是最复杂的一个。图 6.12 所示的 4 个 CMG 金字塔阵列具有独立的常平架轴,与共线屋顶状阵列不同。图中显示 4 个或更多个 CMG 的金字塔阵列,对于它们而言没有秩减 1 的奇异性。

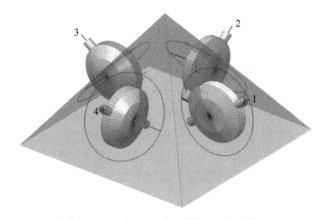

图 6.12　4 个 CMG 金字塔阵列(见彩图)

上述的 4 个 CMG 的金字塔阵列位于一个倾斜的角度状态,即水平方向和角动量平面间的夹角为 54.74°,这样产生一个类似于球形的三轴对称角动量包络。包

125

络以橙色和红色表示,内部奇异包络为青色和蓝色,如图 6.13 所示。内部奇异面与角动量包络平滑连接,图中包含了喇叭状漏斗或管状子包络体,这些子包络体无可用角动量。管状结构通过类似百合垫(橙色)与角动量包络平滑地连接在一起。每个百合垫的圆形外缘是通过扫描 CMG 动量矢量形成的,其常平架轴都通过它[11]。对于 SGCMG 则不能通过该圆形轨迹内缘诸点。

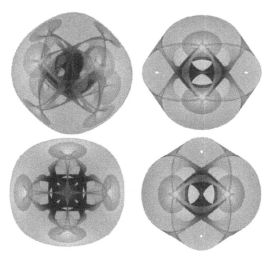

图 6.13　4 个 CMG 金字塔阵列的奇异包络(见彩图)

这个类似球形的动量包络中,各常平架轴方向都能提供大致相等的动量、扭矩及控制能力,并具有较大范围的动量能力。这种在角动量和扭矩上的均匀性是 4 个 CMG 金字塔阵列最初成为学术研究对象的原因。学术刊物上发表的诸多研究结果也鼓励更多对该特定的体系结构的进一步研究。然而,从实际应用的角度看,角加速度的导数、加速度和速度对于许多敏捷航天器来说都是至关重要的,并不仅只与动量和力矩的均匀分布相关。这些敏捷性指标是通过将航天器惯性映射为控制能力的方式来计算的(参见第 3 章)。因此,围绕 3 个轴具有相同的动量和扭矩,并不对应于对这些轴也具有相同的敏捷性。此外,许多地球观测类航天器,如执行推扫式成像(在整个轨道上成像仪来回小角度扫描)的航天器,这种航天器在围绕一个或两个轴的方向需要较高的扭矩和动量,在成像负载的光轴方向所需的动量控制能力更小。文献[12,13]中,描述了应用第三个自由度的敏捷性的一个应用程序示例。与特征轴机动相比,它们寻求最佳的机动轨迹,可以减少惯性轴数量,从而减少总的机动时间。

角动量包络的均匀对称性有一个代价,即如图 6.13 所示的一个非常复杂的内部奇异包络,它包含可跨越的非退化双曲线奇异点和不可逾越的椭圆奇异点。回忆第 5 章所讨论的内容,在不可逾越的椭圆奇异点的情况下,不存在避免奇异点的零空间运动;因此,如果动量控制系统在接近椭圆类型奇异点附近的角动量点位置,系统就会牺牲姿态控制扭矩的精确性。此外,与共线阵列不同,金字塔阵列的内部奇异曲面分散在整个角动量包络中。因此,金字塔阵列有一个较小的非奇异(或奇异可通)角动量包络,以用于姿态控制。

6.5.5 动态阵列

有些人建议让 CMG 常平架动态变化,在航天器姿态操纵过程中,重新定向常平架可以改变角动量包络和相应的奇异包络。文献[14]建议频繁重新定向常平架作为一种奇异回避方法。然而,在机动过程中频繁重新定向的方法忽略了重新定向过程中附加扭矩的影响。实际上,这种方法使 CMG 的阵列变成了半静态的 DGCMG 阵列,因此在体积、质量、功率和机械复杂性以及性能损失方面也都有类似的成本增加(参见第 3 章)。如果可以使用 CMG 消旋或反自旋方法重新定向 CMG 的常平架,并且定向后的新状态通过一个机械约束锁定到位,就如文献[15]中所建议的那样,对故障做出反应或根据任务要求改变相应的频率成分,则可以克服这种缺点。

6.6 混合阵列及其他阵列的设计

在早期的 CMG 技术中,创造出了各种不同的动量器件阵列或"混合阵列"。这些阵列组合了各种尺寸的反应轮、1 个或 2 个常平架 CMG,及其他各类设备,没有哪种形式能得到大家的共同认可。出现这种情形的最可能原因是零件的数量、可靠性和相关的成本过高等因素不断激励研究人员设计开发相同标准的设备阵列。然而,这些早期的创新应该得到一定的认可。可能未来的某天,随着技术的发展,上述出现的各种阵列中,可能其中某个在航天器结构中被证明是非常有用的。

6.6.1 双常平架/单常平架剪刀对阵列

一对 DGCMG 阵列可提供 4 个独立控制的自由度,每个常平架轴一个。在常平架锁定奇异性的限制范围内,该数值足以实现三轴的姿态控制。事实上,它比需要还多(一个自由度),但万一 DGCMG 的某个组件发生了某些故障,这将阻止整个阵列实现满足三轴姿态控制系统的需要。如图 6.14 所示,添加一个剪刀对阵列,又增加了一个自由度,因为常平架角度约束减去一个,否则将成为了两个独立的 SGCMG。这样的阵列具有单 CMG 容错能力,即具备任何单个 CMG 故障所导致的动量系统能够提供三轴扭矩的能力,其次是奇异性所带来的约束范围。虽然操纵控制算法较为简单,但为了实现系统设计的性能,这种动量系统被认为有较高的重量和体积[7]。它主要适用于具有单轴敏捷性的系统,因为剪刀对可能沿其轴方向施加扭矩,且该扭矩是其中某个 DGCMG 在横向轴上扭矩的数百倍。

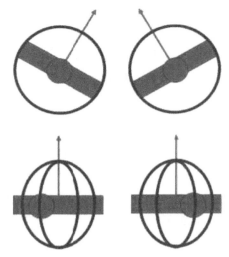

图 6.14　2 个 DGCMG 和 1 个 SGCMG 剪刀对构成的阵列

6.6.2　兰勒"六-Pac"

3 个 DGCMG 的组合可提供类似的故障容差,此体系结构称为兰勒"六-Pac",具体可参见文献[7],在特定情况下,所有的零常平架角度对应的动量矢量,都位于同一个平面中且相互间以 120°分隔,如图 6.15 所示。任何 DGCMG 的故障都将导致该阵列只剩下 4 个自由度,而且其复杂的控制算法、较大重量和体积也使其在工程应用领域应用并不广泛。

图 6.15　3 个 DGCMG 均匀分布在一个平面

6.6.3 单常平架的 6 个 GAMS(6 个 CMG 金字塔阵列)

6 个 SGCMG 可以有多种排列方式,因此可以设计这样一种排列,使每个 CMG 的动量矢量在空间扫出一个平面,这样就形成一个六面金字塔的形状,如图 6.16 所示。这种常平架轴的动量系统(GAMS)称为 6 个 GAMS,该配置在文献[6,7]中有所讲述。与其他任一由 6 个 CMG 组成的阵列一样,该阵列可提供主动、多冗余能力,但在给定扭矩要求下,这也代表其质量和体积要比 DGCMG 阵列低。

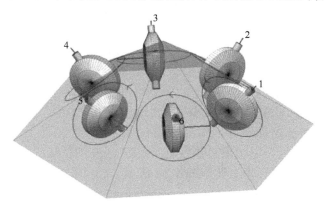

图 6.16　6 个 GAMS 金字塔阵列

图 6.17 中 6 个 CMG 金字塔阵列的奇异包络表面不同于图 6.13 所示的 4 个 CMG 金字塔阵列。增加的两个 CMG 提供了一个更接近球形动量的包络,具有较大的动量容量,但其内部奇异形状变得更加复杂。这些内部奇异形状出现在整个

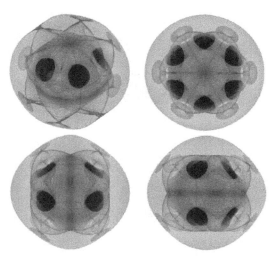

图 6.17　6 个 CMG 金字塔阵列的奇异包络(见彩图)

动量包络体中,通过更多的百合垫将内部结构连接到包络的边缘。因此,与6个 CMG 屋顶状阵列不同,6个 CMG 金字塔阵列增加的动量容量和球面对称性并不能消除几何奇异性。文献[16]将此阵列描述为一个内部包络,可以通过适当的操纵算法加以利用。

6.6.4 具有高力矩反应飞轮的剪刀对阵列

单个剪刀对变速控制力矩陀螺(VSCMG)代表一个三自由度系统,且其硬件数量最少。这种阵列可能适用于需要单轴敏捷性的应用,在横向方向的控制权有限。该设计建议要着重考虑对体积的限制。在这种情况下,可能会促使其进一步简化。例如,常平架角度可能仅限于有限范围,无需连续旋转,从而节省了滑环和相关电子产品的质量和复杂性。

如下面示例中的建议一样,限制常平架的角度可以基于一些简单的大小调整原则实现。高扭矩反应轮(如 Goodrich 的力矩轮)可以围绕其自旋轴提供约 2N·m 的扭矩。在 16.6N·m·s 的角动量和 1rad/s 常平架速率条件下,因为它可以沿着旋转轴旋转,故该阵列可以在横向轴方向产生约 1/10 的扭矩,高达约 45°的常平架角度。此示例的动量和扭矩性能如图 6.18 所示。

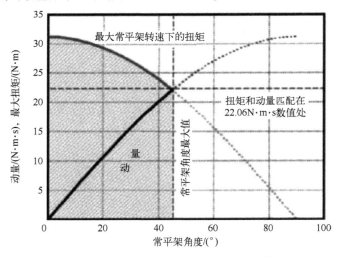

图 6.18 具有有限常平架角度的剪式阵列单轴扭矩和动量性能,阵列旋转轴上的动量是其横向轴的 10 倍

6.7 变速 CMG 阵列

长期研究探索 SGCMG 奇异点回避的新方法后,有学者提出 VSCMG 阵列。基本上,在 SGCMG 阵列中,在所有发生角动量奇异点位置,VSCMG 把转子的加速度

作为一个控制自由度,实现沿奇异方向提供所需的扭矩。因此,具有线性独立的常平架框架轴的两个或多个 VSCMG 的阵列,可以远离转子速度饱和状态,该阵列也是非奇异的①,即具有非奇异雅可比矩阵:

$$\dot{h} = \begin{bmatrix} A(\Delta,\Omega) & B(\Delta) \end{bmatrix} \begin{bmatrix} \dot{\Delta} \\ \dot{\Omega} \end{bmatrix} = D\dot{X} \tag{6.1}$$

如第 4 章所述,RWA 的主要一个缺点是对 VSCMG 的影响,即它们的输入功率与扭矩的比值很高,需要一部分额外的功率并直接施加到轴上,因为其扭矩与转子的加速度成正比。文献[11,17]中提出可以使转子加速度最小化,同时避免出现 CMG 奇异点的相关算法,并成功在工程中进行了应用。即使忽略了硬件和系统工程问题,奇异点回避算法本身也会极大地影响 VSCMG 阵列的性能。

VSCMG 的主要缺点是基于电源功耗管理或其他方面的原因,VSCMG 牺牲了转子的速度以避免奇点。降低转子转速会减少扭矩放大效应,但放大效应是使用 CMG 的首要原因。

VSCMG 阵列未被用于机载现代卫星的姿态控制还有其他几个原因,其中一些原因源于系统级别的考虑。

(1) 航天器的抖动响应随频率变化而变化。恒定的转子转速(如在 SGCMG 中)下,设计的航天器可以让转子频率扰动的结构放大效应最小化。相比之下,可变转子转速方法能实现该目标。

(2) 转子加速度需要较大的转子电动机。这样增加了系统的质量,也增加了内部常平架的惯性,从而也要求尺寸更大的常平架电动机。因此,在这种系统中,质量、体积和功率都增加了。

(3) 这些系统要求更强大的电动机电子设备,因为转子需要比 SGCMG 更高的带宽速度控制。

(4) SGCMG 阵列的奇点回避在许多系统中得到了很好的理解和证明,从而消除了人们应用另类新技术的动机。

(5) 由较高的转子功率引起的热量造成的更高的轴承磨损和更短的使用寿命。

这许多原因促使现代航天器设计还是保持使用恒定的转子速度。

---

① 对于具有线性独立的常平架轴的两个或多个 VSCMG 构成的阵列,避免 SGCMG 奇异性问题假设转子没有达到最大速度或零值。如果阵列中有一定数量的转子以最大速度旋转,则阵列无法提供任何转子加速度以帮助 SGCMG 实现奇异点回避。同样,当足够数量的转子且具有的动量很小时,陀螺仪扭矩消失,进一步恶化奇异性。

6.8 能量存储

VSCMG 阵列的另一个好处是它能够在 RWA 模式下使用动量轮,这样不仅使 RWA 具有 CMG 的奇点规避能力,而且也降低了系统对电力等形式能源的需求。最早关于在航天器上使用动量轮,以动能形式储存能量的相关文献,可以追溯到 20 世纪 60 年代[18]。单独用电池提供能源的方式通常不能提供足够大的电流以驱动其连接的负载,为了克服该问题,通常安装各种形式的电容以作为电池的补充。航天器需要的瞬时功率非常高(或许卫星的有效载荷也直接需要能量),可以应用动量轮把动能转化为电能并减少系统的质量[19]。现代动量轮储能技术与卫星电池技术基本处于相互竞争的状态,动量轮储能技术的功率密度约为 100W/kg。然而,为了实现能量存储和能量及功率的输出,通常需要动量轮以高速度旋转及安装设计用于将动能转化为电能的各类附加电路。磁性轴承可以减少摩擦损失,并在这些高速系统中延长使用寿命,但在保持刚性约束的同时也消耗相当大的功率。如果轴承的驱动电源耗尽,系统就会处于不稳定的状态。此外,动量轮的较高的转子转速也具有较高的机械应力。因此,用于能源存储和姿态控制的 VSCMG 阵列不得不为这些适度的功率优势付出额外的质量、电子和复杂性设计。更传统的电力子系统可能仍是最佳选择。

NASA 和空军研究实验室(AFRL)在综合功率和姿态控制(IPACS)[20]领域进行了大量的研究和开发。使用飞轮储能和能源控制最成功有名的项目就是"飞轮姿态控制和能量传输系统(FACETS),该项目以前由位于新墨西哥州柯特兰空军基地进行相关研究[21]。在该计划中,霍尼韦尔国际公司为 AFRL 设计了 3 个 VSCMG 的阵列(图 6.19),并由 AFRL 负责,分别在 AFRL、霍尼韦尔国际公司及其承包商的 ASTREX 空气承载卫星模拟器上进行了测试。

图 6.19　霍尼韦尔国际公司的 FACETS CMG

在这项研究中,各机构设计开发了相关的算法用来测试和验证 FACETS,研究结果发表在文献[22,23]中。美国 NASA 在格伦研究中心继续研究 IPACS[24],但这些计划最终被削减,自此以来该领域的应用研究很少。

6.9　优化和自主阵列配置

如果在掌握航天器的惯性,航天器在任务中的期望目标空间指向,航天器运行时间等历史统计先验信息的基础上,那么对 CMG 阵列几何优化问题的研究则可以充分利用这些先验信息。这种优化首先旨在增加非奇异角动量的数量、角动量的大小,其次在于改善角动量包络的形状,或者前两者都一定程度得到优化。文献[25,10]针对某个特定的飞行任务,对如何优化相关的各项参数进行了深入的讨论,有兴趣的读者可以阅读相关章节。

图 6.20 和图 6.21 比较直观地显示出角动量曲面包络形状优化的过程。该优化的主要目的是最大程度地增加 3 个坐标轴中 2 个坐标轴方向上的角动量,直观的说法是让曲面包络形状更扁平。除上述方法外,减少 CMG 阵列的 β 偏斜角(参见第 4 章)也具有同样的效果,即能够增加在俯仰平面或偏航平面方向上的角动量。然而,该优化过程还是不能完全消除奇异性问题。如图 6.20 所示,在完整的

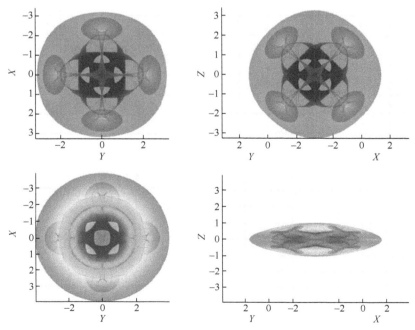

图 6.20　4 个 CMG 金字塔阵列的奇异曲面 $\beta = 54.74°$(顶部)和 $\beta = 30°$(底部)(见彩图)

角动量包络中仍然存在内部类型奇异点,图中的 4 个 CMG 金字塔阵列的内部奇异性是椭圆类型和双曲线类型。与图 6.20 中的阵列相比,图 6.21 中的 6 个 CMG 屋顶状阵列的内部奇异性仅仅是双曲型类型,因此,图 6.21 所示包络中可能存在非奇异角动量解。

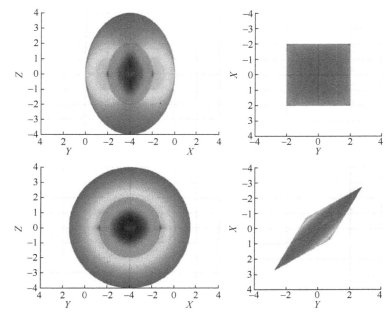

图 6.21　4 个 CMG 屋顶状阵列的奇异曲面 $\beta=45°$(顶部)和 $\beta=15°$(底部)(见彩图)

图 6.20、图 6.21 中的两个阵列的内部奇异表面除了类型不同外,奇异性空间分布也不同,4 个 CMG 金字塔阵列中的所有曲面分布在整个角动量包络中,其中包含可通的和不可逾越的奇异点。因此,即使在优化过程中不考虑航天器惯性及其加速度的导数、加速度和速率的要求,内部奇异性的位置及其类型要比系统能够提供的可用角动量的范围更重要。图中给出的两个示例表明,角动量包络的形状和大小不是 CMG 阵列体系结构设计中需要考虑的唯一因素。CMG 体系结构的设计过程还一定要考虑如何提供一个可正常完成任务的奇异性结构。

6.10　本章小结

本章讨论了 RWA 和 CMG 阵列的性能,它们取决于航天器中动量器件的空间指向能力。本章应用可视化的方法构建了最大角动量的曲面包络来表示 RWA 和 CMG 阵列的性能,对于 CMG 阵列,该曲面为内部类型奇异表面。本章还讨论了这些曲面包络的几何形状和物理意义。最后对工程实践中常用的多个不同类型,由不同数量动量器件组成的阵列进行介绍。经分析得出:虽然表面上看起来,对于一个 CMG 阵列而言,对阵列形成的角动量包络的形状进行优化较为有利,但除此以外,本章认为航天器载体的速度和加速度也同样重要,因为航天器载体的速度和加速度取决于其惯性。CMG 的奇异曲面是内部类型奇异性,该特征限制了阵列实现高敏捷性要求所需要的动量。

参考文献

[1] F. Markley, R. Reynolds, F. Liu, K. Lebsock, Maximum torque and momentum envelopes for reaction wheel arrays. AIAA J. Guid. Control. Dyn. **33**(5), 1606 (2010)

[2] W. Chubb, H. Kennel, C. Rupp, S. Seltzer, Flight performance of skylab attitude and pointing control system. AIAA J. Spacecr. Rocket. **12**(4), 220 (1975)

[3] M. Carpenter, M. Peck, Reducing base reactions with gyroscopic actuation of space-robotic systems. IEEE Trans. Robot. **25**(6), 1262 (2009)

[4] D. Cunningham, G. Driskill, A torque balance control moment gyroscope assembly for astronaut maneuvering, in *NASA. Ames Research Center 6th Aerospace Mechanics Symposium (SEE N72-26377 17-15)*, 1972, pp. 121–126

[5] C-1 - Lit Motors, Lit Motors C1 (2013), http://litmotors.com/c1/. Accessed 13 Sept 2015

[6] H. Kurokawa, A geometric study of single gimbal control moment gyros (singularity problems and steering law). Technical Report 175, Agency of Industrial Technology and Science, Japan, 1998

[7] J. Rodden, Attitude control system lectures. Lecture Notes (1980)

[8] E. Tokar, V. Platonov, Singular surfaces in unsupported gyrodyne systems. Cosm. Res. **16**, 547 (1979)

[9] H. Kurokawa, Survey of theory and steering laws of single-gimbal control moment gyros. AIAA J. Guid. Control. Dyn. **30**(5), 1331 (2007)

[10] T. Sands, J. Kim, B. Agrawal, 2h singularity-free momentum generation with non-redundant single gimbaled control moment gyroscopes, in *45th IEEE Conference on Decision and Control*, 2006, pp. 1551–1556

[11] H. Yoon, P. Tsiotras, Singularity analysis of variable-speed control moment gyros. AIAA J. Guid. Control. Dyn. **27**(3), 374 (2004)

[12] M. Karpenko, S. Bhatt, N. Bedrossian, I. Ross, Flight implementation of shortest-time maneuvers for imaging satellites. AIAA J. Guid. Control. Dyn. **37**(4), 1069 (2014)

[13] I. Ross, M. Karpenko, A review of pseudospectral optimal control: from theory to flight. Annu. Rev. Control. **36**(2), 182 (2012)

[14] H. Kojima, Singularity analysis and steering control laws for adaptive-skew pyramid-type control moment gyros. Elsevier Acta Astronaut. **85**, 120 (2013)

[15] J.J. Bonn, M.A. Peck. Dynamic cmg array and method. US Patent 7,561,947, 2009

[16] D. Cornick, Singularity avoidance control laws for single gimbal control moment gyros, in *AIAA Guidance, Navigation and Control Conference*, 1979

[17] H. Schaub, J. Junkins, CMG singularity avoidance using VSCMG null motion (variable speed control moment gyroscope), in *AIAA/AAS Astrodynamics Specialist Conference and Exhibit*, Boston, MA, 1998, pp. 213–220

[18] J. Roes, Electro-mechanical energy storage system for space application. Prog. Astronaut. Aeronaut. **3** (1961)

[19] V. Babuska, S. Beatty, B. deBlonk, J. Fausz, A review of technology developments in flywheel attitude control and energy transmission systems, in *Proceedings of the IEEE Aerospace Conference*, vol. 4, 2004

[20] J. Notti, A. Cormack, W. Klein, Integrated power/attitude control system (ipacs). AIAA J.

Spacecr. Rocket. **12**(5), 485 (1975)
[21] J. Fausz, D. Richie, Flywheel simultaneous attitude control and energy storage using a vscmg configuration, in *Proceedings of the 2000 IEEE International Conference on Control Applications*, 2000, pp. 991–995
[22] P. Tsiotras, H. Shen, C. Hall, Satellite attitude control and power tracking with energy/momentum wheels. AIAA J. Guid. Control. Dyn. **24**(1), 23 (2001)
[23] H. Yoon, P. Tsiotras, Singularity analysis and avoidance of variable-speed control moment gyros–part ii: power constraint case, in *AIAA Guidance, Navigation, and Control Conference*, Providence, RI, 2004
[24] K.L. McLallin, R.H. Jansen, J. Fausz, R.D. Bauer, Aerospace flywheel technology development for ipacs applications. Technical Report TM-2001-211093, NASA, 2001
[25] G. Leve, F. Boyarko, N. Fitz-Coy, Optimization in choosing gimbal axis orientations of optimization in choosing gimbal axis orientations of a cmg attitude control system, in *AIAA Infotech@Aerospace Conference*, Seattle, WA, 6–10 April 2009

第 7 章 操 纵 算 法

本章探讨的主题是 CMG 的扭矩分配方法,即确定控制力矩陀螺常平架速率以得出指令扭矩的方法。相关文献通常会将这类分配方法称为操纵算法或操纵率,伪逆解是其中最常讨论的一个话题。本章对多种操纵算法进行研究:首先是伪逆法,其次是基于有限常平架转角与角动量的常规算法,最后是较为新颖且先进的优化算法。

7.1 控制力矩陀螺操纵算法

控制力矩陀螺操纵算法会将输入信号(常平架速度和/或转子加速度)分配至驱动器,以向航天器提供指定扭矩。航天器上会出现很多诸如推进器分配和磁力矩器分配这类问题。在这类问题中,驱动器会产生外部扭矩并施加在航天器上(推进器则会产生力和扭矩)。与之相对,动量装置的操纵算法则遵守角动量守恒定律并利用有限角动量发挥作用。反应轮总成操纵算法通常只是简单的常数矩阵伪逆,即第 4 章中讨论过的雅可比矩阵。控制力矩陀螺的操纵算法则要复杂得多,因为雅可比矩阵会根据控制力矩陀螺的使用记录而衍生出多种变化。它是动量系统中最具挑战性的一个方面,因此自然也就成为本书主要关注的话题。

控制力矩陀螺操纵算法是姿态补偿和各个驱动器之间的纽带。姿态控制系统会计算出航天器达到规定姿态和角速度所需的扭矩。操纵算法则会将该扭矩转换成一条条控制力矩陀螺常平架速率的指令。这些指令会下达至常平架,而常平架则会通过第 8 章所述的闭环控制来跟踪这些速率指令。但是,指令下达至常平架后极少能准确地产生指定的常平架速率或加速度。出现这种现象是因为常平架轴承摩擦和齿轮系损耗具有不确定性,以及电动机自身限制导致无法响应反复地高速或快速速度变化。因此,内环控制可能需要辅以前馈控制,即已知且随时间变化的开环输入。在这种情况下,常平架速率环会排斥任何其他(未知)的干扰。这种控制系统的运行速度更快(带宽更高),而且无需担心会因过冲而产生饱和风险。这种体系结构在采用控制力矩陀螺的航天器中较为常见。

成功的控制力矩陀螺操纵算法须满足以下条件:准确地将航天器级扭矩转换成驱动器行为并避免奇异点,以实现较高的常平架速率和加速度。如图 7.1 所示,成功的操纵算法可细分为 3 个类别,即奇异点脱离算法、奇异点规避算法以及奇异点规避和脱离融合算法。本书还介绍了其他的方法,但是本章中仅限于上述3类。

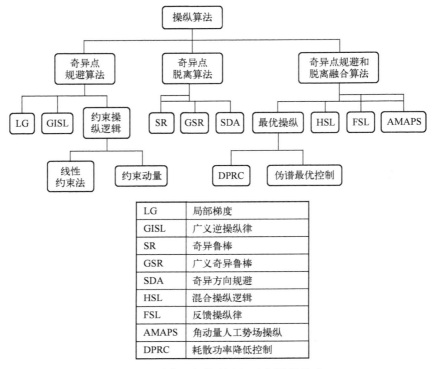

图7.1 单常平架控制力矩陀螺操纵算法

奇异点规避和内环控制是两种独立的现象,但它们都可以对配备动量控制装置的航天器的反馈控制性能产生影响。对于反应轮总成阵列和控制力矩陀螺阵列而言:当限制阵列角动量时(参见第5章),可能出现阵列级饱和现象;当限制转子和常平架的速率和加速度时,可能出现驱动器级饱和现象。第8章对这一问题进行了详细的论述。

如果阵列中所有控制力矩陀螺的转子角动量均相同,那么奇异点的位置和形式便完全取决于各个控制力矩陀螺相互之间的对齐方式。如第6章所述,动量系统的运转状态不会因该装置在航天器中的位置而发生变化。

该阵列可根据操纵律对指定的输出扭矩 $\dot{h}$ 进行赋值,即通过"反演"雅可比矩阵 A 以计算 $\dot{\Delta}$ 可求得 $\dot{h}$:

$$\dot{h} = A\dot{\Delta} \tag{7.1}$$

将 A 分解为其值域空间和零空间是理解操纵算法的中心环节。常平架速率的解可分解为

$$\dot{\Delta} = \dot{\Delta}_f + \dot{\Delta}_n \tag{7.2}$$

式中:$\dot{\Delta}_f$为A值域空间中的一列常平架速率,因此$\dot{h}=A\dot{\Delta}_f$。如果一个阵列拥有4个或更多个控制力矩陀螺,那么该阵列便可表现出零运动。该运动所包含的非零常平架速率组合既不会在航天器上产生扭矩,也不会(等效地)改变阵列的角动量。这些组合均符合$\dot{\Delta}=\dot{\Delta}_n$这一数量关系。$\dot{\Delta}_n$这一数量完全处于$A$的零空间中,因此,$A\dot{\Delta}_n=0$。

有了这个命名法,就可以为大多数有关强制运动和零运动的操纵算法声明3个目标:①给出指定扭矩;②通过添加扭矩误差τ_e实现奇异点脱离和(或)通过零运动$\dot{\Delta}_n$实现奇异点规避;③在实现①和(或)②的同时,遵循指定的常平架速率轨迹$\dot{\Delta}_d$。下面所列的是一个成本函数,用以评估操纵律能在多大程度上实现上述目标:

$$J = \frac{1}{2}\tau_e^T R \tau_e + \frac{1}{2}\dot{\Delta}_e^T Q \dot{\Delta}_e \quad (7.3)$$

式中:Q、R为正定对称矩阵。

$$\tau_e = \dot{h} - A\dot{\Delta} \quad (7.4)$$

$$\dot{\Delta}_e = \dot{\Delta}_d - \dot{\Delta} \quad (7.5)$$

学术论著中采用的大多数操纵算法都属于伪逆法。它们均是在采用式(7.3)一次变分的基础上演化而来的。设若该一次变分为零,那么此时常平架速率的解便是一个最小范数值列矩阵(如矩阵$R>0_{3\times 3}$和$Q \geq 0_{n \times n}$的情况)。大多数操纵算法都未考虑常平架速率和加速度方面的约束,这些约束通常会由内环控制器加以解决,但是此时约束边界输入功率和准确度可能会有一定的损耗。这些约束也可在轨迹规划阶段加以解决,而所采用的方法便是避免那些会导致动量装置达到这些限值的机动飞行操作。

7.2 伪逆法的起源

一般来说,伪逆法是各种解析解法的统称,而解析的对象则是能够产生指定扭矩的一系列常平架速率或加速度。它们均基于非方矩阵的伪逆矩阵,因此便得名伪逆法。

7.2.1 融合逆

取式(7.3)的一次变分并假设该一次变分为零,由此便可得出

$$\begin{aligned}\dot{\Delta} &= (Q+A^T R A)^{-1}(A^T R \dot{h} + Q\dot{\Delta}_d) \\ &= (Q+A^T R A)^{-1} A^T R \dot{h} + (Q+A^T R A)^{-1} Q\dot{\Delta}_d\end{aligned} \quad (7.6)$$

文献[1]将其命名为融合逆。式(7.6)这一操纵律可通过添加扭矩误差实现

奇异点脱离,或通过添加零运动并跟踪指定常平架速率来实现奇异点规避。这样确实可以使数学运算方便一些,但是由于扭矩误差和奇异点附近的不确定性,这种方法的实用价值并不大。不过,通常情况下 A 至多拥有满行秩。控制力矩陀螺控制三轴扭矩时,最常见的情况是矩阵列数为 $n(n \geq 3)$ 而且行数为 3。仅当控制力矩陀螺个数为 3 的情况下,求得的雅可比矩阵(一个 3×3 矩阵)才会同时拥有满行秩和满列秩。因此,针对式(7.6)右侧的两行表达式,可视情况分别优先选用 $Q \in \mathbf{R}^{3 \times 3}$(而不是 $Q \in \mathbf{R}^{n \times n}$)和 $R \in \mathbf{R}^{n \times n}$(而不是 $R \in \mathbf{R}^{3 \times 3}$)。因此,如果要使用最小范数解(即使用 $A^\mathrm{T} R^\mathrm{T} (Q + AR A^\mathrm{T})^{-1} \dot{h}$ 而不是 $(Q + A^\mathrm{T} R A)^{-1} A^\mathrm{T} R \dot{h}$),那么,式(7.6)右侧表达式第一项的倒置数量便总是 3×3。

7.2.2 摩尔-彭若斯伪逆

相关文献中最常采用也最简单的便是摩尔-彭若斯伪逆的伪逆矩阵。该矩阵是在式(7.6)一次变分的基础上,采用 $Q = \mathbf{0}_{3 \times 3}$,$R = I_{n \times n}$ 和 $\dot{\Delta}_\mathrm{d} = 0$ 等参数求得的:

$$\dot{\Delta} = A^\mathrm{T} (A A^\mathrm{T})^{-1} \dot{h} \tag{7.7}$$

从参数选取($Q = \mathbf{0}_{3 \times 3}$,$R = I_{n \times n}$ 和 $\dot{\Delta}_\mathrm{d} = 0$)中便可明显看出,式(7.7)摩尔-彭若斯伪逆只有一个目标,即遵循扭矩指令(有时也称为完美"扭矩跟踪")。如果有解,那么采用摩尔-彭若斯解法的另一个后果便是 $\dot{\Delta}$ 的范数会最小化。摩尔-彭若斯伪逆虽然简单,但却有一定的局限性,即它无法实现奇异点规避或脱离,无法根据常平架转角、速率或加速度等方面的约束进行调整。

7.3 奇异点脱离算法(扭矩误差算法)

奇异点脱离算法的目标是穿过奇异点并以指定扭矩的最小(但不一定是零)偏差恢复。添加标量或矩阵的唯一目的是维持矩阵求逆的数值状态。该方法也因此得名"脏逆",是从指定扭矩至常平架速率的不精确映射。通过这种方法维持数值状态有一定的"局限",并可能会导致奇异点附近的运算错误。

7.3.1 奇异鲁棒伪逆

奇异鲁棒(SR)伪逆法[2]是最早的奇异点脱离方法之一。该伪逆法是在替换式(7.6)参数($Q = \alpha I_{3 \times 3}$,$R = I_{n \times n}$ 和 $\dot{\Delta}_\mathrm{d} = 0$)的基础上求得的:

$$\dot{\Delta} = A^\mathrm{T} (A A^\mathrm{T} + \alpha I_{3 \times 3})^{-1} \dot{h} \tag{7.8}$$

式(7.8)中的奇异点参数可取为

$$\alpha = \alpha_0 e^{-\mu m} \tag{7.9}$$

式中：α_0、μ 均为正常数。在机器人领域，$m = \sqrt{\det(\boldsymbol{A}\boldsymbol{A}^\mathrm{T})}$ 被称为是奇异点度量或可操纵性[3]。该奇异点度量是雅可比矩阵奇异值的乘积。因此，利用该度量便可得到 CMG 列与奇异点之间的距离。

奇异鲁棒伪逆法可以有效地脱离大多数的奇异点，而且，通过选用调整参数 α_0 和 μ，还可以在脱离时间和扭矩误差之间进行权衡。具体来说，一个系统若可以接受高扭矩误差，便能够更快地脱离奇异点。脱离时间并非一成不变，但是必须在蒙特卡罗分析的边界内。航天器体系结构可能不会接受这种不确定性，因为，按照指定轨迹飞行时，如果发生延误可能会对数据收集造成不利影响。

添加奇异点参数的目的便是调整奇异点处矩阵 $\boldsymbol{A}\boldsymbol{A}^\mathrm{T}$ 的奇异值，以使即将求逆的矩阵能够保持正定，而不是失秩。当然，如果 $\alpha \neq 0$，那么所得的解便不是精确值。当阵列接近奇异时，它便会得出一个偏离指令的扭矩。实际上，从式(7.8)奇异值分解可以清晰地看到，奇异值参数 α 会在所有方向上增加扭矩误差：

$$\dot{\boldsymbol{\Delta}} = \boldsymbol{A}^\mathrm{T}(\boldsymbol{A}\boldsymbol{A}^\mathrm{T}+\alpha \boldsymbol{I}_{3\times 3})^{-1}\dot{\boldsymbol{h}} = \boldsymbol{V}\begin{bmatrix} \dfrac{\sigma_1}{\sigma_1^2+\alpha} & 0 & 0 \\ 0 & \dfrac{\sigma_2}{\sigma_2^2+\alpha} & 0 \\ 0 & 0 & \dfrac{\sigma_3}{\sigma_3^2+\alpha} \\ 0 & 0 & 0 \end{bmatrix} \quad (7.10)$$

在很多伪逆法中，因奇异点脱离而产生的扭矩误差 $\boldsymbol{\tau}_e = \dot{\boldsymbol{h}} - \boldsymbol{A}\dot{\boldsymbol{\Delta}}$。根据奇异鲁棒伪逆法，该误差可表示为

$$\boldsymbol{\tau}_e = \dot{\boldsymbol{h}} - \boldsymbol{A}\dot{\boldsymbol{\Delta}} = \dot{\boldsymbol{h}} - \boldsymbol{A}\boldsymbol{A}^\mathrm{T}(\boldsymbol{A}\boldsymbol{A}^\mathrm{T}+\alpha \boldsymbol{I}_{3\times 3})^{-1}\dot{\boldsymbol{h}} = \boldsymbol{U}\begin{bmatrix} \dfrac{\sigma_1}{\sigma_1^2+\alpha} & 0 & 0 \\ 0 & \dfrac{\sigma_2}{\sigma_2^2+\alpha} & 0 \\ 0 & 0 & \dfrac{\sigma_3}{\sigma_3^2+\alpha} \\ 0 & 0 & 0 \end{bmatrix}\boldsymbol{U}^\mathrm{T}\dot{\boldsymbol{h}} = \varepsilon \dot{\boldsymbol{h}}$$

(7.11)

式中：ε 为一个扭矩误差放大参数。当奇异点参数 α 趋近于零时，该误差放大参数也趋近于零。

式(7.11)清楚表明，扭矩误差的大小不仅取决于奇异点参数的大小，还取决于扭矩指令的大小。因此，姿态控制子系统便不能假设每个奇异点的扭矩误差均为固定值。

7.3.2 奇异方向规避伪逆

为了降低因奇异点脱离而导致的扭矩误差,该奇异方向规避(SDA)伪逆法仅会在奇异方向上将扭矩误差局部化[21],而且仅会通过调整最小奇异值来实现这一点。选用($Q=X, R=I_{n\times n}$和$\dot{\Delta}_d=0$)等参数并以式(7.6)为基础,便可推导出如下表达式:

$$\dot{\Delta} = A^T(AA^T+X)^{-1}\dot{h} \tag{7.12}$$

式中:$X = U\text{diag}(0,0,\alpha)U^T$,而$\alpha$与式(7.9)中的奇异点参数相同。

将X代入式(7.12)并对奇异值进行分解和排序,得

$$\dot{\Delta} = A^T(AA^T+X)^{-1}\dot{h} = V\begin{bmatrix} \dfrac{1}{\sigma_1} & 0 & 0 \\ 0 & \dfrac{1}{\sigma_2} & 0 \\ 0 & 0 & \dfrac{\sigma_3}{\sigma_3^2+\alpha} \\ 0 & 0 & 0 \end{bmatrix} U^T \dot{h} = A^{\text{SDA}}\dot{h} \tag{7.13}$$

扭矩误差为

$$\tau_e = U\begin{bmatrix} 0 & 0 & 0 \\ 0 & 0 & 0 \\ 0 & 0 & \dfrac{\alpha}{\sigma_3^2+\alpha} \\ 0 & 0 & 0 \end{bmatrix} U^T \dot{h} = \varepsilon \dot{h} \tag{7.14}$$

比较式(7.11),式(7.14)明显从总体上降低了扭矩误差。目前已经有了数值稳定且计算效率高的方法,并可用于奇异值分解计算。因此,针对确定性飞行编码实时应用奇异方向规避伪逆法是可行的。此外,奇异值分解还有一个好处便是无需求取AA^T的逆矩阵:按式(7.13),进行奇异值分解后便可基于酉矩阵(U和V)以及奇异值的乘积来重建逆矩阵。

同摩尔-彭若斯伪逆法以及奇异鲁棒伪逆法一样,奇异方向规避伪逆法也会受到常平架锁定的影响(参见第5章)。当利用奇异值分解求取摩尔-彭若斯伪逆、奇异鲁棒伪逆和奇异方向规避伪逆时,这一缺点会变得更加明显。在奇异点处,这些常平架速率的伪逆解均可表示为

$$\dot{\Delta} = V\begin{bmatrix} \bullet & 0 & 0 \\ 0 & \bullet & 0 \\ 0 & 0 & 0 \\ 0 & 0 & 0 \end{bmatrix} U^T \dot{h} \tag{7.15}$$

式中：·代指非零数。现假设该阵列为奇异阵列,则 $\dot{\boldsymbol{h}} \parallel \boldsymbol{u} = \boldsymbol{u}_3$ (秩2奇异点酉矩阵 $\boldsymbol{U}$ 的第3列)。在奇异点处,若采用摩尔-彭若斯伪逆法、奇异鲁棒伪逆法和奇异方向规避伪逆法,那么即便是 $\dot{\boldsymbol{h}} \neq 0$,式(7.15)也的结果也为零(参见第5章)。如第6章所述,若采用并联式(屋顶状)排列,那么,当存在一个奇异方向平面且 $\boldsymbol{u}$ 位于该平面内时,便可能出现秩1奇异点。

7.3.3 广义奇异鲁棒伪逆

提出广义奇异鲁棒伪逆法的目的是降低基于伪逆的操纵算法出现常平架锁定的风险[4]。将参数($\boldsymbol{Q}=\boldsymbol{E},\boldsymbol{R}=\boldsymbol{I}_{n\times n}$ 和 $\dot{\boldsymbol{\Delta}}_d=0$)代入式(7.6)便可得到能够定义广义奇异鲁棒伪逆的方程：

$$\dot{\boldsymbol{\Delta}} = \boldsymbol{A}^{\mathrm{T}}(\boldsymbol{A}\boldsymbol{A}^{\mathrm{T}}+\alpha\boldsymbol{E})^{-1}\dot{\boldsymbol{h}} = \boldsymbol{A}^{\mathrm{GSR}}\dot{\boldsymbol{h}} \tag{7.16}$$

式中：α 的取值范围与式(7.9)中 α 的取值范围相同。

$$\boldsymbol{E} = \begin{bmatrix} 1 & \varepsilon_0\sin(\omega_3 t+\phi_3) & \varepsilon_0\sin(\omega_2 t+\phi_2) \\ \varepsilon_0\sin(\omega_3 t+\phi_3) & 1 & \varepsilon_0\sin(\omega_1 t+\phi_1) \\ \varepsilon_0\sin(\omega_2 t+\phi_2) & \varepsilon_0\sin(\omega_1 t+\phi_1) & 1 \end{bmatrix} > 0 \tag{7.17}$$

式中：ε_0 为一个正幅值；ω_i、ϕ_i 分别为抖动器的频率和相移(抖动器可以轻推或摆动阵列,使其脱离常平架锁定的局部极小值)。由于该伪逆是一个时间显函数,因此,抖动也许能够成功地在常平架锁定的情况下使阵列脱离奇异点。但是,脱离时间的上界并不确定。由于无法避免常平架转角量测噪声、延迟和(或)量化,雅可比矩阵会出现误差,进而对脱离时间产生影响。此外,因逃脱常平架锁定而产生的影响会以非线性的方式嵌入伪逆。因此,虽然通过对回转进行统计建模可以评估该方法而且在大多数案例中这种方法似乎也都有效,但是如果跟踪具体扭矩轨迹的准确性至关重要,那么利用广义奇异鲁棒或其他任何扭矩误差/奇异点脱离方法来进行控制力矩陀螺阵列操纵可能就变得不切实际。

如果容许产生一定的扭矩误差,那么,沿正交于奇异方向的方向扰动指定扭矩更能确保脱离常平架锁定。对矩阵 $\boldsymbol{A}$ 进行奇异值分解可求得酉矩阵 $\boldsymbol{U}$。将指定扭矩视作酉矩阵 $\boldsymbol{U}$ 所构建的基底上的一个投影,可求得如下方程：

$$\dot{\boldsymbol{h}} = \beta_1\boldsymbol{u}_1 + \beta_2\boldsymbol{u}_2 + \beta_1\boldsymbol{u}_3 \tag{7.18}$$

式中

$$\beta_i = \dot{\boldsymbol{h}}^{\mathrm{T}}\boldsymbol{u}_i \tag{7.19}$$

设若某常平架锁定奇异点符合 $\dot{\boldsymbol{h}} = \boldsymbol{u}_3$,那么,大多数的伪逆解均会出现式(7.15)所示的不当结果。因此,这种方法对式(7.18)中指定扭矩的扰动便可以用如下方程表示：

$$\dot{h} = \beta_1^* u_1 + \beta_2^* u_2 + \beta_1 u_3 \quad (7.20)$$

式中：β_1^*、β_2^* 为远离奇异点的非零矢量。

从分析的角度来看，适当选取这些参数可确保避免常平架锁定，这是因为在奇异点处指定扭矩总会有某些分量正交于奇异方向[5,6]。式(7.20)中的奇异点参数远离奇异点并接近它们的真值 β_1 和 β_2。但是，式(7.20)这种方法从性质上来说依然是扭矩误差法，而且在接近奇异点处无法准确跟踪指定扭矩轨迹。

7.4 奇异点规避算法

像非退化双曲奇异点这类奇异点，无需使用扭矩误差便可规避（参见第 5 章）。这类方法可视作伪逆解法，其中添加的零运动仅用于奇异点规避。这些解法可视作精确解法，所得结果也很精确，除非是在饱和奇异点处，否则不会出现扭矩误差。开发该操纵律软件的同时须定义阵列体系结构，以确保所遇奇异点均为双曲奇异点。相关文献中最为常用的一类奇异点规避方法便是本节所述的局部梯度法。

7.4.1 广义逆操纵律

将参数（$Q = B^T A$，$R = I_{3\times 3}$ 和 $\dot{\Delta}_d = Q^{-1} B^T \dot{h}$）代入式(7.6)即可求得广义逆操纵律（GISL），进而得出最小范数解：

$$\dot{\Delta} = [(A+B)^T A]^{-1} (A+B)^T \dot{h} \Rightarrow (A+B)^T [A(A+B)^T]^{-1} \dot{h} = A^{GISL} \dot{h} \quad (7.21)$$

式中：B 为扭矩方向（常平架转角的正弦和余弦函数）的一个 $3\times n$ 矩阵，矩阵第 i 列正交于 A 的相应列，即 $B_i^T A_i = 0$（$\forall i = 1, \cdots, n$），且非 $B_i^T A_j = 0$（$j \neq i$ 和 $\forall i, j = 1, \cdots, n$）。

式(7.21)两侧前乘 A，得

$$A\dot{\Delta} = \dot{h} \quad (7.22)$$

因此便可利用广义逆操纵律这一精确解法求得所需的常平架速率，进而输出指定扭矩。矩阵 B 决定了上述解法的精确性，因为它在伪逆中添加了零运动。但是，即便采用广义逆操纵律也无法脱离椭圆奇异点，因为这类示例中不存在零运动。因此，广义逆操纵律便被归类为奇异点规避算法（参见图 7.1）。

7.4.2 局部梯度法

式(7.6)是伪逆操纵算法的一般形式。利用矩阵求逆引理（参见文献[7]）对其进行分解，可从零空间项中分离出值域空间：

$$\dot{\Delta} = (Q + A^T R A)^{-1} A^T R \dot{h} + (Q + A^T R A)^{-1} Q \dot{\Delta}_d \quad (7.23)$$

应用矩阵求逆引理，得

$$(Q + A^T R A)^{-1} = [Q^{-1} - Q^{-1} A^T (R^{-1} + A Q^{-1} A^T)^{-1} A Q^{-1}]$$

现假设指令规定的常平架速率$\dot{\boldsymbol{\Delta}}_d$位于零空间内以实现奇异点规避,则常平架速率便可表示为$\dot{\boldsymbol{\Delta}}_d=\boldsymbol{\beta}[\boldsymbol{I}_{n\times n}-\boldsymbol{A}^+\boldsymbol{A}]\boldsymbol{d}$。在该方程中,$\boldsymbol{\beta}$这一奇异点参数与式(7.8)中的奇异点参数相同;$[\boldsymbol{I}_{n\times n}-\boldsymbol{A}^+\boldsymbol{A}]$这一矩阵则可将任意矢量$\boldsymbol{d}$投影到$\boldsymbol{A}$的零空间。将$\dot{\boldsymbol{\Delta}}_d=\boldsymbol{\beta}[\boldsymbol{I}_{n\times n}-\boldsymbol{A}^+\boldsymbol{A}]\boldsymbol{d}$这个量代入式(7.23),由式(7.23)的第二部分,得

$$\dot{\boldsymbol{\Delta}}=(\boldsymbol{Q}+\boldsymbol{A}^{\mathrm{T}}\boldsymbol{R}\boldsymbol{A})^{-1}\boldsymbol{A}^{\mathrm{T}}\boldsymbol{R}\dot{\boldsymbol{h}}+\boldsymbol{\beta}[\boldsymbol{I}_{3\times 3}-\boldsymbol{A}^+\boldsymbol{A}]\boldsymbol{d} \tag{7.24}$$

注意:式(7.24)右侧表达式的第二项不会因为$\boldsymbol{Q}$和$\boldsymbol{R}$的取值而发生变化,且符合"$\dot{\boldsymbol{\Delta}}_d$位于$\boldsymbol{A}$的零空间"这一约束条件。将参数($\boldsymbol{Q}=\boldsymbol{O}_{3\times 3}$,$\boldsymbol{R}=\boldsymbol{I}_{n\times n}$和$\dot{\boldsymbol{\Delta}}_d=\boldsymbol{\beta}[\boldsymbol{I}_{n\times n}-\boldsymbol{A}^+\boldsymbol{A}]\boldsymbol{d}$)代入式(7.23)便可推导出局部梯度:

$$\dot{\boldsymbol{\Delta}}=\boldsymbol{A}^{\mathrm{T}}(\boldsymbol{A}\boldsymbol{A}^{\mathrm{T}})^{-1}\dot{\boldsymbol{h}}+\boldsymbol{\beta}[\boldsymbol{I}_{3\times 3}-\boldsymbol{A}^+]\boldsymbol{d} \tag{7.25}$$

式(7.26)所示的梯度搜索方向$\boldsymbol{d}$可将原来最大化阵列与奇异点距离的函数最小化。此次优化中用到了$f=-m^2$这一便捷函数。$\boldsymbol{d}$的表达式为

$$\boldsymbol{d}=\frac{\partial f}{\partial \boldsymbol{\Delta}} \tag{7.26}$$

文献[8]证明,式(7.25)所示的梯度搜索方向可有效地规避单框架控制力矩陀螺非退化双曲奇异点以及双框架控制力矩陀螺奇异点。式(7.25)所示的局部梯度法是一种精确解法,可规避非退化双曲奇异点,但是无法规避椭圆奇异点。

7.4.3 约束常平架转角或角动量法

某一特定类别的单框架控制力矩陀螺操纵律会利用线性约束(在硬件或软件中)来规避奇异点,与此同时,它还能在既不需进一步已知条件又不有意诱发扭矩误差的情况下快速求得所需的常平架速率,文献[8,9]列出了该操纵律的几种变式。下面介绍一种可使算法开发不依赖特定阵列几何学的操纵律,并给出该操纵律的一般式。在对具有线性约束的操纵律进行广义数学描述时,使用了两个例子来解释相关公式:一个例子采用了熟悉的体系结构——3对剪式控制力矩陀螺;另一个例子则利用2个"三联体"结构来布置6个控制力矩陀螺。

文献[8]在其操纵律调查报告中解释了采用这种方法的理由。他和其他人就理想操纵律应具备的能力达成了下列共识:

(1)能够处理奇异点;

(2)精确(无差错);

(3)即时(无需进一步已知条件);

(4)在计算能力和硬件实现方面具备技术可行性;

(5)在机动和控制力矩陀螺阵列方面具备一般性。

明确符合上述标准前三项的一类方法是零运动和基于约束的方法。式(7.1)是下面这一阵列扭矩方程的一般式;该阵列的常平架速率为$\dot{\boldsymbol{\Delta}}$且其雅可比矩阵

为 A。

控制力矩陀螺操纵律通常能够利用一种摩尔-彭若斯伪逆解法来解式(7.1)，具体方程如下：

$$\dot{\Delta} = A^{\mathrm{T}} (AA^{\mathrm{T}})^{-1} \dot{h} \tag{7.27}$$

具有线性约束的操纵律也不例外。但是，除了利用雅可比矩阵来描述问题的动力学特征，这些操纵律还包括线性约束方程，即

$$D = C\dot{\Delta} \tag{7.28}$$

式(7.27)可利用式(7.28)进行扩展，以包括这些约束：

$$\begin{bmatrix} \dot{h} \\ D \end{bmatrix} = \begin{bmatrix} A \\ C \end{bmatrix} \dot{\Delta} = \overline{A}\dot{\Delta} \tag{7.29}$$

矩阵 $\overline{A}$ 将这两个矩阵分块结合在一起，其伪逆解为

$$\dot{\Delta} = (\overline{A}\,\overline{A}^{\mathrm{T}})^{-1} \overline{A}^{\mathrm{T}} \begin{bmatrix} \dot{h} \\ 0 \end{bmatrix} \tag{7.30}$$

这一描述概括了此类操纵律的所有变量，其中 A 不一定是方阵。但如果 A 是方阵，那么相关的解便可进一步简化为

$$\dot{\Delta} = \overline{A}^{-1} \begin{bmatrix} \dot{h} \\ 0 \end{bmatrix} \tag{7.31}$$

欲使矩阵 $\overline{A}$ 可逆，则约束矩阵 C 必须包含线性独立于 A 值域空间的矩阵行。当满足这些约束以使"可能运动"的值域保持线性独立时，该阵列便不会出现奇异点。要实现这一目标，C 必须包含约束方程，而且方程的一些分量还必须正交于雅可比矩阵行所描述的方向。

这些附加方程是相关操纵律具备奇异点规避性的基础。完整约束会对常平架转角进行直接限定。它们可以通过以下简单的方式融入公式中：取相关约束的导数，并限定一个精心挑选、非奇异的常平架转角初始条件。下面就剪式阵列约束这个例子进行概述。非完整约束在不限定转角本身的情况下便可限定常平架速率的路径或某些函数。若进行更深入的研究可能会发现相关的非完整约束，但是到目前为止，仅发现了完整约束。

简便起见，此处所列举的例子仅考虑了精确约束系统，其中的约束个数 m 与 CMG 的个数相当(个数大于 3)。如果正好使用 3 个控制力矩陀螺，那么便不会有用以添加约束的零空间。例如，利用 3 个单常平框架控制力矩陀螺控制二维动量空间便可使用一个约束方程来完成。下面这种情况可能更加有利：数值鲁棒的伪逆法需要进行繁琐的计算，与之相对，对目前为方阵 A 进行求逆可以大大减小计算负担。

我们需要重视这样一个实际考虑因素:约束条件必须精确实施才能确保基于约束的操纵律正常发挥作用。典型软件环境的精度有限,因此,也就需要一些低带宽反馈来避免数值误差的累积,进而避免控制力矩陀螺偏离与初始条件和约束条件一致的路径。

7.4.3.1 线性约束法

在剪式构造中,两个单常平架控制力矩陀螺会受到约束,以使其常平架位移大小相等方向相反[11]。这两个动量矢量的运动方式与剪刀类似,并因此而得名。根据相关约束条件,图 7.2 所示的角度相同($\delta_1 = \delta_2$)。因该约束条件所导致的剪式运动会产生如图 7.2 所示的输出扭矩,而此扭矩的方向则会沿着两个控制力矩陀螺之间的反射线的方向固定不变。这样一来,要完整地实现航天器的六自由度控制就需要 3 对剪式单常平架控制力矩陀螺,图 7.3 所示的便是一种可能采用的布置方式。

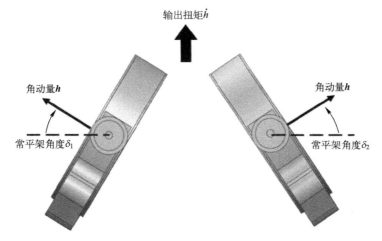

图 7.2 剪式约束(剪式控制力矩陀螺会受到约束,以使常平架转角大小相等方向相反,进而沿单轴输出净扭矩)

采用剪式布置的 SGCMG 若非是在饱和奇异点处,便不会遇到奇异点,该剪式结构可沿那个方向产生其能力范围内的最大动量。虽然这种 CMG 体系结构具备奇异点规避特性且相对简单,但是一般情况下人们不并认为它具有质量效率。原因在于,它的角动量包络远小于其他同等质量的 6 个控制力矩陀螺阵列。尽管如此,从该类体系结构的模块化以及形成剪式部件商用现货的市场前景来看,它在系统层面上还是有一些价值的。

下面是 3 对剪式结构所构成的阵列的雅可比矩阵:

$$A = \begin{bmatrix} -c\delta_1 & -c\delta_2 & 0 & 0 & -s\delta_5 & s\delta_6 \\ -s\delta_1 & s\delta_2 & -c\delta_3 & -c\delta_4 & 0 & 0 \\ 0 & 0 & -s\delta_3 & s\delta_4 & -c\delta_5 & -c\delta_6 \end{bmatrix} \quad (7.32)$$

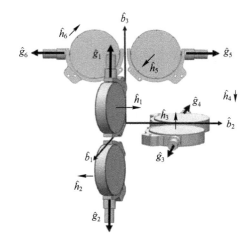

图 7.3 3 对剪式结构的布置(该图展示了 3 对剪式控制力矩陀螺为实现航天器的六自由度控制可能会采用的一种布置方式)

每对控制力矩陀螺均受下列条件约束:$\delta_1-\delta_2=0$;$\delta_3-\delta_4=0$;$\delta_5-\delta_6=0$。通过这些完整约束的导数还可求得一个类似的常平架速率约束:

$$\begin{bmatrix}0\\0\\0\end{bmatrix}=\begin{bmatrix}1 & -1 & 0 & 0 & 0 & 0\\0 & 0 & 1 & -1 & 0 & 0\\0 & 0 & 0 & 0 & 1 & -1\end{bmatrix}\dot{\boldsymbol{\Delta}} \qquad (7.33)$$

通过该约束方程可求得矩阵 $\boldsymbol{C}$ 和 $\boldsymbol{D}$。利用约束矩阵来增强雅可比矩阵可求得 $\overline{\boldsymbol{A}}$:

$$\begin{bmatrix}\dot{\boldsymbol{h}}\\\boldsymbol{D}\end{bmatrix}=\begin{bmatrix}-c\delta_1 & -c\delta_2 & 0 & 0 & -s\delta_5 & s\delta_6\\-s\delta_1 & s\delta_2 & -c\delta_3 & -c\delta_4 & 0 & 0\\0 & 0 & -s\delta_3 & s\delta_4 & -c\delta_5 & -c\delta_6\\1 & -1 & 0 & 0 & 0 & 0\\0 & 0 & 1 & -1 & 0 & 0\\0 & 0 & 0 & 0 & 1 & -1\end{bmatrix}\dot{\boldsymbol{\Delta}} \qquad (7.34)$$

这个基于约束的操纵律具备非常不俗的奇异点规避特性,这一点通过展示式(7.33)所示的约束矩阵的矩阵行线性独立于 $\boldsymbol{A}$ 便可得到证明。利用列秩等于行秩这一现实条件可求得

$$\begin{bmatrix}\dot{\boldsymbol{h}}\\\boldsymbol{D}\end{bmatrix}=\begin{bmatrix}\lambda_1\\\lambda_2\\\lambda_3\\\lambda_4\\\lambda_5\\\lambda_6\end{bmatrix}=\boldsymbol{0}_{6\times 1} \qquad (7.35)$$

$$\begin{cases} -c\delta_1\lambda_1 - c\delta_2\lambda_2 - s\delta_5\lambda_5 - s\delta_6\lambda_6 = 0 \\ -s\delta_1\lambda_1 + s\delta_2\lambda_2 - c\delta_3\lambda_3 - c\delta_4\lambda_4 = 0 \\ -s\delta_3\lambda_3 + s\delta_4\lambda_4 - c\delta_5\lambda_5 - c\delta_6\lambda_6 = 0 \\ \lambda_1 = \lambda_2, \lambda_3 = \lambda_4, \lambda_5 = \lambda_6 \end{cases} \quad (7.36)$$

角度低于 π/2 时所得的解便是平凡解,即在常平架转角不饱和的情况下,该系统就会拥有满秩矩阵(参见式(7.37))。

$$\begin{cases} -c\delta_1\lambda_1 - c\delta_1\lambda_1 - s\delta_5\lambda_5 + s\delta_5\lambda_5 = -2c\delta_1\lambda_1 = 0 \\ -s\delta_1\lambda_1 + s\delta_1\lambda_1 - c\delta_3\lambda_3 - c\delta_3\lambda_3 = -2c\delta_3\lambda_3 = 0 \\ -s\delta_3\lambda_3 + s\delta_3\lambda_3 - c\delta_5\lambda_5 - c\delta_5\lambda_5 = -2c\delta_5\lambda_5 = 0 \\ \lambda_1 = \lambda_2, \lambda_3 = \lambda_4, \lambda_5 = \lambda_6 \end{cases} \quad (7.37)$$

7.4.3.2 三联体操纵律

如果将 3 个 CMG 放置于一个平面内(三联体),那么额外的控制力矩陀螺会增加一个自由度,从而创造了零空间(举例来说,有无限的常平架转角可以对应于零动量状态,如图 7.4 所示)。

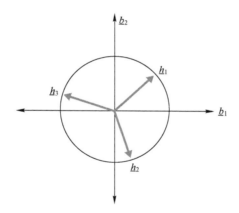

图 7.4 控制力矩陀螺动量的二维表示法(三平面控制力矩陀螺的角动量矢量以一种非确定性的方式跨越二维动量流形,这种构型显示的是该阵列众多零动量构型之一)

对于使用 3 个 CMG 的情况来说,一个约束方程足以在二维工作空间中完全约束这个系统。按照设计,这种约束方程可以在成功避免产生内部奇异点的同时,还可以通过利用雅可比矩阵的零空间来提供所需的扭矩。此外,满足这种需要的约束方程必须实现 3 个目标:①避免奇异构型;②获得动量值的最大可能值域;③不会产生不必要的扭矩(参见图 7.5)。

如式(7.38)所示,这种三联体构型含有一个 2×3 的雅可比矩阵,其中 A_1 和 A_2 分别位于这个平面矩阵的顶端行和底端行。

$$A_{\text{Planar}} = \begin{bmatrix} -s\delta_1 & -s\delta_2 & -s\delta_3 \\ c\delta_1 & c\delta_2 & c\delta_3 \end{bmatrix} = \begin{bmatrix} A_1 \\ A_2 \end{bmatrix} \quad (7.38)$$

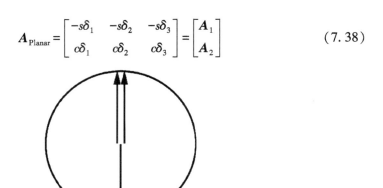

图 7.5 三联体构型的内部奇异点(其中一个控制力矩陀螺的角动量矢量抵消了另一个控制力矩陀螺的角动量矢量,第三个控制力矩陀螺的动量也与这两个陀螺中的一个保持平行,从而形成了无法在平行于该陀螺方向上施加扭矩的情况)

当该矩阵按照摩尔-彭若斯伪逆(式(7.30))求逆时,会产生奇异点。在这种情况下,增广矩阵$\bar{A}$并不是一个满秩矩阵。编写一个始终线性独立于这个雅可比矩阵中现有两行的约束方程即可确保它不会产生更多的奇异点(如两个线性独立矢量的交叉乘积)。因此,无奇异点约束方程必须包括一个在雅可比矩阵的两行交叉乘积方向上的缩放分量:

$$D = d = [\beta_1 A_1 + \beta_2 A_2 + \beta_c (A_1 \times A_2)]\dot{\Delta} = C\dot{\Delta} \quad (7.39)$$

式中:d 为这个约束方程的标量解;β_1、β_2 为矢量的分量在雅可比矩阵行方向上的缩放值;β_c 为这个方程的一个非零缩放值。当这个示例中 β_1 和 β_2 的值为 0,β_c 的值为 1 时,所得约束方程为

$$D = [A_1 \times A_2]\dot{\Delta} = [s(\delta_3-\delta_2)\ s(\delta_1-\delta_3)\ s(\delta_2-\delta_1)]\dot{\Delta} = C\dot{\Delta} \quad (7.40)$$

D 确定了调节这个阵列所需的零运动,并使其在 $1h$ 处远离内部奇异点。由于 C 与 A 的两行正交,因此增广矩阵$\bar{A}$(参见式(7.29))的奇异点就是 A 的奇异点。在这个示例中,零空间指令可以使控制力矩陀螺的动量矢量保持梯形构型。正如图 7.6 所示的那样,对于头尾相接的动量矢量来说,梯形构型是一种可以使其中一个控制力矩陀螺的动量矢量与总动量矢量(3 个控制力矩陀螺的矢量和,图中粗线)保持平行的构型,而其他两个动量矢量则构成了这个梯形的两边。所有 3 个矢量只有在动量包络的边缘是相互平行的。当内部奇异点位于 $1h$ 时,构成梯形两边的两个矢量与平行于总动量矢量的那个矢量正交,这是适用于穿过该奇异点的理想构型。

在给定该阵列包络中任一总动量矢量的情况下,可以采用 6 种方式将 CMG 布置为梯形构型,并使它们的动量矢量和与总动量矢量相等;第一步,首先要确定哪

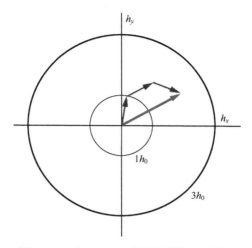

图 7.6 3 个 CMG 的动量可看作一个梯形

一种梯形构型最接近于当前的(非梯形)构型。也就是说,要确定从当前构型转变为哪一种梯形构型时所需的常平架运动最少。下一步是获取式(7.41)中矩阵的值。

$$D = [A_1 \times A_2] \dot{\Delta} = [s(\delta_3-\delta_2)\ s(\delta_1-\delta_3)\ s(\delta_2-\delta_1)] K \begin{bmatrix} \delta_{1t}-\delta_1 \\ \delta_{2t}-\delta_2 \\ \delta_{3t}-\delta_3 \end{bmatrix} \quad (7.41)$$

式中:δ_{nt} 为该阵列处于最接近当前构型的梯形构型状态时第 n 个控制力矩陀螺将具有的常平架转角;K 为一个 3×3 的对角增益矩阵,K 的输入值确定了驱动控制力矩陀螺使其排列成最接近的梯形构型时所用的作用力,并选择这些值以便将尽可能多的零空间作用力用于使该阵列接近于梯形但又不会超出控制力矩陀螺常平架限制范围。K 输入值的选择可以通过确定数值迭代的次数或通过成本函数进行优化来完成。在不超过限制范围的情况下,可以产生最高常平架速率的数值能够在最短时间内完成调节。接着,这些数值可用于计算式(7.41)中 D 值。求得 D 项后,就可以通过对式(7.31)的 A 直接求逆来求得所需的常平架速率。

在实施过程中,由于保持一个控制力矩陀螺力矩矢量平行于零矢量的模糊性会导致产生较大的常平架速率,因此在接近于零动量状态时便不会使用这个操纵率。有鉴于此,相关学者便对该约束方程进行了修改,以便在零动量状态的小半径范围内替代使用摩尔-彭若斯伪逆规则。因为这个伪逆规则所适用的半径远小于 $1h$,所以在使用这个规则时不会遇到奇异点问题,并且也避免了在接近零动量时出现非常大的常平架速率的问题。举例来说,这个伪逆规则只能在 $0.1h$ 内使用,这就允许在 $0.1h$ 和 $1h$ 之间进行足够的零运动,以便适当调节该阵列。通常情况下,选择半径时应尽可能地小,但仍要保持足够大,以便能在不超出常平架速率限制范围的情况下穿过零动量状态,这个半径的选择取决于对同时可用的扭矩和动量的特定应用要求。

7.4.3.3 扩大至 6 个控制力矩陀螺的屋顶状阵列

布置在使常平架轴彼此偏移的位置上的两组三联体控制力矩陀螺可以一起使用,以便在 3 个方向上施加扭矩。认识到这一点,则可将这个三联体控制力矩陀螺分析扩大为 6 个 SGCMG。这种构型会导致两个平面成一定角度的无奇异点控制,并因此而跨越 $\mathbf{R}^3$。在此处所考虑的示例中,常平架轴彼此正交,如图 7.7 所示。一个两组控制力矩陀螺三联体操纵律需要两个约束方程:

$$\begin{bmatrix} \dot{h}_x \\ \dot{h}_y \\ \dot{h}_z \\ D_1 \\ D_2 \end{bmatrix} = \begin{bmatrix} 1 & 0 & 0 & 1 & 0 & 0 \\ 0 & 1 & 0 & 0 & 0 & 0 \\ 0 & 0 & 0 & 0 & 1 & 0 \\ 0 & 0 & 1 & 0 & 0 & 0 \\ 0 & 0 & 0 & 0 & 1 & 0 \end{bmatrix} \begin{bmatrix} A_1 & 0 \\ C_1 & 0 \\ 0 & A_2 \\ 0 & C_2 \end{bmatrix} \begin{bmatrix} \dot{\delta}_1 \\ \dot{\delta}_2 \\ \dot{\delta}_3 \\ \dot{\delta}_4 \\ \dot{\delta}_5 \\ \dot{\delta}_6 \end{bmatrix} \quad (7.42)$$

式中:A_1 为第一个控制力矩陀螺三联体的雅可比矩阵;A_2 为第二个控制力矩陀螺三联体的雅可比矩阵;C_1、C_2 为式(7.40)中所述的约束方程;D_1、D_2 可通过式(7.41)求出。式(7.37)中的变换矩阵将由两个三联体控制力矩陀螺的方向来决定。在这种情况下,常平架轴将与 y 和 z 的方向保持一致,因此 x 方向上的动量包络更大。

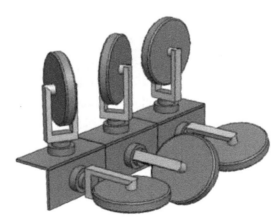

图 7.7 成直角布置的两组控制力矩陀螺三联体

7.4.3.4 常平架转角的约束方法(共线操纵)

当其几何结构中包括若干组常平架轴相互平行的控制力矩陀螺时,这个控制力矩陀螺阵列就称为"共线"。在上一节中使用共线阵列作为线性约束的示例。本节将对一般的共线阵列进行讨论。通常情况下,含有两组这样的控制力矩陀螺的阵列称为"屋顶状"阵列(参见第 6 章),例如:由 4 个控制力矩陀螺构成的屋顶状阵列。这种阵列的每一个"平面"都含有两个共线控制力矩陀螺,它们的常平架轴均垂直于这个平面。每一个控制力矩陀螺都会因快速移动而在这个平面上产生一个环形动量。增加两个与这两个控制力矩陀螺相关联的环形动量就会在半径为 $2h$ 的圆平面上产生一种动量状态。为了产生一个净零动量(这个圆平面的"原点"),这些控制力矩陀螺必须是方向相反的。当这些陀螺的常平架处于该方向时,这两个陀螺都会围绕同一轴线产生扭矩。因此,这个平面是一个奇异平面。当然,如果两个圆平面都存在于这个构型中,那么该阵列就是一个奇异阵列。

解决这个难题的方法是,必须认识到该阵列中有 4 个控制力矩陀螺,因此它具有零空间的一个自由度。所以,常平架转角的很多不同组合都能产生相同的净动量矢量。操纵律的设计者可以自由选择使用哪组常平架转角,或说是施加哪种常平架转角约束。对像这样的零空间自由度施加约束被称为"固定映射"操纵。由于存在这样的约束,因此每一个动量状态都可以映射到唯一的一组常平架转角。

将这种方法应用于 4 个控制力矩陀螺屋顶状阵列时,我们将该阵列两个平面相交处的轴称为"共用"轴。两个平面均可在这个方向上产生动量。因此,沿共用轴使两个圆平面彼此"偏离"便可对其施加约束,如图 7.8 所示。当这个屋顶状阵列产生零净动量时,两个圆平面沿共用轴有相等且方向相反的非零动量。因此,它们都能在圆平面的原点处与奇异点完全分隔开,从而使系统得到良好的调节。

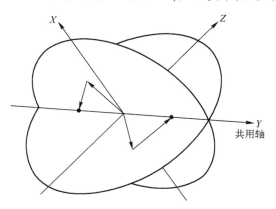

图 7.8 沿共用轴方向偏离

7.4.4 角动量限定方法

在很多情况下(包括上一节所述的 4 个控制力矩陀螺屋顶状阵列),施加常平架转角约束并不能消除奇异点,它仅仅是改变了在动量空间中所遇到的奇异点的位置。这种约束对于4个控制力矩陀螺屋顶状阵列来说特别有用,因为此时奇异点正好位于圆平面的原点。但是,如果从偏离的净零动量状态(参见图7.8)开始,并继续绕共用轴施加扭矩,那么其中一个圆平面必将会遇到它的原点奇异点。

处理这种相遇的方法将在本章其他部分进行论述。但是,根据具体应用的要求,在达到此点之前,简单地对净阵列动量施加限制是可以接受的。这种限制衍生出了一种简单且保守的控制方案——无法遇到奇异点也就意味着规避了奇异点。某些应用(如一些需要在短时间内进行小回转的任务)并没有足够的时间让常平架在回转过程中进行大幅度的旋转。因此无论如何,它们都很少会接近动量包络的极限,并且这种方法几乎不会对它们产生不利结果。

必须要注意如何对动量施加限制。试考虑这样一种情况:一个大角度欧拉轴回转在欧拉轴方向上达到动量极限,结果回转过程中大部分时间航天器均处于全速运行状态。要解决这一问题可以采用下面这种方法:停止所有的常平架运动,直至指定扭矩处于适当的方向且能在机动结束时降低动量为止。这样做法不仅会施加动量限制,而且将在回转过程中从根本上阻止所有的指令响应,从而使自动控制系统保持打开状态。这种开环运转状态本身就是一个问题,因为在这种状态下,没有可用于小幅修正并且使回转体围绕正确的轴不断进行调整的横轴扭矩。

7.5 奇异点规避算法和奇异点脱离算法

一些操纵算法可以通过零运动或约束规避奇异点,并通过扭矩误差脱离这些奇异点。包含椭圆奇异点和双曲内部奇异点的控制力矩陀螺阵列可以从这种算法中获益。可在双曲奇异点处充分利用的精确解决方案包括两个部分:在可用时使用零运动和仅在椭圆奇异点处使用扭矩误差(零运动不可能时才进行奇异点脱离)。只有在奇异点形式(参见第5章)已知时,才能实施这种操纵律。

7.5.1 混合操纵逻辑

确定奇异点类型的各项参数必须包含在操纵算法中。奇异点定义矩阵 S 和投影矩阵 P 的特征值的参数可以确定奇异点的形式是双曲奇异点还是椭圆奇异点。第5章对这些参数进行了说明。将该操纵算法应用于包含内部椭圆奇异点的控制力矩陀螺阵列时,必须考虑到这个信息。混合操纵逻辑(HSL)只能以伪逆的形式来实现。将参数($Q = X = U\mathrm{diag}(0,0,\alpha)$,$R = I_{n \times n}$ 和 $\dot{\Delta}_d = \beta V \mathrm{diag}(0,0,0,1) V^T d$)代入式(7.6)并考虑到式(7.24)中零空间与强制空间的分离,可求得混合操纵逻辑的伪逆表达式为

$$\dot{\boldsymbol{\Delta}} = \boldsymbol{A}^T * (\boldsymbol{A}\boldsymbol{A}^T + \boldsymbol{X})^{-1} \boldsymbol{h} + \beta \boldsymbol{V} \mathrm{diag}(0,0,0,1) \boldsymbol{V}^T \boldsymbol{d} \qquad (7.43)$$

式(7.43)可能看起来仅仅是式(7.12)中奇异方向规避算法和式(7.25)中局部梯度算法的混合,但仍然存在些许差异。首先,若 A 是奇异的,零空间投影矩阵 $[I_{n\times n}-A^+A]$ 也是奇异的,而对于式(7.25)来说,此时等价矩阵 $V\mathrm{diag}(0,0,0,1)V^T$ 是非奇异的。其次,奇异点参数(用于 A^{SDA} 的 α 和用于局部梯度的 β)是不同的。这些参数将根据奇异点的形式来定义(双曲奇异点或椭圆奇异点)。对于一个 4 个 CMG 阵列来说,适用于这种方法的 α 和 β 分别为

$$\alpha = \alpha_0 \mathrm{e}^{-a\bar{\alpha}} \mathrm{e}^{-\mu_1 m} \quad (7.44)$$

$$\beta = \beta_0 \mathrm{e}^{-b\bar{\beta}} \mathrm{e}^{-\mu_2 m} \quad (7.45)$$

式中:α_0、a、μ_1、β_0、b、μ_2 均为正标量常数;m 为奇异点量度。这样就可以通过状态 $\bar{\alpha}$ 和 $\bar{\beta}$ 获得奇异点的形式,而状态 $\bar{\alpha}$ 和 $\bar{\beta}$ 直接由奇异点定义矩阵 S 决定,即

$$\bar{\alpha} = |S_0 - \det(S)| \quad (7.46)$$

$$\bar{\beta} = \frac{1}{\bar{\alpha}} \quad (7.47)$$

式中:S_0 为 $\det(S)$ 所能实现的最大值,利用启发法或通过优化即可获得 S_0。

式(7.46)中的绝对值补偿了数值误差,但也因此产生了一个负项。当位于双曲奇异点处($\det(S) \leq 0$)时,式(7.44)~式(7.47)均应去除这个负项。因此,式(7.44)将降低式(7.43)中扭矩误差的影响,从而减少扭矩误差,并提供一种更精确的局部梯度法。位于椭圆奇异点处时,$\det(S) > 0$。因此,在椭圆奇异点处,当零运动无效时,需要更大的扭矩误差,以便有效脱离这个奇异点。

混合操纵逻辑在基于伪逆的操纵算法中是唯一的,因为它使用与奇异点形式相关的信息来最大限度地提高操纵精度,并脱离内部奇异点,从而可以根据所遇奇异点的类型来权衡局部梯度和奇异方向规避的特性。必须仔细选择式(7.44)和式(7.45)中确定的奇异点参数指标,以便提供预期性能[12]。

7.5.2 角动量人工势场操纵

奇异点可以看作是动量空间中轨迹的障碍。这些障碍可以通过一些使用障碍函数(也称为斥力人工势场函数(APF))的算法来规避。人工势场函数是一种数学框架,用于表示作为斥力场势和引力场势的矢量场源与场汇。这些函数之和的梯度提供了一条可阻止其自身接近场源并促进以场汇形式向指令规定轨迹运动的轨迹。

可以定义一组将跟踪扭矩、角动量或姿态所需引力场势和规避角动量饱和及角动量奇异点所需斥力场势的诸多目标结合在一起的人工势场函数。角动量人工势场操纵(AMAPS)是一种使用这种框架来规避奇异点的方法。它通过人工势场函数生成的软约束来权衡规避奇异点所需的扭矩误差[13]。

使用人工势场函数可能会产生局部极小值,在这种情况下,既无法实现目标

(如较大的扭矩误差和(或)极为接近奇异点),而且操纵也有可能会在此处收敛。此外,用于规避奇异点的斥力人工势场函数本身就是不稳定的,因为它们可以产生扭矩误差,将阵列配置推离奇异点。然而,从积极的方面来看,这些函数均为仅涉及最低限度计算的解析函数,并且通过适当的调整就可以提供有用的局部最小值。

7.5.3 反馈操纵律

到目前为止,已提到的全部操纵算法都需要进行矩阵求逆。矩阵求逆过程不但代价高昂,而且无论奇异点如何都需要稳定的数值算法。有一些操纵算法避免了完全求逆,而是采用了与伪逆解法完全不同的方法。计算中可能带来的好处是以非零扭矩误差为代价的。

与文献[14]中的解法不同,反馈操纵律(FSL)是无需求逆的解法的一个示例。在这种操纵律中,可以通过构建一个线性系统来获得提供指令规定扭矩所需常平架速率的解法。这种方法的独特之处在于它与式(7.6)的解法并不对应。然而,它依然为人所熟知,因为它也是以线性系统分析为基础的。反馈操纵律构建的线性系统具有动态性,这一点无需进行详细说明:

$$\dot{x} = A_K x + B_K u \tag{7.48}$$

$$\dot{\Delta} = C_K x \tag{7.49}$$

式中:系数矩阵 A_K、B_K 和 C_K 可以通过最小化成本函数

$$J = \frac{1}{2} \begin{bmatrix} \tau_e & \dot{\Delta} \end{bmatrix}^T \begin{bmatrix} K_1 & 0 \\ 0 & K_2 \end{bmatrix} \begin{bmatrix} \tau_e & \dot{\Delta} \end{bmatrix} \quad (\dot{\Delta} \in \mathbf{R}^4) \tag{7.50}$$

来获得。

当 $K_1 = 1$ 且 $K_2 = \lambda 1$ 时,这个方程恰好是奇异鲁棒逆。然而,对于反馈操纵律来说,$K_1 = 1$,补偿器 $K_2 = K(s)$,并且可以通过最小化 H_∞ 获得式(7.48)和式(7.49)中的系数矩阵:

$$\min_{K(s) \in \mathbf{R}^{3 \times 3}} \left\| \begin{bmatrix} w_1 [1 + AK(s)]^{-1} \\ w_2(s) K(s) [1 + AK(s)]^{-1} \end{bmatrix} \right\|_\infty \tag{7.51}$$

式中:灵敏度权重为

$$w_1(s) = \begin{bmatrix} A_K & B_K \\ C_K & 0 \end{bmatrix} \tag{7.52}$$

包括一个限制操纵算法频带宽度的矩阵函数,即

$$w_2(s) = \frac{1}{\omega} I_{4 \times 4} \tag{7.53}$$

并提供常平架速率的上限。最终结果以控制器-观测器形式出现,即

$$\dot{h} = A_K h + B_K \tau_e$$
$$\dot{\Delta} = C_K h \tag{7.54}$$

式中：$C_K = A^T b \omega \overline{P}^{[15]}$；常数 b 为这个操纵算法所需的频带宽度；$\overline{P}$ 为稳态(无限频率的黎卡提微分方程)的解。

与伪逆解不同,式(7.54)中的良好操纵算法完全以线性系统的理论和优化为基础,并提供了一种限制 SGCMG(用于在进行控制的同时规避奇异点)频带宽度和常平架速率的方法。而且,它可以在无需进行矩阵求逆的情况下实现这些目标。

然而,由于这个结果来自于稳态的雅可比矩阵,因此所生成的解并不一定都是精确解。而且,与其他以式(7.3)中的成本为基础的方法一样,这种算法的解也包括目标的混合加权,因此它在试图限制常平架速率时所产生的扭矩可能也不是很精确。

7.5.4 最优控制力矩陀螺姿态控制

根据式(7.3)的目标函数,在控制力矩陀螺之间进行的扭矩分配倾向于优化其控制效果的某些方面,例如:源于控制力矩陀螺阵列的输出扭矩误差、由其扭矩跟踪产生的常平架速率的大小,或这两者的某种组合。

然而,由式(7.3)中的成本函数衍生而出的大多数伪逆算法充其量实现了局部最优,而且它们的性能取决于对加权矩阵 R 和 Q 的选择[5]。人们可能希望优化控制力矩陀螺的常平架速率,以便最大限度地减少扭矩误差和机电功率(它并不完全等同于常平架速率2范数)。同时,这种操纵方法必须服从常平架运动的某些约束。或者,最优操纵可以同时包括姿态轨迹和控制力矩陀螺常平架速率,从而消除了对最小化阵列级扭矩的需要。对于这些情况来说,操作方案可能会要求对最短时间姿态轨迹进行处理,并最大限度地降低常平架速率。本节介绍了一些最优控制分配方法。这些方法同时对控制力矩陀螺的姿态轨迹、姿态误差、速率、扭矩、机电功率/能量和(或)这些目标的某种组合进行了优化。

指定扭矩通常是由姿态控制系统产生的,然后通过操纵算法映射给常平架速率。内环常平架控制器从那里开始抵消摩擦力,同时对最大常平架速率和加速度施加硬约束。这种方法无论是在功率方面,还是在精度方面都不是最好的,也无法有效利用整个性能包络。除了式(7.50)的反馈操纵律以外,操纵算法的其他解析解都无法处理这些约束。约束优化技术可以允许某种操纵算法好于局部最优,但不一定是全局最优的。

7.5.4.1 凸优化:最小误差功率耗散降低控制

操纵一个反应轮总成和/或控制力矩陀螺冗余阵列可以将扭矩跟踪的精确性置于其他度量指标之上(如输入致动器的最小功率便会成为次要目标)。这种基于优先级的优化过程类似于我们的思考过程(而不是优化技术的构建过程)。试想一下有关冗余反应轮总成或 CMG 阵列控制分配问题的示例。在这些示例中,由于存在式(7.2)中的零空间自由度,因此可以采用无数种方法对某个给定扭矩施加控制。如图 7.9 所示,这些解共同组成了一个可搜索集合。

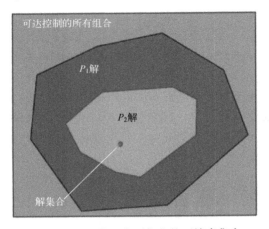

图 7.9　用于分层序列优化的可搜索集合

由于算法对扭矩跟踪的精确性进行了优化,因此它将这个集合精简到仅包含那些具有最优精确度的解。在这个集合内进行搜索,可以产生一些可为控制分配提供最小功率的解的子集。第二优先级可能生成一个多解集合,也可能生成一个单解集合。现在,为了能提供这种基于优先级的优化的实时多项式收敛解,可以用约束和成本构建一个凸函数(不一定是线性的)。这种基于优先级优化的方法也称作分层序列优化,并依靠凸优化的内点法来找到反应轮总成和(或)控制力矩陀螺冗余阵列最优控制分配的实时多项式收敛解[16]。文献[16]针对存在 n 个反应轮 RWA 总成的情况,提出的最小误差功率耗散降低控制优先级优化的示例为

$$\begin{cases} \min\limits_{\boldsymbol{\Omega}_{r,k+1},\dot{\boldsymbol{\Omega}}_{r,k}} J_1 = \| \dot{\boldsymbol{h}} - J_r A_s \dot{\boldsymbol{\Omega}}_{r,k} \|_1 \\ \text{s. t.} \quad \boldsymbol{\Omega}_{r,k+1} = \boldsymbol{\Omega}_{r,k} + \dot{\boldsymbol{\Omega}}_{r,k} \Delta t \\ \quad -\boldsymbol{\Omega}_{\max} \leqslant \boldsymbol{\Omega}_{k+1} \leqslant \boldsymbol{\Omega}_{\max} \\ \quad -\dot{\boldsymbol{\Omega}}_{\max} \leqslant \dot{\boldsymbol{\Omega}}_{r,k} \leqslant \dot{\boldsymbol{\Omega}}_{\max} \end{cases} \quad (7.55)$$

式中:Δt 为离散时间步长;$\dot{\boldsymbol{\Omega}}_{r,k}$ 为第 k 个步长时的转子加速度;$\boldsymbol{\Omega}_{\max}$ 为反应轮总成飞轮速率对称上界的矢量;$\dot{\boldsymbol{\Omega}}_{\max}$ 为反应轮总成飞轮加速度对称上界的列矩阵;$\leqslant$ 表示一个逐元素比对不等式。使用扭矩误差一范数使得上述问题成为一个线性规划问题[17]。将 J_1^* 设定为最小扭矩误差,即可获得第二个优化(功率最小化):

$$\begin{cases} \min\limits_{\boldsymbol{\Omega}_{r,k+1},\dot{\boldsymbol{\Omega}}_{r,k}} J_2 = \|(J_r\dot{\boldsymbol{\Omega}}_{r,k}-\boldsymbol{\tau}_{Wf,k})\odot\boldsymbol{\Omega}_{r,k}\|_1 \\ \boldsymbol{\Omega}_{r,k+1} = \boldsymbol{\Omega}_{r,k} + \dot{\boldsymbol{\Omega}}_{r,k}\Delta t \\ \text{s.t.} \quad \|\dot{\boldsymbol{h}}-J_rA_s\dot{\boldsymbol{\Omega}}_{r,k}\|_1 \leq J_1^* \\ \qquad -\boldsymbol{\Omega}_{\max} \leq \boldsymbol{\Omega}_{k+1} \leq \boldsymbol{\Omega}_{\max} \\ \qquad -\dot{\boldsymbol{\Omega}}_{\max} \leq \dot{\boldsymbol{\Omega}}_{r,k} \leq \dot{\boldsymbol{\Omega}}_{\max} \end{cases} \quad (7.56)$$

式中:$\tau_{Wf,k}$为附录 A 中所述的第 k 个时间步长时的轮摩擦扭矩,并且第一个不等式会产生最小扭矩误差。显然,第一个不等式约束条件使第二优先级优化仅能在第一优先级优化后剩余的解中搜索适当的解。第一个不等式约束条件为 $\|\dot{\boldsymbol{h}}-J_rA_s\dot{\boldsymbol{\Omega}}_{r,k}\|_1 \leq J_1^*$。这种方法可参见图 7.9。为了保持第二成本凸性,可以将轴功率与当前的转子速率相乘。这种假设对于反应轮总成来说是合理的,因为转子加速度通常不足以使转子速率在下一个时间步长时处于不同的状态。

与许多最佳控制方法不同,分层序列优化规划可用作进行控制分配的实时方法。然而,它不但依赖于设计实际凸成本函数和约束集的能力,而且它也无法确保比局部最优(机电功率的一个贪婪算法解)更好,除非使用模型预测控制等滚动时域法[18]。

7.5.4.2 高斯伪谱配点法

当航天器需要全局最优解(至少高于局部最优解)来进行姿态控制,尤其是进行非线性和非凸优化时,采用非线性优化法可能比较合适。最常见的方法包括直接法和间接法。一种方法是将优化控制问题作为两点边界值问题来解,反过来可以通过打靶法以数字的方式来解。另一种方法是构建一个离散非线性程序,将它作为微分公式中离散点的代数方程集来解。

打靶法自身存在问题:它们需要准确的初步收敛估计值来得出最优解;这种方法可能需要利用积分法,但积分法不太适合不连续的控制和轨迹;而且由于它们考虑的基本是最优解的整个轨迹和控制,所以一般情况下不能进行有效的计算。另一方面,配点法能将控制和轨迹分散在一系列点上,并利用插值(一般是点之间的样条)来得出最优控制问题的完整解。这样的方法在计算上更有效,同时还能解决不连续性问题。

简单来说,配点法会将微分方程替换成在离散节点处(称为配点[19,20])求解的代数方程。在节点处,一般可以通过协态映射定理来证明最优性。证据显示,求解最优控制解的每个离散点都符合最优性条件。

关于控制力矩陀螺姿态控制,文献中最多提到的优化目标是最短时间回转。对于实现这个目标,一种最常讨论的配点法就是高斯伪谱法[22]。这些方法通过高斯求积法来大致得出节点处微分方程的各积分和导数。仿真和试验台硬件已经表明,这些方法能够得出一系列控制力矩陀螺和反应轮总成的常平架速率和转子加速度,以进行最短时间机动[22]。此外,航空航天领域(尤其是国际空间站)已经采用这种方法来优化角动量卸载并减少使用推进器。这些"零推进剂操作"已经节省了价值数百万美元的推进剂[23]。

以初始形式解决整个非线性优化问题存在一个缺点,即很难保证得出的解是全面最优的,也无法知道这种算法收敛到最优解的速度有多快。所以,必须逐例评估实时的实施情况。另外,求解的离散点之间的插值可能实际上并不是最优的,甚至可能不满足限制条件。而且,通过在非线性程序上增加点来避免插值点之间的误差也是不现实的,因为离散点的数量一般非常多,会使问题严重度和计算费用呈指数增长。

因此,如果反馈控制器将这些方法用作开环前馈方法,那么,它们通常都会十分有效。当航天器的参数(质量属性、传感器偏差和比例系数、柔性动力、执行器校准和偏差)确切已知的情况下,这种方法是有效的。进行精确姿态控制,或对无法获知完整轨迹的系统进行姿态控制时,哪怕是极小的模型不确定性也会导致航天器姿态跟踪出现不可接受的严重误差。在这样的情况下,必须要谨慎选择一种非线性程序方法,如高斯伪谱法。

7.6 变速控制力矩陀螺

变速控制力矩陀螺及其有关的操纵算法也是规避奇异点问题的一种办法。文献[24,25]得出了一些有效的变速控制力矩陀螺操纵算法。但是,从硬件角度来看存在重大缺陷,第4章和第5章对这些缺陷进行了论述。这些缺陷就是当代航天器很少使用变速控制力矩陀螺的原因。

7.7 本章小结

本章主要论述了控制力矩陀螺操纵算法的目的、推算和性能差异。通过选择算法和(或)选择带有非退化双曲奇异点的控制力矩陀螺阵列体系结构,可以规避(脱离)奇异点。在这样的阵列中,零运动能够一直有效地规避内部奇异点。通过限制常平架转角或可用角动量,即操纵算法解的工作空间,也可以规避奇异点。这种限制引出了下面这种方法:它无需临时性地直接解决奇异点便可在限制条件内提供准确的解,而且还提供了一些不需要冗余控制力矩陀螺的解决方案。

参 考 文 献

[1] O. Tekinalp, E. Yavuzoglu, A new steering law for redundant control moment gyroscope clusters. Aerosp. Sci. Technol. **9**(7), 626 (2005)

2. N. Bedrossian, J. Paradiso, E. Bergmann, D. Rowell, Steering law design for redundant single-gimbal control moment gyroscopes. AIAA J. Guid. Control. Dyn. **13**(6), 1083 (1990)
3. T. Yoshikawa, Dynamic manipulability of robot manipulators, in *1985 IEEE International Conference on Robotics and Automation. Proceedings*, vol. 2 (IEEE, 1985), pp. 1033–1038
4. B. Wie, D. Bailey, C. Heiberg, Singularity robust steering logic for redundant single-gimbal control moment gyros. AIAA J. Guid. Control. Dyn. **24**(5), 865 (2001)
5. F. Leve, Evaluation of steering algorithm optimality for single-gimbal control moment gyroscopes. IEEE Trans. Control Syst. Technol. **22**(3), 1130 (2014)
6. J. Leve, F. Munoz, N. Fitz-Coy, Gimbal-lock escape via orthogonal torque compensation, in *Proceedings of AIAA Guidance, Navigation, Control Conference*, 2011, pp. 1–10
7. A. Azzalini, *Matrix Inversion Lemma* (Wiley Online Library, 2006)
8. H. Kurokawa, Survey of theory and steering laws of single-gimbal control moment gyros. AIAA J. Guid. Control. Dyn. **30**(5), 1331 (2007)
9. J. Havill, J. Ratcliff, A twin-gyro attitude control system for space vehicles. Technical Report, NASA, 1964
10. L. Jones, R. Zeledon, M. Peck, Generalized framework for linearly constrained control moment gyro steering. AIAA J. Guid. Control. Dyn. **35**(4), 1094 (2012)
11. D. Cunningham, G. Driskill, A torque balance control moment gyroscope assembly for astronaut maneuvering, in *NASA. Ames Research Center 6th Aerospace Mechanics Symposium (SEE N72-26377 17-15)*, 1972, pp. 121–126
12. F. Leve, N. Fitz-Coy, Hybrid steering logic for single-gimbal control moment gyroscopes. AIAA J. Guid. Control. Dyn. **33**(4), 1202 (2010)
13. J. Munoz, F. Leve, Artificial potential steering for angular momentum exchange devices, in *AAS/AIAA Spaceflight Mechanics Meeting*, 2012
14. S. Krishnan, S. Vadali, An inverse-free technique for attitude control of spacecraft using cmgs. Elsevier Acta Astronaut. **39**(6), 431 (1996)
15. A. Pechev, Feedback-based steering law for control moment gyros. AIAA J. Guid. Control. Dyn. **30**(3), 848 (2007)
16. F. Dueri, D. Leve, B. Acikmese, Minimum error dissipative power reduction control allocation via lexicographic convex optimization for momentum control systems. IEEE Trans. Control Syst. Technol. (2015 to appear)
17. S. Boyd, L. Vandenberghe, *Convex Optimization* (Cambridge University Press, Cambridge, 2004)
18. J. Fisher, R. Bhattacharya, S. Vadali, Spacecraft momentum management and attitude control using a receding horizon approach, in *Proceedings of AIAA Conference on Guidance, Navigation, and Control*, 2007
19. D. Garg, M. Patterson, W. Hager, A. Rao, D. Benson, G. Huntington, A unified framework for the numerical solution of optimal control problems using pseudospectral methods. Elsevier Automatica **46**(11), 1843 (2010)
20. F. Fahroo, I. Ross, Pseudospectral methods for infinite-horizon nonlinear optimal control problems. AIAA J. Guid. Control. Dyn. **31**(4), 927 (2008)
21. K. Ford, C. Hall, Singular direction avoidance steering for control-moment gyros. AIAA J. Guid. Control Dyn. **23**(4), 648–656 (2000)
22. I. Ross, M. Karpenko, A review of pseudospectral optimal control: from theory to flight. Annu. Rev. Control. **36**(2), 182 (2012)
23. N.S. Bedrossian, S. Bhatt, W. Kang, I.M. Ross, Zero-propellant maneuver guidance. IEEE Control Syst. **29**(5), 53 (2009)
24. H. Schaub, J. Junkins, Singularity avoidance using null motion and variable-speed control moment gyros. J. Guid. Control. Dyn. **23**(1), 11 (2000)
25. H. Yoon, P. Tsiotras, Singularity analysis of variable-speed control moment gyros. AIAA J. Guid. Control. Dyn. **27**(3), 374 (2004)

第 8 章　动量装置的内环控制

人们在探讨如何控制动量控制系统中的各个装置时,一般都假设那些装置是完全跟踪指令的。但实际上,动量装置具有几个重要的非线性特征,而且还可能受到严重干扰和误差的影响。有鉴于此,动量装置通常都会利用"内环"对相关的量进行反馈控制,以此来确保指令跟踪效果。

本章研究有关动量装置内环的几个重要注意事项。作者无意传授内环设计的技艺,而是着意探索内环会对航天器设计师产生哪些影响。由于这些装置含有主动反馈系统,它们可能会与航天器结构或控制装置进行交互。一般而言,这些交互对航天器的设计具有非凡的意义。

8.1　转速控制

8.1.1　控制力矩陀螺转速环

反应轮总成和控制力矩陀螺均可调整转子的转速。控制力矩陀螺主要用于保持转速恒定,通常为 6000r/min。一些小型装置以及下一代控制力矩陀螺的转速可能更快,也许会达到数万转每分钟。多数情况下,控制力矩陀螺均会利用积分反馈环来执行这项功能。因此,用户仅须下达所需的转速指令即可。旋转环的补偿通常包括一个自由积分器,以便抵消转子轴承阻力(库仑阻力和黏滞阻力)的影响。

控制力矩陀螺正常运行期间,会有各种因素对其造成影响,导致测得的转速发生变化。转子轴承在承受径向负荷时会出现阻力矩增大的现象,如控制力矩陀螺在生成输出扭矩时产生的阻力,这一额外阻力使转子的转速降低。后面的实例分析结果更加微妙,因为它在测定转子转速时所采用的参照物不是惯性参照物,而是随着航天器移动的常平架壳体。假设将常平轴旋转 180°,那么动量就会沿与转动相反的方向传至航天器。这时测得的转子速度是相对于反方向运动的物体得出的,因此速度会显得更快。

虽然这些转速变化都很小,有时还会出现周期性变化,但是转速控制环依然会对其做出反应。因此,旋转环采用极低的带宽(如 0.1Hz 或更低)是可取的。高带宽旋转环在试图精准地追踪特定转速时,会消耗大量能量,而这完全没有必要。

控制力矩陀螺用户对旋转环保持转速的要求一般很高,这是因为它们的操纵律设计一般都假设转子转速是恒定的。控制力矩陀螺阵列用户应该认识到,在阵列操纵航天器进行机动时,旋转系统会汲取更多的能量以保持转速。如果用户担心能量消耗问题,就应该放宽转速控制要求,允许转速在这类情况下发生变化。允许转子转速发生变化(即便只有百分之几),旋转系统的能量消耗也可被限定为一个特定值,在主动机动期过后,控制力矩陀螺的恢复时间也更长。好的操纵律设计可以通过计算控制力矩陀螺指令来确定瞬时转速,进而调节转速变化。这样便不会产生明显的性能劣化。这显然是一种很划算的做法:增加一点计算就能实现降低能耗的效果。

8.1.2 反应轮总成转速

多数反应轮都会接受一个扭矩指令,这个指令会由电动机 K_T 映射为旋转电动机电流指令。反应轮总成电子设备利用高带宽电流环来产生这一电流(数量级为千赫)。电流环会利用积分控制器来克服明显的电动机反电动势及电阻随温度的变化,这样电动机扭矩中的主要误差就只有电动机 K_T 的变化了。在施加这些扭矩时,动量的累积会造成转子转速变化,但是大多数反应轮总成应用装置的主要作用均是生成扭矩,动量只是副产品。

通过这种方式操作反应轮总成的最大缺点是轴承摩擦会导致误差。作用在转子上以及反作用在航天器上的摩擦扭矩与电动机扭矩完全一致。因此,任何一个摩擦扭矩均代表着指令电动机扭矩与输出至航天器的实际扭矩之间存在的一个误差。轴承的库仑阻力可以通过飞行软件进行测算,尔后添加到指令中,但是在速度接近于零时,摩擦力变化迅速,难以补偿。这一难题催生了航天器反应轮总成阵列操纵律架构——它可使速度尽可能不为零。

一些反应轮总成还内置了积分速度控制环。采用这种方式可以有效地减轻摩擦产生的影响。根据角动量守恒定律,转子角动量变化与传递给航天器的动量变化大小相同但方向相反。由于已知扭矩 $\tau = dH/dt$ 和转子惯性,因此通过转子转速的变化可以精确地测得施加在航天器上的综合扭矩(无论它是来自电动机还是来自摩擦扭矩)。

因此,无论反馈控制是集成在反应轮总成硬件中,还是在航天器侧实现,首选方法均是将所需的扭矩和量程(惯性)整合为预期转子转速,然后闭合速度环以生成计算好的转速。扭矩前馈也可用于改善性能。鉴于下达给该速度环的速度指令通常会在扭矩最大时出现上下波动,因此应该选用适当的速度环补偿,以使斜坡指令所造成的误差最小化。

反应轮总成速度环是自动控制系统正向通路中的一个分层"内环"。因此,速度环带宽能够对可用的自动控制系统带宽施加一定的限制。但是在一般情况下,这种限制对带宽为 0.1Hz 且速度环为几赫兹的典型自动控制系统来说毫无效果。即便除去控制环解耦的那部分带宽,剩余的带宽依然十分充裕。

除上述方法外,还有更为复杂的反应轮总成控制和摩擦缓解方法。一般而言,这些控制方法的效果均受到可用转子运动反馈质量的限制。如果要通过航天器总线电子设备形成包含反应轮总成的各种闭环,就应该在详细说明反应轮总成时考虑到上述限制。

8.2 常平架速率环

控制力矩陀螺常平架的运动也受到反馈控制的调节。由于控制力矩陀螺的输出扭矩是旋进性的($\omega \times h_r$),而且标量常平架速率δ的精度会影响扭矩的作用效果,因而该精度受到直接控制。为解决这一精度问题,几乎所有的控制力矩陀螺都配备了积分常平架速率环,而且均会接受常平架速率指令。这些环路的设计会对自动控制系统乃至航天器本身的设计和性能产生影响。

8.2.1 通过常平架速率环减少误差

闭合常平架速率环的一个主要动机是管理陀螺进动诱发的电动机扭矩。当航天器处于运动状态时,常平架电动机必须施加足量的扭矩(该扭矩可能很大)以避免常平架进动(见 3.2.5 节)。对于直接驱动控制力矩陀螺(电动机和常平架轴之间没有齿轮传动装置)而言,常平架电动机的设计确实通常会受到航天器速率导致的进动影响,而且避免常平架进动所需的扭矩是常平架加速所需扭矩的好几倍。这么大的"干扰"必须通过自控环路进行消减(该环路通常包含一个自由积分器以增加低频增益并将速率误差最小化)。常平架速率环的带宽通常超过 10Hz。相比之下,配备这类控制力矩陀螺的航天器的自动控制系统环路通常不会包含带宽高几赫兹的反馈控制。

除了排除进动干扰之外,常平架速率环还会减少电动机脉动、齿槽扭矩、精确性等正向通路误差。这样一来,控制力矩陀螺的速率性能便能够接近常平架速率传感器的性能。以前,人们曾用精确缠绕转速表来测量常平架速率。这种电磁装置其实是一个电动机/发电机,可以根据转子转速产生反电动势。该装置必须经过换相(以前低压反电动势必须通过优质电路进行放大)以避免放大器偏移电压造成明显的速率偏移。数字电子设备出现以后,一些控制力矩陀螺便开始利用数字编码器技术来精确测量常平架转角和转速。

8.2.2 航天器结构影响

一般情况下,技术人员在设计位置伺服机构时都有这样一个通病,即假设定位器本身固定得非常牢固,只有被定位的主体部分才会移动。当扭矩电动机作用于常平架时,它同样也会反作用于将电动机定子固定在"地面"上的结构。这里所说的"地面"是指动量装置与安装该装置的航天器总线结构之间的接触面。

图 8.1 所示为符合标准的航天器接口,其中航天器接口以"局部"结构的形式出现,并通过兼容方式连接至航天器的剩余部分。下面这个例子可能符合上面提到的所有标准:通过局部兼容方式,将控制力矩陀螺安装于平板或甲板上。当控制力矩陀螺安装在这样的平板上时,其惯性会改变平板所在部分的弯曲模式并降低其振动频率。

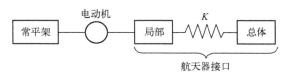

图 8.1 符合标准的航天器接口

当电动机作用于或反作用于常平架或局部结构(惯性)时,两个物体均会移动。因此,任何结构共振都会出现在常平架速率环的开环响应内。当结构频率接近速率环交越频率时,闭环系统可能会变得不稳定。航天器设计人员应当认识到牢固安装控制力矩陀螺的重要性,确保安装接口的刚性并与航天器主体紧密地耦合在一起。若控制力矩陀螺采用直接驱动而不是齿轮传动,那就更应该注意安装的牢固性。因为,如果安装不牢固,直接驱动所产生的不良影响会比齿轮传动大很多。

8.2.3 带宽问题研究

控制力矩陀螺常平架速率环通常位于嵌套环结构中,如图 8.2 所示。

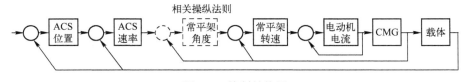

图 8.2 控制结构图

和所有这种控制结构系统一样,要保证环路的稳定性就必须对每一层的带宽进行频率分离(通常分成 3 份或 4 份)。这种分离是很有必要的,因为每一层的闭环相位(频率)衰减在下一个外环都会有很明显的开环响应,进而影响其相位裕度。

例如:自动控制系统为了支持带宽为十分之几赫兹的位置环,也许会将其速率环带宽设定为 1Hz 左右。如果使用中的操纵技术闭合任何一个环路(如有关常平架转角或动量状态的环路),其所需的带宽将达到几赫兹,而常平架速率环所需的带宽则会达到 10~15Hz。很多控制力矩陀螺都会采用这一带宽。这一策略的裕度并不大,因此自动控制系统设计人员应当十分注意控制力矩陀螺硬件的带宽,以及所选用操纵技术的任何闭环动态。这些问题会直接影响自动控制系统的设计,反过来讲,自动控制系统的设计也会对控制力矩陀螺提出性能要求。

正是由于这些设计上的相互依赖性,人们可能自然而然地认为控制力矩陀螺速率环会严格限制带宽以降低风险。当然,这一问题我们之前已经讨论过了。如果控制力矩陀螺带宽增加,其稳定性会受到更高频的结构模式的影响。要稳定该控制力矩陀螺,就需要刚度更高且更重的航天器结构。

8.2.4 摩擦和自动控制系统极限环

控制力矩陀螺常平架采用滚珠轴承作为支撑轴承。依据物理机制,其摩擦特性通常可以分为黏滞摩擦、库仑摩擦和静摩擦 3 类。黏滞摩擦力会对常平架速率造成影响,而且其力矩几乎会随着速率的增加而呈线性增长。库仑摩擦力是一种"运行阻力",其力矩在很大的(常平架)速率范围内都会保持恒定,但方向通常会与常平架转动方向相反。因此,常平架速率在零速交叉时,库仑摩擦力会突然发生极性换向。在零速交叉时,常平架一旦停止转动,其静摩擦力(又名静态阻力)的力矩会比再次转动所需的运行阻力的力矩要大。最后,当常平架"卡"在零速时,会出现"预分离刚性"。所以,转轴永远不会完全"卡住"。

当控制力矩陀螺被用于敏捷回转时,所需的扭矩非常大。相比之下,上述所有非线性行为通常都可以忽略不计。较大的常平架指令速率能够快速克服接近零速时出现的行为,而且常平架低速运转时的黏滞项通常都较小。

我们更应关注的是,航天器处于精准控制(恒定速率)状态时出现的行为。当航天器的加速度低时,控制力矩陀螺常平架速率接近于零,而且摩擦的非线性特征也会变得明显。当需要速率反转时,常平架速率环中的自由积分器必须要有充足的时间才能"积蓄"足够的扭矩以克服静摩擦力和库仑摩擦力。在这之后,常平架才能转起来。由于指令速率非常小,因此速率误差较小,积分器斜坡上升也较慢。在最坏的情况下,这一明显的死区行为可能会导致自动控制系统出现低频、小振幅极限环。

通常情况下,高精度、预加荷载滚珠轴承不会出现过大的静摩擦力,但是库仑摩擦力方向反转的现象却时常出现。控制力矩陀螺制造商应该提供有关这些行为的信息或将其包含在速率环的动态模型中(如达尔摩擦力模型)。掌握这些信息后,自动控制系统设计人员在设计过程的早期就应该检查是否出现非线性极限环。对该系统进行描述函数分析可以很好地确定极限环的裕度以及设计修改策略(如有需要),分析结果可用时域计算机模型进行验证。

8.3 本章小结

动量装置内环会影响航天器的设计。本章探讨了各种常见的旋转环和常平架环。针对这些讨论所作出的抉择会影响到系统功率、性能及稳定性。建议及早做出一些决定,例如对动量装置的规定及动量装置附近的航天器结构设计等。

第 9 章　太空中电动机

所有的动量装置都需要某种旋转电动机来驱动转子旋转轴。控制力矩陀螺也需要一台电动机来驱动常平架轴。常平架电动机的扭矩和速度设计需求通常与转子的相应设计需求相差甚远。以这类问题为引子,下面讨论航天动量装置常用的电动机。本章旨在使读者熟悉几个重要的注意事项。文中提供了有关动量控制系统分析、安装启用和运行的信息,此外,还介绍了使用这些系统的航天器。电动机设计是一个博大精深的专业领域,本章内容只是进行了浅层探讨。

9.1　电动机技术

航天产品中用到的电动机有好几种。只要有交流电,交流感应电动机便能为恒速应用装置提供动力。很多飞机的机械式速率感应陀螺仪便将此种电动机作为动力源。但是,动量系统却没有采用此种电动机,即便是控制力矩陀螺也是如此(控制力矩陀螺的旋转速度为恒速,而且,这一恒定速度在地球轨道上必须可调,以减轻结构振动)。

航天应用装置采用的是有刷和无刷直流电动机。虽然有刷直流电动机的结构更简单,但却不太适用于寿命周期较长的应用装置,这是因为电刷会产生碎屑、电弧(造成电磁干扰)以及其他问题。无刷直流电动机拥有永磁转子以及绕有二相或三相线圈的定子(图 9.1)。

当线圈依次通电后会产生一个旋转磁场,该磁场继而会与转子的磁场相互作用以产生扭矩。与有刷直流电动机相比,无刷直流电动机在进行定子绕组换相时需要位置测量装置以及更为复杂的电子驱动器。

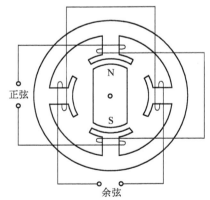

图 9.1　两极两相无刷直流电动机

高速电动机通常会使用霍尔效应装置进行离散换相,以期在适当的时间接通或断开适当的线圈(见图 9.2)。

这种换相方法是旋转电动机最常用的换相方法。低速高精度应用装置(电动机)通过对转子进行实际角度测量(借助解析器或编码器)及将线圈电流进行正弦换相的方式来生成几乎恒定的扭矩。多数的控制力矩陀螺常平架电动机都会采用这种技术生成恒定扭矩。无刷直流电动机通常可以使常规航天应用装置的设计更加高效和轻量化。基于有刷电动机的设计通常只适用于低成本、持续时间短的技术展示任务,现役的航天系统很少使用此种设计。

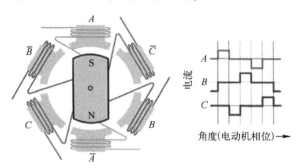

图9.2 两极三相无刷直流电动机换相示意图

步进电动机是无刷直流电动机中的一个特例。这种电动机不会通过定子磁场换相来持续"引导"转子磁场,与之相反,定子线圈会通电,而且转子可以将相反的磁极与之对齐,尔后达到平衡并停止转动。这一动作便是一次"步进"。然后,下一个线圈会启动,继而产生下一个步进。上述动作的设计运行速度很快,因此,步进电动机无需换相和位置测量便能够运转。步进电动机转子的转动距离可以通过计算"步进"数量来精准控制,因此,这类电动机中便设计了大量的磁极以实现精准定位。很多航天装置(包括一些控制力矩陀螺常平架驱动装置)都采用了这种简单的运行方式。但是,这种运行方式的弊端就是会产生广谱振动,而且还极其耗电。这种广谱振动所造成的干扰令人十分头疼,因为被动弹簧/阻尼装置这类简单的隔振技术根本无法达到减振的效果。

除上述电动机之外,还有一种称为"音圈"或"无铁芯电枢"电动机的技术。之所以会叫"音圈"这个名字,是因为它与放大的电磁音频扬声器类似。这类电动机可用于高速运行的应用装置,其独立绕组必须迅速换相才能快速运转。随着常规电动机时变定子磁场频率的增加,采用常规叠片无法解决的涡流问题也越来越凸显。"音圈"电动机的工作原理并不是两个磁场之间的相互作用,而是直接利用磁场和电流之间的洛伦兹力。如图9.3所示,带有绝缘线轴的绕组被置于转子的永磁场内,然后绕组换相以获得必要的扭矩。

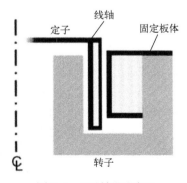

图9.3 "无铁芯电枢"旋转电动机

按照设计,转子可产生均匀径向磁场,而线圈电流将垂直流过该磁场。之后,洛伦兹力会被导向后方,进而产生绕电动机轴线旋转的扭矩。

在转子参照系中,转子磁场是恒定的;但是,若以定子作为参照物,它却在快速旋转。因此,必须采取谨慎措施以将转子磁场泄漏减到最低,而且,任何可以传导涡流的材料都必须移至远离转子磁场的地方。对于甚高速电动机来说,通过设计来管理涡流损失对减少电动机阻力至关重要。这很容易就会产生冗余热量,而且还会加大电力消耗。此外,这类电动机还有一个值得重点关注的考虑事项,即热设计。

与其他电动机不同,此类电动机线圈耗散的热量会通过非导电材料制成的线轴进行传导。一般情况下,如若某一材料的导电性差,那么它的导热性也不会太好。因此,在设计此类电动机时,设计人员应该格外注意,以保证其拥有充足的热传导能力。

不论采用哪种技术,在设计航天电动机以及任何一种航天装置时都应考虑到下列注意事项,即:避免采用会在真空环境中释气的材料;注意(热管理中)材料的导热性;注意其在发射振动条件下的坚固性(特别是采用小号接线的区域)。出于这些原因,作者不建议采用"现成"的电动机作为航天电动机。航天电动机必须符合航天环境的特殊和严苛要求。

9.2 直流电动机选型

本节旨在使读者对电动机选型的性质有个一般性的认识。这些信息有助于读者理解一般趋势和设计依赖关系,并使其快速了解控制力矩陀螺设计领域中所使用的电动机选型方法。若想获得具体的航天系统设计数据,最佳的资料是设计师和生产厂商拥有的设计数据表。

电动机选型大致可分为两部分:

第一部分是电动机的机械设计,如转子和定子的直径和转轴长度(图9.4)。有了这些机械设计参数,就可以对永久磁铁、含铁量以及铜的质量分配(根据电线外皮确定)进行分类。

本部分对有关长度和直径的设计权衡不做细致讨论,为方便起见,在下面的讨论中会使用一个典型比例。通过电动机选型可以确定其能够产生的扭矩量。

第二部分是铜的分配可以细化到线圈设计层面,即所选用的线材号数和匝数。电动机扭矩常数 K_T(英尺·磅/A[①])便受到上述选择的影响。

电动机的设计方法很多每个商家都拥有自己独特的设计细节处理方式。但

---

① 1英尺·磅/A = 1.3558N·m/A。

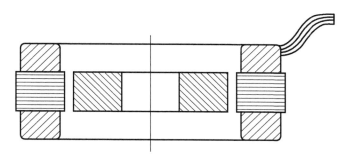

图 9.4　无刷直流电动机的机械设计图

是,借助物理定律,我们无需了解太多细节便可掌握电动机的整体情况。例如,只需要知道电动机所需的扭矩,便可确定其功耗和质量。这是因为电动机所需的扭矩会直接影响到磁路的设计。电动机上通常都刻有电动机常数(K_M),表示为英尺·磅/$\sqrt{W}$。这一常数代表了电动机在以一定的热量耗散功率运转时所能产生的扭矩量。K_M 的值取决于磁通密度、极点横截面等。它可以通过增加电动机质量(更大的磁铁和磁极)的方式增长(功率耗散也因此减少),而且,一般情况下,这种 K_M 增长几乎和质量呈线性关系,因此可以推知大多数电动机的设计"K_M 密度"(K_{MD},表示为英尺·磅/($\sqrt{W}$·磅))都是一个常数。凭经验估计(经验法则),动量装置常用的那类电动机的 K_M 密度大约为 0.07 英尺·磅/($\sqrt{W}$·磅)。这一法则假定电动机具有高质量磁铁及优化、无包装设计。

航天电动机选型的另一个考虑事项是电动机将耗散的热量从装置中导出的能力。根据一般常识,电动机以一定的功率密度运转时不会出现温度过分上升的现象。小型电动机的热量耗散问题比大型电动机更为棘手。功率密度(K_{PD})表示为瓦/磅。凭经验估计(经验法则),动量装置常用的那类电动机的功率密度为 8W/磅。

9.2.1　无刷直流电动机选型

有了两个常数(K_{MD} 和 K_{PD})作为参考,就可以粗略估计电动机施加一定的扭矩所需的质量和功率。通过量纲分析,电动机的质量可表示为

$$W = \left(\frac{\tau}{K_{MD}\sqrt{K_{PD}}}\right)^{2/3} = \left(\frac{\text{英尺·磅}}{\frac{\text{英尺·磅}}{\sqrt{W}\cdot\text{磅}}\sqrt{\frac{W}{\text{磅}}}}\right)^{2/3} = (\text{磅}^{3/2})^{2/3} = \text{磅} \quad (9.1)$$

其功率可表示为

$$P_{\text{heat}} = \left(\frac{\tau K_{\text{PD}}}{K_{\text{MD}}}\right)^{2/3} = \left(\frac{\text{英尺}\cdot\text{磅}\dfrac{\text{W}}{\text{磅}}}{\dfrac{\text{英尺}\cdot\text{磅}}{\sqrt{\text{W}}\cdot\text{磅}}}\right)^{2/3} = (\text{W}^{3/2})^{2/3} = \text{W} \tag{9.2}$$

式(9.2)中的功率是电动机线圈的热量耗散功率 $i^2 R$。从终端汲取的总功率包括传递至载荷的机械功率。

式(9.1)和式(9.2)显示电动机质量和功率均会随着所需扭矩的2/3次幂的增长而增长。而且,这两个数量都不受线圈缠绕方式的影响。有了这些法则,就能够快速地粗略估计产生扭矩所需的损耗。如果损耗过大,可以使用传动装置降低所需的扭矩。

9.2.2 电气性能

上述机械设计方程中包含了铜线的质量分配。接下来,我们会继续这个铜线的话题,并将其细分为线号和匝数。这一分配规定了线圈电阻以及扭矩常数 K_T(英尺·磅/A)。电动机目录册中注明即便是同一个电动机也可能有不同的线圈,此外,目录册中还有每个电动机的型号——以不同的"破折号编号"表示,并标注了对应的 K_T 值。

如果以米制单位 N·m/A 表示,K_T 的数值与反电动势常数 K_B(单位为 V/(rad/s))相同。这种数值上的一致性可以用基础电动机物理学进行解释,但由于它超出了本节的讨论范围,故而不予深究。K_T 增大会产生两个直接效应:K_T 增大意味着产生一定扭矩所需的电流减少,但是,需要更大的电压来克服达到一定转速时出现的反电动势。通常情况下,一个给定应用装置的总线电压是有限的。而这一有限性又会制约我们的选择。以航天器电源总线为例,必须扣掉与功率调节、驱动晶体管、线束等有关的电压降,才能得到电动机的实际终端电压。若想以额定转速施加额定扭矩,可用电压必须符合以下条件:

$$V > K_B \omega + iR = K_B \omega + \frac{\tau}{K_T} R = K_B \omega + \frac{\tau K_T}{K_M^2} \tag{9.3}$$

式(9.3)中用到了下面的数量关系(可通过量纲分析验证):

$$R = \left(\frac{K_T}{K_M}\right)^2 \tag{9.4}$$

式中:K_M 为电动机常数,不是我们之前讨论过的 K_M 密度(K_{MD})。这一点可在机械设计阶段后进行评估,因为那时重量已经确定。

利用式(9.3),我们选定了一个适宜的 K_T,以确保电动机可以在给定总线电压下运行。在这一步中,所需的电动机转速起到了很重要的作用,因为转速越快反电动势越大,而反电动势的大小通常又决定着电动机正常运转所需的电压。较大的

K_T意味着利用较少的电流便可获得相同的扭矩,但并不是增大 K_T 便可以降低功耗,这是因为在电流变化的同时,电阻也发生了变化。这样一来,电动机的耗散功率依然是一个常数。然而,就电动机设计而言,减少电流量还是有其明显优势的。如果所需的电流量较低,驱动电子设备就可以简化,电子设备和线束的整体功耗会减少,电缆线路的重量会减小,电磁干扰会降低。因此,在条件允许的情况下,应该选用最大的 K_T。如果电动机需要输出大扭矩和高转速,电流量就会增加。电流量的增加会影响电子设备的设计,最终达到某个节点时,电动机设计人员将不得不采取措施增大系统总线电压。大扭矩高转速机械在低电压条件下即便能运转也一定非常低效。

一旦选定 K_T,评估线圈电阻(式(9.4))、电流量(依据 K_T 概念)及任何其他的相关参数就变得很容易。通过这种简单的方式,就能够大致了解电动机的重量分配情况,以及其电子设备所需的(设计)电流量。甚至可以通过假设一个合理的铜铁比例(决定电动机重量的主要因素),来估算电动机的体积。要想获得更深入的了解,建议联系电动机供应商的应用工程师。

9.2.3 示例

例 9.1 假设给定下列条件:设计一个必须在角速度为 30rad/s 时产生 0.75 英尺·磅扭矩的电动机;假设电动机的终端电压为 20V;假设 $K_{MD} = 0.07$ 英尺·磅/($\sqrt{W}$·磅)而且 $K_{PD} = 8$ W/磅。

$$W = \left(\frac{\tau}{K_{MD}\sqrt{K_{PD}}}\right)^{2/3} = \left(\frac{0.75}{0.7\sqrt{8}}\right)^{2/3} = 2.4 \text{ 磅} \quad (9.5)$$

$$P_{heat} = \left(\frac{\tau K_{PD}}{K_{MD}}\right)^{2/3} = \left(\frac{0.75(8)}{0.07}\right)^{2/3} = 1.94 \text{W} \quad (9.6)$$

$$K_M = K_{MD}W = 0.07 \times 2.4 = 0.17 \frac{\text{英尺·磅}}{\sqrt{W}} \quad (9.7)$$

接下来,通过解式(9.3),求得 K_T 为

$$K_T = \frac{V}{\frac{4.448(12)}{39.37}\omega + \frac{\tau}{K_M^2}} = 0.3 \frac{\text{英尺·磅}}{\text{A}} \quad (9.8)$$

$$i = \frac{\tau}{K_T} = \frac{0.75}{3} = 2.5 \text{A} \quad (9.9)$$

$$R = \left(\frac{K_T}{K_M}\right)^2 = \left(\frac{0.3}{0.17}\right)^2 = 3.1 \Omega \quad (9.10)$$

注意:热功率为 $i^2R = 2.52^2 \times 3.1 = 19.4$ W(符合预期)。电动机在规定转速输出规定扭矩时所汲取的总功率等于热耗散功率与传递至载荷(扭矩乘以转速并附上

合适的单位)的机械功率之和。由此得

$$P_{\text{Total}} = 19.4 + 0.75\left(\frac{4.448 \times 12}{39.37}\right) \times 30 = 50\text{W} \quad (9.11)$$

如果从电动机终端的角度审视这一结果,那么总功率应该等于电压和电流量的乘积,即 $20 \times 2.5 = 50\text{W}$。

如果此时查看商家有关优质无刷直流电动机的数据记录表,应该可以发现类似的设计。请谨记,通过这一方法所得到的结果仅是近似值。在最终设计时,设计人员必须考虑到制造公差、温度变化和寿命周期等因素,并留出一定的裕度。

9.3 本章小结

本章讨论了航天动量系统可能用到的多种电动机技术,列出了可用于粗略选型研究的简单方程。此外,在示例中还给出了一些关键常数的经验法则。若想获得详细的设计数据,请咨询商家。

第10章 建模仿真和试验台

对太空动量控制系统及依赖这些系统的姿态控制系统进行地基验证存在很多特殊的难题。计算机仿真必须包含动量装置中出现的多种非线性现象,这将对仿真的构建方式造成很大限制。由于动量系统必须遵循角动量守恒定律才能正常运行,因此,硬件在环试验设施必须精确地模仿自由体的动力学特征。

10.1 数学建模和计算机仿真

第4章和附录A讨论了配备动量系统的航天器的运动方程。这些方程意义非凡,它们可以帮助理解问题的物理学原理,评估备选控制策略以及航天器设计过程中的其他步骤。依照惯例,在列这类方程时,为了方便起见,对方程进行了简化。这些简化包括:所有物体均为刚体;所有的约束条件都非常严格;所有刚体的自由度都非常高而且不受摩擦力影响。当开发项目发展到一定阶段,并需要用到时域计算机仿真时,便应该抛开这些简化条件进行深入研究。计算机仿真作为一种评估工具,通常是为了评估预期设计在现实世界不理想条件下的性能和/或稳定性(上文提到的简单运动方程则是建立在理想条件基础上的)。动量系统在很多方面直接影响着航天器的整体性能,因而需要借助计算机仿真进行研究。这些方面包括:

(1)摩擦、齿轮隙、驱动饱和以及其他非线性效应。
(2)不同物体之间的轴承和其他接头的配套性。
(3)多信道通信系统(MCS)元件以及航天器本身的灵活性。
(4)电动机和其他电磁装置的脉动和齿槽效应。
(5)转子失衡和轴承偏心所诱发的振动。
(6)不同柔性振动的陀螺耦合(可以改变两者的频率和振荡形式)。

10.2节将介绍一种成熟的非线性仿真模型建构方法。下面给出的是MATLAB/Simulink模型范例,但其基本原理适用于任何通用的计算机建模环境。这些Simulink简图与一般的反馈控制方块图十分相似。所以,对于一个熟悉反馈控制的读者来说,即便没有MATLAB使用经验,要了解这些简图应该也不难。

10.1.1 第一性原理

当引入模型时,上面讨论过的许多效应会在刚体接触面出现,而且还会不遵循

第4章中的一些简化假设。这样一来,我们便不能以那些运动方程为基础来构建精确的时域模型。所幸的是,我们无需从头再将这些效应推导一遍。现在的计算机,运行速度都非常快,足以解决任何"运动"物体之间复杂的相互作用。我们只需要组织好模型,其余的工作交给计算机了。要想利用计算机的运算能力,就需要进行范式转变(思维和工作方式转变)——摒弃那种进行复杂多体推导并编码结果的习惯性做法。与之相反,需要分别对每个物体进行建模,不考虑它们可能连接到什么物体上。然后,对物体间的连接方式进行建模,不考虑它们可能连接什么物体。这便是"第一性原理"建模方法。实际上,这种模块化的模型组合方式通常会比之前的建模方式要快而且更容易。由于每一个构建模块都是一个很简单的模型,因此,出现人为误差的概率降低,调试时间也随之缩短(换言之,出现错误结果的风险会减小)。这种"第一性原理"方法可用于构建任何逼真度的模型。例如,我们可以将组件建模为一个自由度为1、3或6的刚体(视刚体的实际约束条件而定)。也可以将组件建模为一个自由度非常高的柔性体,按照分析需求,轻松地利用不同逼真度的模型进行仿真。

10.1.2 计算机建模常见问题

人们在利用计算机对某一系统进行建模时,经常出现的一大通病就是对建模的目的没有一个清晰的认识。建模是为了解决某些问题,因而必须以这些问题为依据来决定模型的范围和逼真度。现在的计算机,运行速度确实很快,但是依然存在许多实际限制。下面是一些以实际问题为依据进行建模的实例:

(1)构建一个动量系统模型(航天器模型的一部分),并通过如何应用该模型表现日常生活中的定位场景来研究回转时间。这一模型需要数小时的仿真时间。所以,如果采用目前的台式计算机,要将积分步进时间设定为以微秒为单位,或者将物体的自由度设定为好几千都是很不现实的。因为,这样一来,仿真所耗费的时间会非常多。仿真过程中出现以下现象时,应忽略不计:极点频率或(装置)运作频率远超当前研究的自动控制系统的带宽(如大于20Hz)。像速率限制、加速度、加速度变化率、执行器电流等可能会直接影响回转时间的因素则应考虑在内。受内环稳定性和良好性能影响更多的因素可以忽略。

(2)构建一个动量系统模型以验证控制力矩陀螺系统中常平架速率环的稳定性。在这种情况下,计算机仅需高频运行几秒便能完成验证。假如一个离散时间环路在某个门阵列内闭合,该环路的采样频率可能是10Hz,因而必须进行建模。一般情况下,建模时可以忽略像电动机电流环和换相这类微末细节。一个物体可能与周围结构的柔性振动发生相互作用,因此需要将物体的柔性考虑在内。摩擦和齿轮隙所造成的非线性效应会影响到装置的稳定性。某些饱和限制可能很重要,但是多数饱和限制都是可以忽略的,因为,稳定性分析通常是在"小信号"范畴内进行的。振动源会对功能产生影响,但是不会直接影响到环路稳定性。因此,它们也可以被忽略。

(3) 构建一个模型以验证高速三相 Y 形旋转电动机驱动系统是否能够在额定速度条件下正常运转。在这种情况下,模型中必须包含电动机线圈电感、脉冲宽度调制器、换相和电流环。我们目前所研究的是亚微秒现象,但是仅需仿真几个换相周期便能确定驱动器是否工作。以这种频率在电动机周围闭合环路,物体的柔性振动速度会很低,可以忽略不计。这样仅需将注意力集中到电动机上即可。

上述实例表明,应以实际问题为依据,确定仿真模型的两个关键方面:①模型的逼真度,即应该采用多大的自由度?哪些现象必须纳入考虑范围?②模型的积分时间,即重要的频率有哪些?也许有那么一天,计算机的运行速度可以快过天际,足以满足所有的建模需求。但是,当下我们还是需要利用工程判断来仔细考虑这些实际问题。

10.1.3 模块性

根据前一节的讨论,人们可能会轻易得出这样的结论:可能出现的问题多种多样,因而,基于这些问题所构建的模型也一定不在少数。事实也确实如此。但是,鉴于当今资源有限的现实,我们最好还是做到高效利用资源并尽量减少此类重复。这样做的一个重要原因就是方便进行配置控制。构建和使用仿真模型的同时,硬件的设计通常也在不断地成熟。当发生变化时,步调一致地维护大量单独的模型是极其困难的。但是,如果不这样做,后果很严重。因为,这样一来,航天器项目各个团队所分析的设计(模型)可能会出现不同的版本,进而可能导致误差和进度延误。摆脱这一窘境的方法便是构建不同逼真度的构建模块,这样一来,某一项目的所有模型均可利用相同的模块进行组合构建。当发生变化时,受影响的模块可在通用库中升级,这样一来,在进行各种分析时,便可利用升级后的模块。通过"第一性原理"进行建模可以很方便地实现模型构建方式的模块化,因为每一个"模块"都是独立构建的。要实现模块化还需要一个必要条件,即各方一开始便在接口和结构方面达成一致。

10.1.4 状态选择

试考虑这样一个例子:两个单自由度质量块通过平行弹簧和减振元件连接在一起。可以直观地看到,该系统有 4 个状态:每个物体的速率和位置。图 10.1 的方块图显示了这种模型可能采用的连接方式。如果我们无需详细了解一些物体的位置(事实也经常如此),那么这一拓扑结构便能大大地简化。试考虑图 10.2 所示的例子。

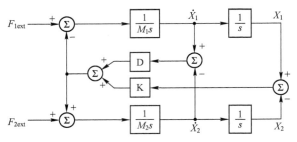

图 10.1 二质量块系统

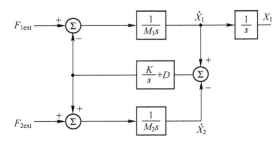

图 10.2 二质量块系统(仅反馈速率)

显然,图 10.2 中两个物体相互连接的拓扑结构要比图 10.1 更简洁。弹簧模型"K/s"中的状态所包含的是两个物体之间的位移,而不是第二个物体的位置。除上述不同之外,两个模型在其他方面均相同。在一个多坐标系变换的多体模型中计算施力点等的力臂时,会消耗大量的计算资源。以图 10.1 为例,需要以两个质量块的位置和速率为依据分别进行所有的计算。因此,我们找到了图 10.2 所示的这种有效的多体模型构建方法。物体在"输入"力和/或扭矩后,"输出"速率。弹簧和减振器等连接组件在"输入"速率后,对两个物体"输出"合力和/或扭矩。将这些构建模块进行互连变得十分简单。物体位置仅在有需要时才会以"输出"的形式包含在模型中。

10.1.5 极性

建模中最为常见的一个错误就是在求和时使用错误的计算符号。通过遵守下面这一套简单的规则,就可以彻底消除这种错误。

(1) 正向力或扭矩会使物体产生正向速率。

(2) 正向差速速率施加在从动附接件上,会使其产生逆向的力/扭矩,例如:胡克定律,$F = -kX$。

(3) 所有的力/扭矩和速率均以正值相加。

(4) 在从动附接件模型和(两个物体中的)一个物体之间添加减号,以示作用/反作用。这一选择是任意的,因为两个物体均可代表正确的物理性质。这一选择仅用于定义从动附接件的正向位移是拉伸还是压缩。

图 10.3 中的实例展示了这种方法。根据定义,所有以这种结构构建的反馈环路都会有 1 个或 3 个减号,表示环路是稳定的。

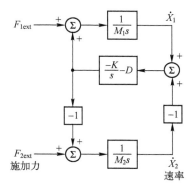

图 10.3　管理极性

10.1.6　物体模型

根据上面所述,单体模型将力和/或扭矩作为输出,然后输出速率。对刚体进行建模时,我们可以根据模型的需要将刚体自由度设定为 1~6 的任意数值。此外,也可以将旋转自由度限定在小角度或不设任何限制(允许物体自由转动)。将小角度近似值代入 $\tau=J\alpha$,就能够对每个自由度单独进行积分运算。如果没有这一近似值,模型必须利用欧拉方程、输运定理等完备方程来获取所有(6 个)自由度的旋转框效应。此外,如果需要位置信息,我们必须通过四元数积分或其他一些非奇异姿态表达式来获取。虽然按照惯例,人们在对物体进行建模时,一般认为物体位于质心处,并用物体自身的地固坐标系来表示,但要在其他物体或力的接合点的坐标系中表示物体模型的输入(F,τ)和输出(速率)也很方便(图 10.4)。

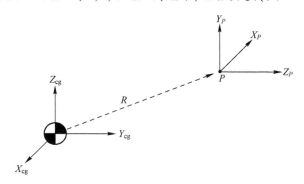

图 10.4　施加在连接点 P 处的调和力以及扭矩

从质心（CG）到连接点的坐标变换和力臂变化可以通过6×6矩阵来表示,即

$$\begin{bmatrix} F \\ \tau \end{bmatrix}_{CG} = M \begin{bmatrix} F \\ \tau \end{bmatrix}_{P} \quad (10.1)$$

式中

$$M = \begin{bmatrix} I_{3\times3} & 0_{3\times3} \\ R^{\times} & I_{3\times3} \end{bmatrix} \begin{bmatrix} A_P^{CG} & 0_{3\times3} \\ 0_{3\times3} & A_P^{CG} \end{bmatrix}$$

式中:A_P^{CG}为从 P 坐标系至 CG 坐标系的3×3变换;$R^{\times}$为列矢量 R 的3×3斜对称矩阵。图10.5是本文建议采用的模块化物体模型的一个实例。模型中间的模块代表阵列中4个常规控制力矩陀螺的真空壳体。这一状态空间线性系统表达式被存储在"hous. s"变量中。每一个壳体都以其质心为基础被建模为一个拥有6个自由度的小角度刚体。因此,该状态空间系统会有24个输入、输出和状态。该状态空间模型其实是很多 $1/Ms$ 和 $1/Js$ 积分的串接。该物体与模型其他部分的4个连接点分别是:两个转子轴承和两个常平架轴承。每个附接件都被建模为拥有6个自由度,因此总共会有96个输入。这一24×48输入变换矩阵是通过 M 矩阵模块串接而构成的。其中的 M 矩阵则分别来自转子轴承和常平架轴承的连接点方程式(10.1)。它们将施加在连接点的力和扭矩变换成附着在物体重心上的本体坐标系中的坐标矩阵,并在该坐标系中对所有这些输入进行求和。每个48×24输出矩阵都是相似输入矩阵的转置矩阵,而且,它们会在附接件坐标系中将物体质心速率变换为每个连接点的速率。这一简单的模块化结构易于构建且出错率低。

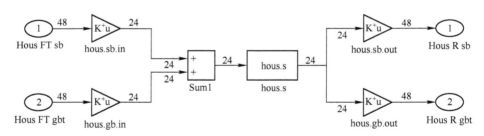

图10.5 模块化物体模型实例

如果要将物体建模为柔性体,建议采用模态叠加的方式将物体的状态分为刚性状态和柔性状态。刚性状态可以借助小角度或大角度姿态表达式进行建模。该柔性模型是通过 Craig-Bampton[1] 法并利用输入和输出所需的边界节点,从 NASTRAN 模型或其他柔性表达式中提取出来的。该柔性模型的坐标变换隐藏在 NASTRAN 模型中。"输入"没有进行求和,而是直接施加在了各个模型节点上。柔性模型的"输出"应该在刚体自身坐标系中的相同节点处,以使其模态位移率能够与刚性模型的"输出"求和。

10.1.7 附接件模型

单附接件模型应该将其所连接的物体的速率作为"输入",并相应地"输出"力和/或扭矩。经过物体模型坐标变换后,"输入"和"输出"应该适用于附接件模型的选定坐标系。这样一来,各个数量便无须进一步的坐标变换而直接组合。对附接件进行建模时,可以根据模型的需要将附接件自由度设定为 1~6 的任意数值。例如,对隔离器进行建模时,简单的六足隔离器模型可能仅会使用一个单自由度:沿隔离器轴线方向的力和位移。这部分的重点是 $K/s+D$ 的表达式,差分速率采用 10.1.4 节和 10.1.5 节中所述的平衡反作用力得出。然后,以该基本模型为基础,加入了所有相关的非线性元素和其他复杂条件。图 10.6 所示的模型是以一个控制力矩陀螺阵列的 8 个转子轴承为依据构建的(该阵列由 4 个控制力矩陀螺组成,其中每个陀螺有两个转子轴承)。这些转子轴承被建模为拥有 6 个自由度,因而会产生图中所示的 48 个信号。注意: $K/s+D$(sb. s)状态空间表达式得出的输出力和输出扭矩会作用在转子上,并且还会反作用在真空壳体上。在状态空间模型 sb. s 中,轴承旋转轴的 K 和 D 值均为零。与之不同,4 个旋转扭矩则是在模型底部进行计算,并且通过"toRz"矩阵进行求和。旋转轴扭矩模型包括旋转电动机自身的库仑阻力和黏滞阻力模型,以及轴承在承受载荷时(如控制力矩陀螺扭转时)的阻力变化模型。对于控制力矩陀螺的转子轴承而言,库仑阻力实质上是一个常数。但是,反应轮总成的转子轴承(或控制力矩陀螺常平架轴承)却需要一个更好的模型。在这种情况下,建议使用达尔摩擦模型[2]。最后,我们来看一下由于轴承偏心而产生转子轴承扰动的扰动模型。该模型将转速作为输入,然后用不同的频率产生梳状正弦波以代表不同的轴承音。注意,在建模时,轴承偏心被适当地转换成了接触面的强迫位移——因为轴承比周围的结构要硬许多,所以最好把它们当作刚性约束。若以这种方式进行建模,偏心旋转所产生的实际的力和扭矩便会取决于周围结构的刚度,而不仅是轴承自身的状况。

10.1.8 积分

借助上面所述的构建模块和本节介绍的架构,就能够为基于多信道通信系统的姿态控制系统构建逼真度极高的表达式。若有需要,这类模型还可通过改变构建模块逼真度的方式来进行弱化或强化。按照模块化理念,陀螺项仅存在于转子体模型中。在通过仿真解决模块体之间的相互作用时,所有的合成陀螺效应都会出现,例如:控制力矩陀螺输出扭矩增大;航天器运动时,进动产生常平架回扭矩;常平架惯性增大;弹性模式耦合。转子可以被简单建模为一个完整的大角度旋转体,但是对合成运动进行积分运算会占用大量的计算机资源,而且还不能实质性地增加逼真度。因此,在一般情况下,最好还是采用"转子转速远大于其他轴的角速

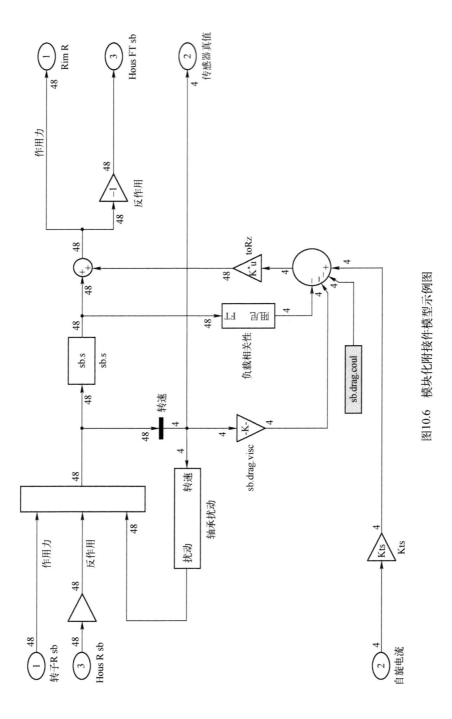

图10.6 模块化附接件模型示例图

度"这种简化假设。这样一来,我们就可以推导出简单的陀螺耦合矩阵,并将其与简单的物体模型进行结合。在这一矩阵中,转子的角动量会通过旋转轴惯性和转子转速的乘积而求得。转子旋转轴的角度状态需要进行数值积分运算。

10.2 硬件在环试验台

虽然现代的计算机仿真可以极大地降低风险,但是硬件试验这种"老旧"的方法依然有其不可替代性。然而,对基于多信道通信系统的姿态控制系统进行地面试验确实十分困难。动量系统依赖封闭系统内的角动量守恒来实现与航天器之间的动量交换,并影响控制扭矩。这样一来,硬件在环试验设施就必须提供一个类似真正封闭系统(如没有外部扭矩)的替代航天器。试验设施成功与否,关键在于其所提供的替代航天器能否高质量地实现试验目标。模拟失重的技术有很多,包括浮力支架或复杂的卸载机械装置。但是,最为常用的还是空气轴承。玩过空气曲棍球的人应该对这一技术并不陌生。它并不复杂,成本也不高,而且可以提供近乎完美的零摩擦悬浮力。"伴侣号"(Sputnik)人造卫星于 1957 年发射升空。"探险者"1 号(Explorer-1)人造卫星于 1958 年发射升空。根据记录,最早的空气轴承航天器模拟器出现在 1960 年。从航天探索开始至今,这些系统在检验航天技术方面确实发挥了不可或缺的作用[3]。平面空气轴承拥有两个平移自由度和一个旋转自由度,是模拟双航天器动力学条件的理想试验台。相对轨道机动、编队飞行、会合以及对接的相关控制技术可以在发射前进行充分开发和测试。图 10.7 所示的是斯坦福大学航空航天实验室的两连杆机械臂——平面试验台的一种。空军研究实验室(AFRL)自 20 世纪 80 年代后期便一直在使用大型球形空气轴承航天器模拟器。名为"先进结构技术研究实验"(ASTREX)的模拟器便是这类早期模拟器的一种。"先进结构技术研究实验"(图 10.8)内置了 4 个大型的霍尼韦尔控制力矩陀螺,而且它还拥有可以支撑大概 15000 磅质量的球形空气轴承。空军研究实验室将其用于航天器光束定向器定向结构控制和减振研究。除"先进结构技术研究实验"之外,还有许多其他的项目平台一直在用这种空气轴承,例如:飞轮姿态控制和能量传输系统(FACETS)和小型敏捷多用途卫星模拟器(mini-AMPSS)(见第 6 章)。美国新墨西哥州科特兰空军基地的空军研究实验室航天器理事会目前正利用空气轴承来测试最先进航天器的故障检测和隔离算法及容错控制技术。一些试验台会在平面型载体上方加装旋转空气轴承以实现 6 个自由度。图 10.9 所示为马歇尔航天飞行中心的"飞行机器人实验室"——上述试验台的一种。该实验室拥有 44×86 英尺的精密平板地板。在这一平面地板上,空气轴承航天器模拟器可利用与圆柱提升机构耦合的浮动球形空气轴承提供 400 磅的有效载荷并实现六自由度运动。虽然利用这一复杂设施可以进行某些特定的试验,但是,我们无需 6 个自由度便可完成基于多信道通信系统的姿态控制系统的相关研究。

图 10.7　斯坦福大学的两连杆机械臂（图片由 NASA 供图）

图 10.8　空军研究实验室先进结构技术研究实验航天器模拟器

图 10.9　马歇尔航天飞行中心的飞行机器人实验室（图片由 NASA 供图）

10.2.1 精密旋转空气轴承系统

基于多信道通信系统的姿态控制系统的刚体研究仅需要 3 个旋转自由度。如果运动部件符合第 4 章中论及的陀螺仪规则,那么柔性行为也可纳入这种试验台。不论是在何种情况下,都必须尽力限制外部扭矩。这一问题的严重性自是不言而喻的。1964 年,美国弗吉尼亚理工大学举办了一场名为"仿真模拟在航天技术中的作用"的主题会议。会上,G. 艾伦·史密斯(G. Allen Smith)发表了一篇有关上文所述课题的重要文章。史密斯向与会人员介绍了几种系统,并概述了作用在空气轴承转子上的那些扭矩。史密斯将扰动扭矩分为 4 类,而且还列出了每类扰动扭矩的特定来源。

(1) 平台产生的扭矩:静不平衡;动不平衡;非等弹性;材料失稳(应力、温度、湿度、蒸发);重力梯度;设备运动(电磁线圈、继电器)。

(2) 源自轴承的扭矩:气动涡轮效应;排气冲击。

(3) 源自环境的扭矩:空气阻尼;气流;磁场;振动;辐射压力。

(4) 源自试验系统的扭矩:连接至基座的电线;轴承和松配合造成的质量转移;电池放电;反作用喷射供给射流;部件更换。

第(1)和(4)类中的多数扭矩均可通过改善试验台的设计予以缓解:设计精良的结构配上精挑细选的部件。空气轴承系统早期发展阶段,人们对(2)中的效应的重视程度比现在要高。虽然内部轴承效应在工业空气轴承的设计和运转中可能起着非常重要的作用,但是对于我们所考量的多数系统而言,这些效应都是可以忽略不计的。有几个试验设施已经开发出了用以减少环境扭矩(第(3)类)的大型工具。一般情况下,热气流所引发的效应最为严重,但也最易清除:美国国家航空航天局有几个设施便建造了真空室。波音公司绕月飞行器姿态控制模拟器所处的设施无法使用该解决方案,因为模拟器中有飞行员。与之前采用真空室的方案不同,该舱室在设计时采用了全空气环流和温度调节技术。而且,整个系统还被安装在一块由 7 个空气弹簧支撑、重 90000 磅的混凝土板上。这样一来,整个系统便可以有效地隔绝地震效应的影响。马歇尔航天飞行中心将一个系统安装在一组赫姆霍兹线圈内,以此来消除地磁场对有效载荷的影响。

10.2.2 非等弹性

也许在上述扰动扭矩源中,最难克服的便是非等弹性。这一效应会直接影响试验件在转动时的平稳性,但是人们对它的了解却不是很多。要了解这一效应,首先要认识到试验件的硬度不可能无限大。鉴于硬度有限,加之重力的作用,支撑点和试验件末端之间会有些下垂变形。垂度的大小取决于重力载荷方向上的质量和硬度分布。如果结构的硬度会随着载荷方向的变化而变化(多数结构都是如此),

那么就能将这种效应称为"非等弹性"。这种结构的质心会随着姿态的变换而变化,质心的变化继而会导致非周期性钟摆式扰动扭矩。下面考虑图 10.10 所示的简单结构。在左图中,大哑铃处于下垂状态。所以需要在转轴(灰色)上方添加额外的质量以提升重心并保持系统平衡。在右图中,系统旋转 90°后,大哑铃在这一方向上硬度较大且不再弯曲。为了补偿第一个旋转方向上重心下垂而添加的平衡质量块现在会使系统变得不对称(而且平衡质量块自身也会下垂),而这种不对称继而又会导致系统重心在水平和垂直方向上的偏移。

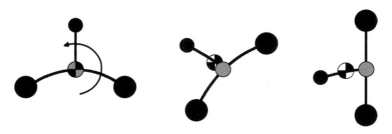

图 10.10 简单非等弹性结构

10.2.3 主动式质量平衡

非等弹性效应使物理可实现的结构无法在所有姿态被动地保持质心完全平衡。解决方案便是采用主动系统——该系统能够在计算机控制下移动质量以进行质心调整。图 10.11 所示的霍尼韦尔动量控制系统试验台便采用了这种技术。

图 10.11 霍尼韦尔动量控制系统试验台[4]

该设施有3个伺服驱动滚珠丝杠线性位移台,可以沿着导轨移动小型的铝块。这一设计安排使试验台能够以3个自由度进行质心调整。平衡质量块的运动路径均指向球形空气轴承的旋转中心,这样一来,质量块的加速度便几乎不会产生扭矩。这些质量块可以消除质心偏移所产生的扭矩。它们可以主动地将重达1400kg的试验台的质心置于空气轴承旋转中心处,而且误差不超过几微米。

10.2.4　控制质量平衡系统

当考虑使用这些驱动器进行控制系统设计时,首要的一点便是避免质量平衡系统(MBS)与受试的自动控制系统相互作用。质量平衡系统的运行必须透明,这样才能避免试验台上正在进行的试验受到干扰或破坏。为这些控制系统选择(合适的)反馈是实现该目标的一个关键步骤。该试验台的主要目标之一便是按照封闭系统的方式运行,以符合角动量守恒定律的要求。只有这样才能恰当地运行和测试基于多信道通信系统的系统。由此可知,质量平衡系统的目的是使试验台系统的净角动量在惯性坐标系中保持恒定(暗指缺乏外部扭矩)。试验用航天器(试验台)的净角动量包括航天器自身以及其上安装的所有控制力矩陀螺的动量矢量之和,可以通过以下信息计算这一矢量:

(1)航天器速率(来自航天器自带的速率陀螺仪);
(2)航天器惯性;
(3)控制力矩陀螺轮转速(来自控制力矩陀螺转速表遥测装置);
(4)控制力矩陀螺轮惯性;
(5)控制力矩陀螺常平架转角(来自控制力矩陀螺解析器遥测装置)。

这一原则很重要,它意味着可以完全根据硬件状态得出可以用作质量平衡系统反馈的数量。

我们无需从自动控制系统获取任何信息,自动控制系统甚至也无需闭合和运行。无论系统是处于静止还是迅速旋转状态,反馈数量始终有效。在理想条件下,自动控制系统的运行状况并不会改变反馈数量,这是因为控制力矩陀螺阵列的动量变化与航天器的动量变化大小相等、方向相反,这再次凸显了质量平衡系统和自动控制系统的独立性。图10.12所示为质量平衡系统的架构,它显示了净航天器动量 H 的变动率的发展过程(中心路径一直努力趋近于零)。计算出外部扭矩所需的变动率后,该算法便会利用与重力矢量的叉积来确定物体质心所需的变动率。

然后,该指令会到达质量平衡系统驱动器。我们希望将该闭合环路的带宽保持在较低的范围内(0.1Hz)。这是因为它不擅于抵抗快速变化的外部扭矩,如敏捷回转期间可能出现的扭矩。我们参考通用控件解决方案并在图10.12的上部添加了"前馈"路径。该路径可以在物体开始运动时便预测所需的修正,并将修正作

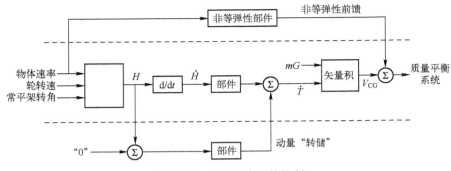

图 10.12 质量平衡系统控制

用于质量平衡系统驱动器的带宽。最后,可以明显看到图 10.12 底部还有一个附加装置。在实验室中操作动量系统与在太空中一样,两者都需要用某种方式来"倾泻"随着时间的推移而不断累积的动量,目前介绍的质量平衡系统控件仅用于防止净动量变化。这一额外的闭合环路可以使净动量趋近于零,这样便能实现动量倾泻的效果。这一功能所使用的带宽应该远远低于起稳定作用的主平衡环路所使用的带宽,而且若想取消该功能仅需打开环路即可。为了使描述简单明了,我们仅给出了质量平衡系统控制系统的基本原理。有过现场工作经验的人会注意到,这里并未对移动物体坐标系(质量平衡系统安装于此)和实验室坐标系(此处的 mg 矢量为常数)进行区分。此外,还忽略了地球转动所产生的效应。这一忽略是合理的,因为这里所涉及的频率含量存在显著差异。有鉴于此,才将实验室坐标系中的动量视作守恒。

10.3 本章小结

本章讨论了测试与验证基于多信道通信系统的姿态控制系统所采用的方法(分为计算机仿真和硬件在环试验两类)。本章给出了一个专门用于对这些非线性装置进行计算机建模的成熟架构。该架构采用"第一性原理"以及一种严谨方法来选择状态,配置反作用以及组建模型。借助该方法,就可以根据需要在模型内添加非线性元素,并避免违反之前在提前计算多体运动方程时可能做出的假设。本章在对基于多信道通信系统的系统进行硬件在环试验时,优先使用了三自由度空气轴承悬架法。创建这样一个试验设施所面临的最大挑战是结构非等弹性效应对质量块重力平衡的影响。本章介绍了一种利用主动系统克服这一问题的方法。

参 考 文 献

[1] M. Bampton, R. Craig Jr., Coupling of substructures for dynamic analyses. AIAA J. **6**(7), 1313 (1968)
[2] P. Dahl, A solid friction model. Technical Report, Aerospace Corporation Report TOR-158(3107-18), 1968
[3] J. Schwartz, M. Peck, C. Hall, Historical review of air-bearing spacecraft simulators. AIAA J. Guid. Control. Dyn. **26**(4), 513 (2003)
[4] B. Hamilton, Honeywell's momentum control system testbed, in *AAS Advances in the Astronautical Sciences*, vol. 151, 2014

附录 A　配备控制力矩陀螺的航天器的扩展运动方程

动力学学科教学通常会假设学习者已经理解系统质量特性、角动量和线性动量的原理。但是,如若学习者不能透彻理解系统上述特性的真正原理,自然也就不清楚利用运动方程推导出的项在何时可以忽略不计。

本章旨在详细阐述配备控制力矩陀螺阵列的航天器的动力学特性(包括粒子、组成部分和系统角动量),并以此为据,严格推导出通用矢量运动方程。这里会一步步推导运动方程,并补上大多数文献通常略去的步骤注解。本附录无意偏离或重复关于动力学的章节中的内容,而是会分析之前讨论过的多体系统运动方程的推导过程以及相应的角动量和惯性。此外,本附录还列出了许多必要步骤,读者可以根据这些步骤推导出更为复杂的多体系统运动方程。除去一些必要的附加注解外,其他注解均与第 4 章所采用的注解一致。

我们谨在此感谢佛罗里达大学的诺曼·菲茨-科伊(Norman Fitz-Coy)教授,本附录的大多数质量积分运动方程都是以其注解为基础直接推导或扩展得出的。

A.1　源起于粒子

试想所有的物质都是由无体积、无惯性但有质量的粒子组成的。多个这样的粒子(至少 2 个)就组成了一个系统。而系统又会有质心,甚至是有有效惯量。试想图 A.1 所示的杠铃(其连杆无质量)。

图 A.1　双粒子组成的杠铃

质心位置等于粒子质量与连杆和基准位置(与所选基准无关)之间的矢量距离之积与总质量之比。

$$R_C = \frac{\sum_{i=1}^{n} m_i \boldsymbol{r}_i}{\sum_{i=1}^{n} m_i} \tag{A.1}$$

式中：m_i 为 n 个粒子在位置矢量 r_i 处的质量，r_i 代表粒子位置与基准位置之间的位置矢量，二者乘积 $m_i r_i$ 即第一质量矩。如果粒子数 $n\to\infty$ 且存在使所有粒子间距固定的约束条件，就会形成一个刚体。

A.2 组成部分

一个系统可能包含多个组成部分，它们当中有一些可能是刚体，也有一些可能不是刚体(如非空推进剂储箱就不是刚体)。构成这些组成部分的粒子连续体是通过内力结合在一起的。如果我们对连续体的微分质量进行积分运算，那么所求得的质量可表示为

$$m_B = \int_B dm \tag{A.2}$$

现在求得的物体质心位置方程与式(A.1)类似，仅粒子连续体这一点稍有差异。

$$R_C = \frac{\int_B \boldsymbol{\rho} \, dm}{\int_B dm} \tag{A.3}$$

$\int_B \boldsymbol{\rho} \, dm$ 这一项即物体 B 的第一质量矩，而且在测量粒子位置时，无论所选测量基准是否是质心，该质量矩均为零。一般来说，航天器都是由许多单独的子系统组成的，而这些子系统又是由许多单独的部分组成的。例如，一个典型的航天器有如下子系统或主要组成部分：通信和地面站网络；指令与数据处理；电力系统；推进；结构、热和健康监测；有效载荷；轨道控制与轨迹生成；姿态确定与控制。

姿态确定与控制系统(ADCS)内的传感器有以下几种：陀螺仪、加速度计、反应轮总成、控制力矩陀螺转子、常平架编码器、霍尔传感器、星体跟踪仪、地平仪、磁强计等。执行器的姿态确定与控制系统可能含有磁体线圈/扭矩传感器、反应轮总成、控制力矩陀螺和/或推进器。

对于搭载有控制力矩陀螺阵列的航天器，您可以考虑将其分成 3 个不同的部分来理解。首先是航天器平台，它包含除控制力矩陀螺外的航天器系统及其子系统。控制力矩陀螺自身有 2 个单独的组成部分或结构体：转子和常平架(固定转子的结构)。因此，我们会在分别考量航天器平台、常平架和转子这 3 个不同组成部分的基础上，推导出通用质量体运动的积分方程。

A.3 航天器多个 CMG 组成系统的参照系

试考虑图 A.2 中的通用几何图所示的由单个控制力矩陀螺构成的航天器。该

系统有3个不同的组成部分:包含除控制力矩陀螺外的所有组件(如电池板、推进剂箱、有效载荷、传感器、结构和电子组件)的航天器平台、控制力矩陀螺转子以及常平架。

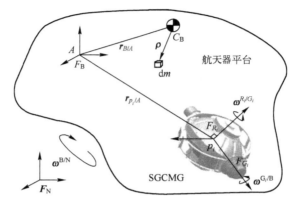

图A.2　航天器控制力矩陀螺系统的几何图动力学方程(或航天器在内部或外部扭矩作用下进行旋转运动的运动方程)是在推导出系统所有组成部分的角动量的基础上进一步推导出来的

本书末尾的符号表中列出了与图A.2相关的参照系、质量体、点、位置矢量、速度矢量和惯性。

A.4　航天器多个CMG组成阵列的运动学和动力学运动方程

运动学运动方程可以展示在没有力或扭矩作用下的惯性坐标系内,系统所有组成部分之间的运动关系。因此,这些方程完全依赖于系统所有组成部分相对于彼此和惯性坐标系的几何学特征(如角度和位置)。对于刚体而言,这些方程通常会用四元数、方向余弦矩阵或是其他姿态表示法及相应的角速度来表示。

A.4.1　航天器的角动量

我们的系统的最大组成部分是航天器平台。物体 X 的角动量表达式是 $\boldsymbol{h} = \int_X \boldsymbol{r} \times \boldsymbol{v} \mathrm{d}m$。航天器平台相对于点 A 的角动量质量积分为

$$\boldsymbol{h}_A^B = \int_B (\boldsymbol{r}_{B/A} + \boldsymbol{\rho}) \times [\boldsymbol{v}_A + \boldsymbol{\omega}_{B/N} \times (\boldsymbol{r}_{B/A} + \boldsymbol{\rho})] \mathrm{d}m$$

$$= \int_B (\boldsymbol{r}_{B/A} + \boldsymbol{\rho}) \mathrm{d}m \times \boldsymbol{v}_A + \int_B (\boldsymbol{r}_{B/A} + \boldsymbol{\rho}) \times [\boldsymbol{\omega}_{B/N} \times (\boldsymbol{r}_{B/A} + \boldsymbol{\rho})] \mathrm{d}m$$

$$= \int_B \boldsymbol{r}_{B/A} \mathrm{d}m \times \boldsymbol{v}_A + \int_B \boldsymbol{\rho} \mathrm{d}m \times \boldsymbol{v}_A + \int_B \boldsymbol{\rho} \times (\boldsymbol{\omega}_{B/N} \times \boldsymbol{\rho}) \mathrm{d}m +$$

$$\int_B \boldsymbol{r}_{B/A} \times (\boldsymbol{\omega}_{B/N} \times \boldsymbol{r}_{B/A}) \mathrm{d}m + \int_B \boldsymbol{\rho} \times (\boldsymbol{\omega}_{B/N} \times \boldsymbol{r}_{B/A}) \mathrm{d}m +$$

$$\int_B \boldsymbol{r}_{B/A} \times (\boldsymbol{\omega}_{B/N} \times \boldsymbol{\rho}) \mathrm{d}m \tag{A.4}$$

只有在位置矢量 $\boldsymbol{r}_{B/A}$ 不依赖于微分质量 $\boldsymbol{\rho}$ 的位置时,才能将其从式(A.4)的质量积分中抽离出来。例如,燃料晃动或航天器平台的挠性附件可能导致质心位置相对于航天器本体 B 发生变化。此处的质量积分是为航天器本体 B 定义的[①]。因此,若假设航天器的质心固定在本体 B 内,那么航天器相对于点 A 的角动量可表示为

$$\boldsymbol{h}_A^B = \int_B (\boldsymbol{r}_{B/A} \mathrm{d}m \times \boldsymbol{v}_A + \boldsymbol{\rho} \times [\boldsymbol{\omega}_{B/N} \times \boldsymbol{\rho}] \mathrm{d}m +$$

$$\int_B \boldsymbol{r}_{B/A} \times (\boldsymbol{\omega}_{B/N} \times \boldsymbol{r}_{B/A}) \mathrm{d}m$$

$$= (\boldsymbol{J}_B^B + \boldsymbol{J}_A^B) \cdot \boldsymbol{\omega}_{B/N} + m_B \boldsymbol{r}_{B/A} \times \boldsymbol{v}_A \tag{A.5}$$

上式中,按照式(A.3)中的质心定义乘以 $\int \boldsymbol{\rho} \mathrm{d}m = 0$ 的惯性项,$\boldsymbol{J}_B^B$ 和 $\boldsymbol{J}_A^B$ 可表示为

$$\begin{cases} \boldsymbol{J}_B^B = \int_B (\boldsymbol{\rho} \cdot \boldsymbol{\rho} \boldsymbol{d} - \boldsymbol{\rho}\boldsymbol{\rho}) \mathrm{d}m \\ \boldsymbol{J}_A^B = \int_B (\boldsymbol{r}_{B/A} \cdot \boldsymbol{r}_{B/A} \boldsymbol{d} - \boldsymbol{r}_{B/A} \boldsymbol{r}_{B/A}) \mathrm{d}m \end{cases} \tag{A.6}$$

式中:$\boldsymbol{J}_A^B$ 为航天器质心从点 A 发生转变时的相关平行轴惯性。

式(A.6)是通过任意矢量 $\boldsymbol{a}$、$\boldsymbol{b}$、$\boldsymbol{c}$ 的矢量二元恒等式(如下所示)推导出的。

$$\boldsymbol{a} \times (\boldsymbol{b} \times \boldsymbol{a}) = (\boldsymbol{a} \cdot \boldsymbol{a}\boldsymbol{d} - \boldsymbol{a}\boldsymbol{a}) \cdot \boldsymbol{b} \tag{A.7}$$

式中:$\boldsymbol{d}$ 为单位并矢式。

在利用质量积分推导角动量时,应当注意每个力臂和速度所起到的相关作用。在式(A.5)和式(A.6)中,应注意航天器质心和所有粒子随惯性速度 $\boldsymbol{v}_A$ 及其回转速度分量 $\boldsymbol{\omega}_{B/N} \times (\boldsymbol{r}_{B/A} + \boldsymbol{\rho})$ 而发生的转变。这一要求并不完全适用于那些由多个组成部分组成的系统,参见 A.4.2 节和 A.4.3 节。

A.4.2 控制力矩陀螺常平架的角动量

试考虑图 A.3 所示的单框架控制力矩陀螺。我们暂时会忽略其转子,而仅推

---

① 注意:如果航天器平台具有挠性附件,那么包含微分质量单元矢量 $\boldsymbol{\rho}$ 和偏移矢量的耦合积分项不为零。这类挠性效应通常都是通过对有限的几个 $\boldsymbol{\rho}$ 模式进行求和估算而得出的。

导控制力矩陀螺常平架的角动量。这样做并不会影响推导的准确性,因为最终求得的角动量均是矢量,可以进行加法运算。相对于点 A 的一个单框架控制力矩陀螺常平架的角动量可表示为

$$
\begin{aligned}
\boldsymbol{h}_A^{G_i} = & \int_{G_i} (\boldsymbol{r}_{p_i/A} + \boldsymbol{\rho}) \times (\boldsymbol{v}_A + \boldsymbol{\omega}_{B/N} \times \boldsymbol{r}_{p_i/A}) \mathrm{d}m + \\
& \int_{G_i} (\boldsymbol{r}_{G_i/p_i} + \boldsymbol{\rho}) \times [(\boldsymbol{\omega}_{B/N} + \boldsymbol{\omega}_{G_i/B}) \times (\boldsymbol{r}_{p_i/G_i} + \boldsymbol{\rho})] \mathrm{d}m \\
= & \int_{G_i} \boldsymbol{r}_{p_i/A} \mathrm{d}m \times \boldsymbol{v}_A + \int_{G_i} \boldsymbol{r}_{p_i/A} \times (\boldsymbol{\omega}_{B/N} \times \boldsymbol{r}_{p_i/A}) \mathrm{d}m + \\
& \int_{G_i} \boldsymbol{\rho} \times [(\boldsymbol{\omega}_{B/N} + \boldsymbol{\omega}_{G_i/B}) \times \boldsymbol{\rho}] \mathrm{d}m + \\
& \int_{G_i} \boldsymbol{r}_{G_i/p_i} \times [(\boldsymbol{\omega}_{B/N} + \boldsymbol{\omega}_{G_i/B}) \times \boldsymbol{r}_{G_i/p_i}] \mathrm{d}m + \\
& \int_{G_i} \boldsymbol{r}_{G_i/p_i} \times [(\boldsymbol{\omega}_{B/N} + \boldsymbol{\omega}_{G_i/B}) \times \boldsymbol{\rho}] \mathrm{d}m + \\
& \int_{G_i} \boldsymbol{\rho} \times [(\boldsymbol{\omega}_{B/N} + \boldsymbol{\omega}_{G_i/B}) \times \boldsymbol{r}_{G_i/p_i}] \mathrm{d}m
\end{aligned} \quad (\text{A.8})
$$

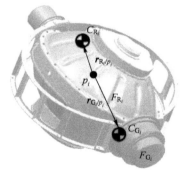

图 A.3 存在质心偏移的单框架控制力矩陀螺

我们目前讨论的系统有多个运动部件。因此,在推导角动量时必须小心谨慎。在式(A.8)中,首先要了解的一点是,航天器平台固定于其参照系内,其位置矢量 $\boldsymbol{r}_{p_i/A}$ 是在控制力矩陀螺质心的标称位置 p_i 的基础上求得的。这一矢量仅是在惯性坐标系内,航天器组成部分运动速度的力臂,它并未将常平架绕常平架轴转动的额外速度包含在内。式(A.8)右侧的第一个项是角动量,它与上面提到的力臂以及相对于点 A 的第 i 个控制力矩陀螺常平架的质量有关。此外,对于该角动量而言,控制力矩陀螺常平架的中心角动量的作用也应考虑在内。该角动量的作用是以点 $\boldsymbol{r}_{p_i/A}$ 为依据来确定的。

在式(A.8)中,假设常平架的质心在点 $\boldsymbol{r}_{p_i/A}$,那么控制力矩陀螺常平架的角动

量方程可以简化为

$$h_A^{G_i} = \int_{G_i} r_{p_i/A} dm \times v_A + \int_{G_i} r_{p_i/A} \times (\omega_{B/N} \times r_{p_i/A}) dm +$$

$$\int_{G_i} \rho \times [(\omega_{B/N} + \omega_{G_i/B}) \times \rho] dm$$

$$= J_A^{G_i} \cdot \omega_{B/N} + J_{G_i}^{G_i} \cdot (\omega_{B/N} + \omega_{G_i/B}) + m_{G_i} r_{p_i/A} \times v_A \quad (A.9)$$

式中

$$\begin{cases} J_A^{G_i} = m_{G_i} [r_{p_i/A} \cdot r_{p_i/A} d - r_{p_i/A} r_{p_i/A}] \\ J_{G_i}^{G_i} = \int_{G_i} (\rho \cdot \rho d - \rho\rho) dm \end{cases} \quad (A.10)$$

实际操作中,控制力矩陀螺供应商通常会将常平架造得十分坚硬,这样便能保持其平衡,缩小其质心偏移,并将质心粗略地视同为常平架轴上的一个粒子,以杜绝可变惯性的产生。如果要使用这种"粒子"假设,甚至是将该假设扩展为"粒子在常平架轴的沿线上",那么可以构建一个由粒子不平衡旋转诱使系统产生额外角动量扰动的方程:

$$h_A^{G_i} = m_{G_i} r_{p_i/A} \times v_A + (r_{p_i/A} \cdot r_{p_i/A} d - r_{p_i/A} r_{p_i/A}) \cdot \omega_{B/N} +$$

$$m_{G_i} (r_{G_i/p_i} \cdot r_{G_i/p_i} d - r_{p_i/G_i} r_{p_i/G_i}) \cdot (\omega_{B/N} + \omega_{G_i/B}) \quad (A.11)$$

利用式(A.9)中的单粒子质量体角动量可以推导出式(A.11)。这样一来,积分方程就可以简化为代数方程。注意:常平架不平衡通常都很小,而且与航天器角速度相关的项通常比与常平架角速度相关的项小很多。因此,如果仅保留式(A.11)的主项,就可以得到

$$h_A^{G_i} \approx m_{G_i} (r_{G_i/p_i} \cdot r_{G_i/p_i} d - r_{p_i/G_i} r_{p_i/G_i}) \cdot \omega_{G_i/B} \quad (A.12)$$

A.4.3 控制力矩陀螺转子的角动量

控制力矩陀螺转子的角动量与控制力矩陀螺常平架的角动量类似,有

$$h_A^{R_i} = \int_{R_i} (r_{p_i/A} + \rho) \times (v_A + \omega_{B/N} \times r_{p_i/A}) dm +$$

$$\int_{R_i} (r_{R_i/p_i} + \rho) \times [(\omega_{B/N} + \omega_{G_i/B} + \omega_{R_i/G_i}) \times (r_{p_i/R_i} + \rho)] dm$$

$$= \int_{R_i} r_{p_i/A} dm \times v_A + \int_{G_i} r_{p_i/A} \times (\omega_{B/N} \times r_{p_i/A}) dm +$$

$$\int_{R_i} \rho \times [(\omega_{B/N} + \omega_{G_i/B} + \omega_{R_i/G_i}) \times r_{p_i/A}] dm +$$

$$\int_{R_i} r_{R_i/p_i} \times [(\omega_{B/N} + \omega_{G_i/B} + \omega_{R_i/G_i}) \times r_{R_i/p_i}] dm +$$

$$\int_{R_i} \boldsymbol{r}_{R_i/p_i} \times [(\boldsymbol{\omega}_{B/N} + \boldsymbol{\omega}_{G_i/B} + \boldsymbol{\omega}_{R_i/G_i}) \times \boldsymbol{\rho}] dm +$$

$$\int_{R_i} \boldsymbol{\rho} \times [(\boldsymbol{\omega}_{B/N} + \boldsymbol{\omega}_{G_i/B} + \boldsymbol{\omega}_{R_i/G_i}) \times \boldsymbol{r}_{R_i/p_i}] dm \tag{A.13}$$

如果和先前一样假设式(A.13)中的质心位置在点 p_i，那么控制力矩陀螺常平架的角动量方程可简化为

$$\boldsymbol{h}_A^{R_i} = \int_{R_i} \boldsymbol{r}_{p_i/A} dm \times \boldsymbol{v}_A + \int_{R_i} \boldsymbol{r}_{p_i/A} \times (\boldsymbol{\omega}_{B/N} \times \boldsymbol{r}_{p_i/A}) dm +$$

$$\int_{R_i} \boldsymbol{\rho} \times [(\boldsymbol{\omega}_{B/N} + \boldsymbol{\omega}_{G_i/B} + \boldsymbol{\omega}_{R_i/G_i}) \times \boldsymbol{\rho}] dm$$

$$= \boldsymbol{J}_A^{R_i} \cdot \boldsymbol{\omega}_{B/N} + \boldsymbol{J}_{R_i}^{R_i} \cdot (\boldsymbol{\omega}_{B/N} + \boldsymbol{\omega}_{G_i/B} + \boldsymbol{\omega}_{R_i/G_i}) + m_{R_i} \boldsymbol{r}_{p_i/A} \times \boldsymbol{v}_A \tag{A.14}$$

式中

$$\begin{cases} \boldsymbol{J}_A^{R_i} = m_{R_i} [\boldsymbol{r}_{p_i/A} \cdot \boldsymbol{r}_{p_i/A} \boldsymbol{d} - \boldsymbol{r}_{p_i/A} \boldsymbol{r}_{p_i/A}] \\ \boldsymbol{J}_{R_i}^{R_i} = \int_{R_i} (\boldsymbol{\rho} \cdot \boldsymbol{\rho} \boldsymbol{d} - \boldsymbol{\rho} \boldsymbol{\rho}) dm \end{cases} \tag{A.15}$$

实际操作中，控制力矩陀螺供应商通常会将常平架造得十分坚硬且精密对准，这样便能静态或动态地保持常平架的平衡，减小转子的质心偏移（偏心），并将质心粗略地视同为转子轴沿线上的一个粒子。但是，这类不平衡是航天器振动的主要来源，而且比常平架不平衡更为普遍，因为转子的转速要比常平架快得多。

因此，如果想要使用这种"粒子"假设，可以构建一个由粒子不平衡旋转诱使系统产生额外角动量扰动的方程：

$$\boldsymbol{h}_A^{R_{p_i}} = m_{R_i} \boldsymbol{r}_{p_i/A} \times \boldsymbol{v}_A + (\boldsymbol{r}_{p_i/A} \cdot \boldsymbol{r}_{p_i/A} \boldsymbol{d} - \boldsymbol{r}_{p_i/A} \boldsymbol{r}_{p_i/A}) \cdot \boldsymbol{\omega}_{B/N} +$$

$$m_{R_i} (\boldsymbol{r}_{R_i/p_i} \cdot \boldsymbol{r}_{R_i/p_i} \boldsymbol{d} - \boldsymbol{r}_{p_i/R_i} \boldsymbol{r}_{p_i/R_i}) \cdot (\boldsymbol{\omega}_{B/N} + \boldsymbol{\omega}_{G_i/B} + \boldsymbol{\omega}_{R_i/G_i}) \tag{A.16}$$

仅保留主项，式(A.16)就可转化为

$$\boldsymbol{h}_A^{R_{p_i}} \approx m_{R_i,p_i} (\boldsymbol{r}_{R_i/p_i} \cdot \boldsymbol{r}_{R_i/p_i} \boldsymbol{d} - \boldsymbol{r}_{p_i/R_i} \boldsymbol{r}_{p_i/R_i}) \cdot \boldsymbol{\omega}_{R_i/G_i} \tag{A.17}$$

相对于点 A 的系统总角动量是根据式(A.5)~式(A.11)和式(A.13)~式(A.16)，对所有组成部分的角动量及其一般不平衡项进行加法运算求得的：

$$\boldsymbol{h}_A^S = \boldsymbol{h}_A^B + \sum_{i=1}^{n} (\boldsymbol{h}_A^{G_i} + \boldsymbol{h}_A^{R_i} + \boldsymbol{h}_A^{G_{p_i}} + \boldsymbol{h}_A^{R_{p_i}})$$

$$= \left[\boldsymbol{J}_A^B + \boldsymbol{J}_B^B + \sum_{i=1}^{n} (\boldsymbol{J}_A^{G_i} + \boldsymbol{J}_A^{R_i} + \boldsymbol{J}_{G_i}^{G_i} + \boldsymbol{J}_{R_i}^{R_i} + \boldsymbol{J}_A^{G_{p_i}} + \boldsymbol{J}_A^{R_{p_i}}) \right] \cdot \boldsymbol{\omega}_{B/N} +$$

$$\left[m_B \boldsymbol{r}_{B/A} + \sum_{i=1}^{n} (m_{G_i} \boldsymbol{r}_{p_i/A} + m_{R_i} \boldsymbol{r}_{p_i/A} + m_{G,p_i} \boldsymbol{r}_{G_i/p_i} + m_{R,p_i} \boldsymbol{r}_{R_i/p_i}) \right] \times \boldsymbol{v}_A +$$

$$\left[\sum_{i=1}^{n}(\boldsymbol{J}_{G_i}^{G_i}+\boldsymbol{J}_{R_i}^{R_i})+m_{G,p_i}(\boldsymbol{r}_{G_i/p_i}\cdot\boldsymbol{r}_{G_i/p_i}-\boldsymbol{r}_{p_i/G_i}\boldsymbol{r}_{p_i/G_i})\right]\cdot\boldsymbol{\omega}^{G_i/B}+$$
$$m_{R,p_i}(\boldsymbol{r}_{R_i/p_i}\cdot\boldsymbol{r}_{R_i/p_i}-\boldsymbol{r}_{p_i/R_i}\boldsymbol{r}_{p_i/R_i})\cdot\boldsymbol{\omega}^{G_i/B}+$$
$$\left[\sum_{i=1}^{n}\boldsymbol{J}_{R_i}^{R_i}+m_{R,p_i}(\boldsymbol{r}_{R_i/p_i}\cdot\boldsymbol{r}_{R_i/p_i}-\boldsymbol{r}_{p_i/R_i}\boldsymbol{r}_{p_i/R_i})\right]\cdot\boldsymbol{\omega}^{R_i/G_i} \quad (\text{A.18})$$

将点 A 选定为航天器多个控制力矩陀螺系统质心,便可以根据质心的定义求得如下方程:

$$\left[m_B\boldsymbol{r}_{B/A}+\sum_{i=1}^{n}(m_{G_i}\boldsymbol{r}_{p_i/A}+m_{R_i}\boldsymbol{r}_{R_i/A}+m_{G,p_i}\boldsymbol{r}_{G_i/p_i}+m_{G,p_i}\boldsymbol{r}_{R_i/p_i})\right]=0 \quad (\text{A.19})$$

因此,在确定系统质心后,式(A.18)便可更加简洁:

$$\boldsymbol{H}=\left(\boldsymbol{J}_s+\sum_{i=1}^{n}\boldsymbol{J}_{gr_i}\right)\cdot\boldsymbol{\omega}^{B/N}+\left(\sum_{i=1}^{n}\boldsymbol{J}_{gr_i}\right)\cdot\boldsymbol{\omega}^{G_i/B}+\left(\sum_{i=1}^{n}\boldsymbol{J}_{r_i}\right)\cdot\boldsymbol{\omega}^{R_i/G_i}$$
$$(\text{A.20})$$

式中:$\boldsymbol{J}_{gr_i}$、$\boldsymbol{J}_{r_i}$ 为控制力矩陀螺系统质心(形式上表示为 p_i)处的常平架转子总成和转子惯量。

单一控制力矩陀螺的总角动量为

$$\boldsymbol{h}_i=\boldsymbol{J}_{gr_i}\cdot\boldsymbol{\omega}^{B/N}+\boldsymbol{J}_{gr_i}\cdot\boldsymbol{\omega}^{G_i/B}+\boldsymbol{J}_{r_i}\cdot\boldsymbol{\omega}^{R_i/G_i} \quad (\text{A.21})$$

式中

$$\begin{cases}\boldsymbol{\omega}^{G_i/B}=\hat{\boldsymbol{g}}_i\dot{\delta}_i\\\boldsymbol{\omega}^{R_i/G_i}=\hat{\boldsymbol{s}}_i\Omega_{r,i}\end{cases} \quad (\text{A.22})$$

可以按照第 i 个控制力矩陀螺坐标系的正交坐标基对式(A.21)进行改写。$\{\hat{\boldsymbol{s}}_i,\hat{\boldsymbol{o}}_i,\hat{\boldsymbol{g}}_i\}$ 所对应的分别是第 i 个控制力矩陀螺转子的旋转矢量、陀螺力矩矢量和常平架矢量。这样,式(A.21)可改写为

$$\boldsymbol{h}_i=\boldsymbol{J}_{gr_i}\cdot\boldsymbol{\omega}^{B/N}+\boldsymbol{J}_{gr_i}\cdot\hat{\boldsymbol{g}}_i\dot{\delta}_i+\boldsymbol{J}_{r_i}\cdot\hat{\boldsymbol{s}}_i\Omega_{r,i} \quad (\text{A.23})$$

A.4.4 航天器和执行器的运动方程

在推导运动方程之前先确定将会用到的假设:
(1) 航天器本体质心固定于航天器本体坐标系内。
(2) 常平架和转子的质心均固定于航天器本体坐标系内。
(3) 常平架和转子的质心与其各自的控制力矩陀螺本体原点重合,即点 p_i。该点也被假设为转子轴和常平架轴的交点。
(4) 转子旋转轴始终与常平架轴呈正交关系。
这些假设的相关性可以按下面的顺序进行说明:
(1) 假设低频干扰(如燃料晃动或挠性附件)所造成的扰动已在航天器和任务

设计的早期予以考虑,而且该扰动不是控制力矩陀螺设计的直接影响因素,因此,本附录不会将其当作主题来加以讨论。

(2)按照设计,当高精度姿态指向航天器的大部分组件都采用被动隔振技术时,转子偏心(不平衡)效应通常可以忽略不计。

(3)多数控制力矩陀螺可以借助优良的设计,使航天器本体的质心能够在常平架转动的同时保持位置固定。保持质心位置固定的设计约束条件要比保持常平架轴沿线惯性不变的约束条件更难实现(如我们可以通过增加配衡质量的方式来调整常平架质心的位置,但是惯性不一定增加)。

探究执行器动力学特征的第一步便是求取式(A.22)的惯性时间导数。

$$
\begin{aligned}
\frac{{}^{N}\mathrm{d}\boldsymbol{h}_i}{\mathrm{d}t} =\ & \boldsymbol{J}_{\mathrm{gr}_i}\cdot\frac{{}^{B}\mathrm{d}\boldsymbol{\omega}^{B/N}}{\mathrm{d}t}+[\boldsymbol{\omega}^{B/N}\times(\boldsymbol{J}_{\mathrm{gr}_i}\cdot\boldsymbol{\omega}^{B/N})]+ \\
& \boldsymbol{J}_{\mathrm{gr}_i}\cdot\hat{\boldsymbol{g}}_i\ddot{\delta}_i+\boldsymbol{J}_{\mathrm{gr}_i}\cdot(\boldsymbol{\omega}^{B/N}\times\hat{\boldsymbol{g}}_i)\dot{\delta}_i+ \\
& \boldsymbol{J}_{\mathrm{r}_i}\cdot\hat{\boldsymbol{s}}_i\dot{\Omega}_{\mathrm{r}_i}+\boldsymbol{J}_{\mathrm{r}_i}\cdot(\boldsymbol{\omega}^{B/N}+\dot{\delta}_i\hat{\boldsymbol{g}}_i)\times\hat{\boldsymbol{s}}_i\Omega_{\mathrm{r},i}
\end{aligned} \quad (\mathrm{A}.24)
$$

式中:$\dot{\Omega}_{\mathrm{r}_i}$为第 i 个 CMG 转子标量加速度。

为了求得第 i 个控制力矩陀螺常平架的扭矩,假设常平架电动机轴的刚度非常大且已精确对准,而且只能沿其常平架轴偏置扭矩。这样,常平架扭矩便可表达为

$$
\begin{aligned}
\frac{{}^{N}\mathrm{d}\boldsymbol{h}_i}{\mathrm{d}t}\cdot\hat{\boldsymbol{g}}_i =\ & \tau_{\mathrm{g},i} \\
=\ & \left(\boldsymbol{J}_{\mathrm{gr}_i}\cdot\frac{{}^{B}\mathrm{d}\boldsymbol{\omega}^{B/N}}{\mathrm{d}t}\right)\cdot\hat{\boldsymbol{g}}_i+[\boldsymbol{\omega}^{B/N}\times(\boldsymbol{J}_{\mathrm{gr}_i}\cdot\boldsymbol{\omega}^{B/N})]\cdot\hat{\boldsymbol{g}}_i+ \\
& (\boldsymbol{J}_{\mathrm{gr}_i}\cdot\hat{\boldsymbol{g}}_i)\cdot\hat{\boldsymbol{g}}_i\ddot{\delta}_i+[\boldsymbol{J}_{\mathrm{r}_i}\cdot(\boldsymbol{\omega}^{B/N}\times\Omega_{\mathrm{r},i}\hat{\boldsymbol{s}}_i)]\cdot\hat{\boldsymbol{g}}_i
\end{aligned} \quad (\mathrm{A}.25)
$$

同样,在求取第 i 个控制力矩陀螺转子的扭矩时,也沿用了"刚度非常大且已精确对准"这一假设,并得到了下面的方程:

$$
\begin{aligned}
\frac{{}^{N}\mathrm{d}\boldsymbol{h}_i}{\mathrm{d}t}\cdot\hat{\boldsymbol{s}}_i =\ & \tau_{\mathrm{r},i} \\
=\ & \left(\boldsymbol{J}_{\mathrm{gr}_i}\cdot\frac{{}^{B}\mathrm{d}\boldsymbol{\omega}^{B/N}}{\mathrm{d}t}\right)\cdot\hat{\boldsymbol{s}}_i+[\boldsymbol{\omega}^{B/N}\times(\boldsymbol{J}_{\mathrm{gr}_i}\cdot\boldsymbol{\omega}^{B/N})]\cdot\hat{\boldsymbol{s}}_i+ \\
& \boldsymbol{J}_{\mathrm{gr}_i}\cdot(\boldsymbol{\omega}^{B/N}\times\dot{\delta}_i\hat{\boldsymbol{g}}_i)\cdot\hat{\boldsymbol{s}}_i+ \\
& (\boldsymbol{J}_{\mathrm{r}_i}\cdot\hat{\boldsymbol{s}}_i)\cdot\hat{\boldsymbol{s}}_i\dot{\Omega}_{\mathrm{r}_i}
\end{aligned} \quad (\mathrm{A}.26)
$$

若标量三重积恒等式为

$$\boldsymbol{A}\cdot(\boldsymbol{B}\times\boldsymbol{C})=\boldsymbol{B}\cdot(\boldsymbol{C}\times\boldsymbol{A})$$

且转子和常平架绕各自旋转轴旋转的有效惯量分别指定为$(\boldsymbol{J}_{\mathrm{r}_i}\cdot\hat{\boldsymbol{s}}_i)\cdot\hat{\boldsymbol{s}}_i=J_{\mathrm{r},i}$和$(\boldsymbol{J}_{\mathrm{gr}_i}\cdot\hat{\boldsymbol{g}}_i)\cdot\hat{\boldsymbol{g}}_i=J_{\mathrm{gr},i}$,则式(A.25)和式(A.26)可转化为

$$\tau_{\mathrm{g},i} = J_{\mathrm{gr},i}\ddot{\delta}_i + \left(\boldsymbol{J}_{\mathrm{gr}_i} \cdot \frac{{}^{\mathrm{B}}\mathrm{d}\boldsymbol{\omega}^{\mathrm{B/N}}}{\mathrm{d}t}\right) \cdot \hat{\boldsymbol{g}}_i + [\boldsymbol{\omega}^{\mathrm{B/N}} \times (\boldsymbol{J}_{\mathrm{gr}_i} \cdot \boldsymbol{\omega}^{\mathrm{B/N}})] \cdot \hat{\boldsymbol{g}}_i +$$
$$(\boldsymbol{J}_{\mathrm{r}_i} \cdot \boldsymbol{\omega}^{\mathrm{B/N}}) \cdot \hat{\boldsymbol{o}}_i \Omega_{\mathrm{r},i} \tag{A.27}$$

$$\tau_{\mathrm{r},i} = J_{\mathrm{r},i}\dot{\Omega}_{\mathrm{r}_i} + \left(\boldsymbol{J}_{\mathrm{gr}_i} \cdot \frac{{}^{\mathrm{B}}\mathrm{d}\boldsymbol{\omega}^{\mathrm{B/N}}}{\mathrm{d}t}\right) \cdot \hat{\boldsymbol{s}}_i + [\boldsymbol{\omega}^{\mathrm{B/N}} \times (\boldsymbol{J}_{\mathrm{gr}_i} \cdot \boldsymbol{\omega}^{\mathrm{B/N}})] \cdot \hat{\boldsymbol{s}}_i +$$
$$(\boldsymbol{J}_{\mathrm{gr}_i} \cdot \boldsymbol{\omega}^{\mathrm{B/N}}) \cdot \hat{\boldsymbol{o}}_i \dot{\delta}_i \tag{A.28}$$

式(A.27)和式(A.28)可以直接看作与电动机相关的电子设备对控制力矩陀螺常平架和转子的电动机施加的输入扭矩。因此,若将摩擦纳入考虑范围,可以将执行器的运动方程假设为

$$J_{\mathrm{gr},i}\ddot{\delta}_i = \tau_{\mathrm{g},i} - \tau_{\mathrm{gf},i} - \left(\boldsymbol{J}_{\mathrm{gr}_i} \cdot \frac{{}^{\mathrm{B}}\mathrm{d}\boldsymbol{\omega}^{\mathrm{B/N}}}{\mathrm{d}t}\right) \cdot \hat{\boldsymbol{g}}_i -$$
$$[\boldsymbol{\omega}^{\mathrm{B/N}} \times (\boldsymbol{J}_{\mathrm{gr}_i} \cdot \boldsymbol{\omega}^{\mathrm{B/N}})] \cdot \hat{\boldsymbol{g}}_i - (\boldsymbol{J}_{\mathrm{r}_i} \cdot \boldsymbol{\omega}^{\mathrm{B/N}}) \cdot \hat{\boldsymbol{o}}_i \Omega_{\mathrm{r},i} \tag{A.29}$$

$$J_{\mathrm{r},i}\dot{\Omega}_{\mathrm{r}_i} = \tau_{\mathrm{r},i} - \tau_{\mathrm{rf},i} - \left(\boldsymbol{J}_{\mathrm{gr}_i} \cdot \frac{{}^{\mathrm{B}}\mathrm{d}\boldsymbol{\omega}^{\mathrm{B/N}}}{\mathrm{d}t}\right) \cdot \hat{\boldsymbol{s}}_i -$$
$$[\boldsymbol{\omega}^{\mathrm{B/N}} \times (\boldsymbol{J}_{\mathrm{gr}_i} \cdot \boldsymbol{\omega}^{\mathrm{B/N}})] \cdot \hat{\boldsymbol{s}}_i - (\boldsymbol{J}_{\mathrm{r}_i} \cdot \boldsymbol{\omega}^{\mathrm{B/N}}) \cdot \hat{\boldsymbol{o}}_i \dot{\delta}_i \tag{A.30}$$

式中:$\tau_{\mathrm{gf},i}$、$\tau_{\mathrm{rf},i}$分别为假设的第i个控制力矩陀螺常平架和转子的内摩擦扭矩。

因此,含有控制力矩陀螺阵列(由n个控制力矩陀螺组成)的航天器的总运动方程为

$$\left(\boldsymbol{J}_{\mathrm{s}} + \sum_{i=1}^{n}\boldsymbol{J}_{\mathrm{gr}_i}\right) \cdot \frac{{}^{\mathrm{B}}\mathrm{d}\boldsymbol{\omega}^{\mathrm{B/N}}}{\mathrm{d}t}$$
$$= -\boldsymbol{\omega}^{\mathrm{B/N}} \times \left[\left(\boldsymbol{J}_{\mathrm{s}} + \sum_{i=1}^{n}\boldsymbol{J}_{\mathrm{gr}_i}\right)\right] \cdot \boldsymbol{\omega}^{\mathrm{B/N}} -$$
$$\boldsymbol{\omega}^{\mathrm{B/N}} \times \sum_{i=1}^{n}(\boldsymbol{J}_{\mathrm{gr}_i} \cdot \hat{\boldsymbol{g}}_i\dot{\delta}_i + J_{\mathrm{r}_i}\Omega_{\mathrm{r},i}) -$$
$$\sum_{i=1}^{n}(\boldsymbol{J}_{\mathrm{gr}_i}\ddot{\delta}_i\hat{\boldsymbol{g}}_i + J_{\mathrm{r}_i}\dot{\Omega}_{\mathrm{r}_i}\hat{\boldsymbol{s}}_i + \boldsymbol{J}_{\mathrm{r}_i} \cdot \hat{\boldsymbol{o}}_i\dot{\delta}_i\Omega_{\mathrm{r},i}) -$$
$$\sum_{i=1}^{n}[(\boldsymbol{J}_{\mathrm{gr}_i} \cdot \boldsymbol{\omega}^{\mathrm{B/N}}) \cdot \hat{\boldsymbol{o}}_i\dot{\delta}_i + (\boldsymbol{J}_{\mathrm{r}_i} \cdot \boldsymbol{\omega}^{\mathrm{B/N}}) \cdot \hat{\boldsymbol{o}}_i\Omega_{\mathrm{r},i}] + \tau_{\mathrm{ext}} \tag{A.31}$$

式中:τ_{ext}为外部扭矩。

$$J_{\mathrm{gr},i}\ddot{\delta}_i = \tau_{\mathrm{g},i} - \tau_{\mathrm{gf},i} - \left(\boldsymbol{J}_{\mathrm{gr}_i} \cdot \frac{{}^{\mathrm{B}}\mathrm{d}\boldsymbol{\omega}^{\mathrm{B/N}}}{\mathrm{d}t}\right) \cdot \hat{\boldsymbol{g}}_i -$$
$$[\boldsymbol{\omega}^{\mathrm{B/N}} \times (\boldsymbol{J}_{\mathrm{gr}_i} \cdot \boldsymbol{\omega}^{\mathrm{B/N}})] \cdot \hat{\boldsymbol{g}}_i - J_{\mathrm{r}_i}\boldsymbol{\omega}^{\mathrm{B/N}} \cdot \hat{\boldsymbol{o}}_i\Omega_{\mathrm{r},i} \tag{A.32}$$

和

$$J_{r,i}\dot{\Omega}_{r_i} = \tau_{r,i} - \tau_{rf,i} - \left(J_{gr_i} \cdot \frac{^B d\boldsymbol{\omega}^{B/N}}{dt}\right) \cdot \hat{\boldsymbol{s}}_i -$$
$$[\boldsymbol{\omega}^{B/N} \times (J_{gr_i} \cdot \boldsymbol{\omega}^{B/N})] \cdot \hat{\boldsymbol{s}}_i +$$
$$(J_{gr_i} \cdot \boldsymbol{\omega}^{B/N}) \cdot \hat{\boldsymbol{o}}_i \dot{\delta}_i \qquad (A.33)$$

注意：式(A.31)~式(A.33)必须同时求解,这样才能确保角动量能在内摩擦存在的情况下达到守恒。内摩擦和额外扭矩会对第 i 个控制力矩陀螺的常平架电动机和转子电动机产生反作用,导致常平架和转子的加速度与加速度指令之间出现偏差。这种偏差通常会以内环控制方案(用于跟踪理想的常平架加速度、速率和角度,以及转子加速度和速率)误差的形式显示出来。但是,无论内环控制器的设计有多精良,它在达到理想的常平架和转子状态的速度和精度方面都存在物理限制。因此,仅有合成的常平架和转子状态才能被反馈到航天器运动方程中(式(A.29)和式(A.30))。

应格外注意与运动方程式(A.31)~式(A.33)相关的最主要扭矩。如果仅保留 $\|\Omega_{r,i}\| \gg |\dot{\delta}| \gg \|\boldsymbol{\omega}^{B/N}\|$ 条件中的主项,可以得到

$$\left(J_s + \sum_{i=1}^n J_{gr_i}\right) \cdot \frac{^B d\boldsymbol{\omega}^{B/N}}{dt}$$
$$= -\left[\boldsymbol{\omega}^{B/N} \times \left(J_s + \sum_{i=1}^n J_{gr_i}\right)\right] \cdot \boldsymbol{\omega}^{B/N} -$$
$$\boldsymbol{\omega}^{B/N} \times \sum_{i=1}^n (J_{r_i} \Omega_{r,i} \hat{\boldsymbol{s}}_i) -$$
$$\sum_{i=1}^n (J_{r_i} \dot{\Omega}_{r_i} \hat{\boldsymbol{s}}_i + J_{r_i} \cdot \hat{\boldsymbol{o}}_i \dot{\delta}_i \Omega_{r,i}) + \boldsymbol{\tau}_{ext} \qquad (A.34)$$

$$J_{gr,i} \ddot{\delta}_i = \tau_{g,i} - \tau_{gf,i} - (J_{r_i} \cdot \boldsymbol{\omega}^{B/N}) \cdot \hat{\boldsymbol{o}}_i \Omega_{r,i} \qquad (A.35)$$

$$J_{r,i} \dot{\Omega}_{r_i} = -\tau_{r,i} - \tau_{rf,i} \qquad (A.36)$$

$(J_{r_i} \cdot \boldsymbol{\omega}^{B/N}) \cdot \hat{\boldsymbol{o}}_i \Omega_{r,i}$ 项代表进动反向驱动扭矩(参见第3章),它通常是常平架轴承内摩擦之外的最大扭矩,因而常平架电动机必须予以抵消。

A.5 附录小结

本附录是有关动力学的章节的补充内容。它为读者提供了运动方程的通用矢量二元公式,以及这些公式对于搭载控制力矩陀螺阵列(由 n 个控制力矩陀螺组成)的航天器的物理意义。本附录提供了一系列配有控制力矩陀螺阵列的航天器的运动方程,并以实例的形式演示了这些运动方程的质量积分推导过程。借助这些推导过程,读者可以考虑使用适当的假设来简化运动方程。

附录 B 基于动量的姿态控制系统稳定性分析

绝大多数文献都假设航天器的姿态控制器和操纵算法是可以分开设计的,人们通常不会考虑将姿态控制器和操纵算法结合之后的性能如何。了解在整个航天器系统的姿态和角速率稳定装置上使用一个并不准确的操纵算法(如使用不适当的反演操纵算法)会带来哪些影响,这是很有用的。

本附录回顾了针对一些常见的用于一般卫星姿态控制的非线性姿态控制器进行的非线性稳定性分析,以及针对一个搭载控制力矩陀螺的航天器进行的稳定性分析。这些分析考虑了两类姿态机动:从静止到静止的机动和姿态与角速度跟踪。读者应当对李雅普诺夫的理论以及适用于搭载控制力矩陀螺的航天器(如第 4 章所示)的简化的运动方程有所了解,为此,本附录为读者提供了一些相关背景。

B.1 李雅普诺夫分析

李雅普诺夫稳定性分析能帮助我们了解非线性系统平衡点的稳定性甚至是不稳定性,但它依赖于为进行分析而选择的李雅普诺夫函数。此外,它的使用更像是一种艺术,而非一项精确的科学,并且可能会导致保守的结果,产生足够(尽管通常并非一定如此)的稳定性条件。尽管存在诸多缺点,李雅普诺夫方法的最大价值在于,它为我们提供了一种评估控制算法对姿态控制系统稳定性产生的影响的方法。对搭载控制力矩陀螺的航天器进行的稳定性分析是相当复杂的,因为操纵算法提供了姿态控制所需的扭矩,但由于奇异点和/或电动机限制的存在,这一扭矩可能并非始终可以实现。李雅普诺夫稳定性可通过下列公式定义:

对于一个连续的时间系统,设其状态为 $x(t) \in D \subseteq \mathbf{R}^n$,且 $f: D \to \mathbf{R}^n$,则

$$\dot{x} = f(x(t)), \quad x(0) = x_0$$

平衡状态为 $x_e, \dot{x} = f(x_e) = 0$,则平衡状态 x_e 为:

(1) 李雅普诺夫稳定,且若对于每一个 $\varepsilon > 0$,都存在一个 $\delta > 0$,若 $\|x_0 - x_e\| < \delta$,则对于所有 $t \geq 0$, $\|x(t) - x_e\| \leq \varepsilon$;

(2) 渐近稳定,若其保持李雅普诺夫稳定且存在一个 $\delta > 0$,若 $\|x_0 - x_e\| < \delta$,则在 $\|x_0 - x_e\| < \delta$ 时,$\lim_{t \to \infty} \|x(t) - x_e\| = 0$;

(3) 指数型稳定,若其保持渐进稳定且存在一个 $\delta > 0$,若 $\|x_0 - x_e\| < \delta$,则在 $a, b > 0$,且 $t \geq 0$ 时,$\|x(t) - x_e\| \leq a \|x_e - x_0\| e^{-bt}$。

大体上讲,李雅普诺夫稳定性是解的有界性的一种形式。对于一个李雅普诺夫稳定的平衡状态而言,一旦初始状态扰动降低,解相对于平衡状态的最大偏离也会随之降低。

为评估稳定性,通常会使用李雅普诺夫的第二种方法(直接方法)。为使用这种方法,需要定义一个李雅普诺夫函数 V。函数 V 是系统状态的一个标量函数。请注意,函数 V 实际上是一个函数(如 $x(t)$)的一个功能性函数或标量函数。所选择的李雅普诺夫函数 $V(x)$ 必须具备如下属性:

(1) 连续可微性;
(2) 正定性,$V(x)>0, \forall x \in D/\{0\}$;
(3) $V(0)=0$。

其中,$D/\{0\}$ 是未平衡的 x 的域,$x=0$ 是所研究的稳定性。若 $\dot{V}(x) = \dfrac{\mathrm{d}}{\mathrm{d}t}V(x(t)) \leq 0$,则李雅普诺夫函数从这个意义上说是稳定的。请注意,在过去的术语中,$V(x)$ 是正定,而不是非负定的。这种情况是有可能出现的,因为过去的很多李雅普诺夫函数都是二次函数,是为线性系统推导出来的:它们属于 $V(x) = x^{\mathrm{T}}Px$ 这样的形式,若对称矩阵 P 是正定的,则这些函数就是正定的,例如:对于任意 $v \neq 0, v^{\mathrm{T}}Pv>0$。

除李雅普诺夫直接方法中需要用到的条件之外,若沿系统轨迹的李雅普诺夫函数导数是负定的,例如 $\dot{V}(x) = \dfrac{\mathrm{d}}{\mathrm{d}t}V(x(t)) < 0, x \in \mathbf{R}$,则平衡状态可以表示为全局渐近稳定。换言之,李雅普诺夫稳定和对任意初始状态的反应都渐近汇集于平衡状态。

上述李雅普诺夫分析的结果仅能保证一点:随着时间趋于无穷大,解趋近于零。我们无法通过这一分析确定系统瞬时性能的特点。李雅普诺夫分析中的确存在特殊条件,这些条件导致了指数收敛甚至是有限时间收敛的结果,但总体而言,从李雅普诺夫分析中得到的典型结果只能保证轨迹渐近收敛于平衡状态。因此,瞬时性能通常需要通过仿真进行检查。

李雅普诺夫分析除可评估已知的非线性动态系统的稳定性和不稳定性之外,还可用于控制综合。控制综合始于一个基于运动方程来描述误差动力学的非线性微分方程,即

$$\dot{x} = f(x, u) \qquad (\mathrm{B}.1)$$

式中:x 为误差状态矢量;u 为控制矢量。

像式(B.1)这样用动态方程描述的系统并非时间的显函数,这类系统可被归类为自主系统,我们将在本附录的余下内容中重点介绍自主系统。请注意,在非自主系统中存在一组不同的李雅普诺夫稳定性结果,可以利用它来研究动力学随时

间变化的姿态控制问题(如姿态磁控制和姿态模式改变)。

现在,有这样一个李雅普诺夫函数 $V(\boldsymbol{x})$ 及其沿式(B.1)轨迹的时间导数:

$$\dot{V} = \left(\frac{\partial V}{\partial \boldsymbol{x}}\right)^{\mathrm{T}} \dot{\boldsymbol{x}} = \left(\frac{\partial V}{\partial \boldsymbol{x}}\right)^{\mathrm{T}} f(\boldsymbol{x}, \boldsymbol{u}) \tag{B.2}$$

通过使 $\dot{V} \leq 0$,控制矢量 $\boldsymbol{u}$ 可能会被用于稳定原点处的平衡状态。因此,通过李雅普诺夫分析进行的控制综合利用该控制矢量来生成

$$\left(\frac{\partial V}{\partial \boldsymbol{x}}\right)^{\mathrm{T}} f(\boldsymbol{x}, \boldsymbol{u}) \leq 0 \tag{B.3}$$

对于一个自主系统,可以使用拉萨尔不变原理来确定某一平衡状态在 $\dot{V} \leq 0$ 而非 $\dot{V} < 0$ 时是否为全局渐近稳定,该原理如下:

令 $\Omega \subset D$ 为一个在 $\dot{\boldsymbol{x}} = f(\boldsymbol{x})$ 的轨迹(始于 Ω,且保持在 Ω 上的轨迹)上保持正不变的紧集,令 $V(\boldsymbol{x}):D \to R$ 为一个连续可微的函数且在 Ω 上 $\dot{V}(\boldsymbol{x}) \leq 0$,令 E 为所有点在 Ω 中的集合且 $\dot{V}(\boldsymbol{x}) = 0$,令 M 为 E 中的最大不变集,则随着 $t \to \infty$,始于 Ω 的每一个解均趋近于 M。当集合 M 为一个单点 $x_e = 0$,且 $\Omega = D = \mathbf{R}^n$,则 x_e 为一个全局渐近平衡状态。

为将该原理应用到姿态控制问题中,请注意集合 $E = \{(\boldsymbol{\omega}, e): \boldsymbol{\omega} \equiv 0\}$,且对于 E 中的点,根据式(B.12),$u = 0$,根据式(B.13),$e = 0$。因此 $M = \{x_e\}$,且 x_e 为渐近稳定。

我们将在下面探讨文献中使用的典型的李雅普诺夫函数,以便针对两种重要的情况/控制目标分析姿态控制稳定性:一是从静止到静止的调节或姿态调节;二是姿态和角速度跟踪。

B.2 静止到静止的姿态调节控制

通常用一个误差四元数 $[e_1 \quad e_2 \quad e_3 \quad e_4]^{\mathrm{T}} = [e \quad e_4]^{\mathrm{T}}$ 代表姿态误差。这种方法提供了姿态的全局表示法,可以推导出双线性运动微分方程,且得益于奇异点的缺失。假设当 $e = 0$,且 $e_4 = 1$ 时达到目标平衡状态,则用于从静止到静止的姿态调节控制的李雅普诺夫函数为

$$V = \frac{1}{2} \boldsymbol{\omega}^{\mathrm{T}} \boldsymbol{J} \boldsymbol{\omega} + e^{\mathrm{T}} e + (1 - e_4)^2 \tag{B.4}$$

式中:e 为误差四元数的矢量元素,例如,这样的一个四元数可能表示航天器本体与惯性参照系之间的校准误差;e_4 为标量元素;$\boldsymbol{\omega}$ 为航天器的角速度矢量;$\boldsymbol{J}$ 为航天器的惯性矩阵;$\boldsymbol{\omega}$ 和 $\boldsymbol{J}$ 都用航天器本体坐标表示。这样,式(B.4)中的 V 的时间导数为

$$\dot{V} = \boldsymbol{\omega}^T \boldsymbol{J} \dot{\boldsymbol{\omega}} + 2\boldsymbol{e}^T \dot{\boldsymbol{e}} - 2(1-e_4)\dot{e}_4 \qquad (B.5)$$

与航天器旋转运动相关的动力学微分方程和运动学微分方程为

$$\begin{cases} \dot{\boldsymbol{\omega}} = -\boldsymbol{J}^{-1}(\boldsymbol{\omega}^\times \boldsymbol{J}\boldsymbol{\omega} - \boldsymbol{u}) \\ \dot{\boldsymbol{e}} = \dfrac{1}{2}\boldsymbol{e}^\times \boldsymbol{\omega} + \dfrac{1}{2}e_4 \boldsymbol{\omega} \\ \dot{e}_4 = -\dfrac{1}{2}\boldsymbol{e}^T \boldsymbol{\omega} \end{cases} \qquad (B.6)$$

将式(B.6)中的动力学方程代入式(B.5),得

$$\dot{V} = -\boldsymbol{\omega}^T(\boldsymbol{\omega}^\times \boldsymbol{J}\boldsymbol{\omega} - \boldsymbol{u}) + 2\boldsymbol{e}^T\left(\dfrac{1}{2}\boldsymbol{e}^\times + \dfrac{1}{2}e_4\right) - 2(1-e_4)\left(-\dfrac{1}{2}\boldsymbol{e}^T \boldsymbol{\omega}\right)$$

$$= \boldsymbol{\omega}^T \boldsymbol{u} + \boldsymbol{e}^T \boldsymbol{\omega} \qquad (B.7)$$

用下列方程定义控制定律:

$$\boldsymbol{u} = -\boldsymbol{K}\boldsymbol{e} - \boldsymbol{C}\boldsymbol{\omega} \qquad (B.8)$$

式中:$\boldsymbol{K}$、$\boldsymbol{C}$ 为正定对称增益矩阵。

式(B.8)中的控制定律属于成比例推导类方程,因此,其增益 $\boldsymbol{K}$ 和 $\boldsymbol{C}$ 可以很直观地进行调整,并且/或通过对线性化系统的分析进行调整。将式(B.8)代入式(B.7)即可得到李雅普诺夫导数:

$$\dot{V} = -\boldsymbol{\omega}^T \boldsymbol{C}\boldsymbol{\omega} + \boldsymbol{e}^T(\boldsymbol{K} - \boldsymbol{I}_{3\times 3})\boldsymbol{\omega} \qquad (B.9)$$

若 $\boldsymbol{K} = \boldsymbol{I}_{3\times 3}$,则

$$\dot{V} = -\boldsymbol{\omega}^T \boldsymbol{C}\boldsymbol{\omega} \leq 0 \qquad (B.10)$$

请注意,式(B.10)中的 $\dot{V}$ 仅是半负定的,它与 $\boldsymbol{e}$ 无关。利用拉萨尔不变原理进行了进一步分析,该分析可用于证明式(B.8)在 $\boldsymbol{K} = \boldsymbol{I}_{3\times 3}$ 时的全局渐近稳定性。对拉萨尔定理而言,式(B.4)到式(B.10)中的受控李雅普诺夫系统是"近乎"全局渐近稳定的,因为四元数初始条件的扰动 $\boldsymbol{e} = 0$ 且 $e_4 = 1$ 可能会不稳定地转变为不稳定四元数 $\boldsymbol{e} = 0$ 且 $e_4 = -1$,因此不能保证所有的四元数初始条件都是全局渐近稳定的。这种从稳定平衡状态 $\boldsymbol{e} = 0$ 且 $e_4 = 1$ 向不稳定平衡状态 $\boldsymbol{e} = 0$ 且 $e_4 = -1$ 的偏离称为四元数散开,非连续变换或逻辑变量应用通常优于四元数散开。请注意,也可以利用特征值分析来确认本地渐近稳定性,包括 $\boldsymbol{K} \neq 1$ 的其他选项。可以通过仿真得到吸引域的渐近稳定性和预估值。

另一个常用于从静止到静止的姿态机动的李雅普诺夫函数为

$$V = \dfrac{1}{2}\boldsymbol{\omega}^T \boldsymbol{K}^{-1} \boldsymbol{J}\boldsymbol{\omega} + \boldsymbol{e}^T \boldsymbol{e} + (1-e_4)^2 \qquad (B.11)$$

式中:$\boldsymbol{K} = \boldsymbol{K}^T > 0$。

通过式(B.11)中沿系统轨迹的时间导数,得

$$\dot{V} = -\boldsymbol{\omega}^T \boldsymbol{K}^{-1}(\boldsymbol{\omega}^\times \boldsymbol{J}\boldsymbol{\omega} - \boldsymbol{u}) + 2\boldsymbol{e}^T\left(\frac{1}{2}\boldsymbol{e}^\times \boldsymbol{\omega} + \frac{1}{2}\boldsymbol{e}_4\right) - 2(1-e_4)\left(-\frac{1}{2}\boldsymbol{e}^T\boldsymbol{\omega}\right)$$
$$= \boldsymbol{\omega}^T \boldsymbol{K}^{-1}\boldsymbol{u} + \boldsymbol{e}^T\boldsymbol{\omega} - \boldsymbol{\omega}^T \boldsymbol{K}^{-1}\boldsymbol{\omega}^\times \boldsymbol{J}\boldsymbol{\omega} \quad\quad (B.12)$$

通过欧拉轴控制定律,得

$$\boldsymbol{u} = -\boldsymbol{K}\boldsymbol{e} - \boldsymbol{C}\boldsymbol{\omega} + \boldsymbol{\omega}^\times \boldsymbol{J}\boldsymbol{\omega} \quad\quad (B.13)$$

通过正定对称增益矩阵 $\boldsymbol{K}$ 和 $\boldsymbol{C}$,得

$$\dot{V} = -\boldsymbol{\omega}^T \boldsymbol{K}^{-1}\boldsymbol{C}\boldsymbol{\omega} \quad\quad (B.14)$$

将 $\boldsymbol{\omega}^\times \boldsymbol{J}\boldsymbol{\omega}$ 这一项添加到控制器中,以从机动的欧拉轴中抵消扭矩的元素,这样就使得机动成为了一个纯粹的欧拉轴机动。此外,式(B.14)中的 $\dot{V}$ 是半负定的,它并不足以证明渐近稳定性。事实上,可以通过应用拉萨尔不变原理来证明式(B.13)和式(B.14)的近似全局渐进稳定性。之所以是近似全局渐近稳定性(吸引域不包括测量值 0 的集合①)而非全局渐近稳定性,是因为四元数 2 倍覆盖了所有姿态的集合。例如,无论是式(B.8)还是式(B.13)都无法避免 $\boldsymbol{e}=0, e_4 = -1, \boldsymbol{\omega}=0$ 成为另一个(不稳定)平衡状态,其中 $\boldsymbol{u}=0$,且 $V=0$。人们已经提出了如下所示的非连续控制定律:

$$\boldsymbol{u} = -\boldsymbol{K}\boldsymbol{e}(\text{sign}(e_4)) - \boldsymbol{C}\boldsymbol{\omega} + \boldsymbol{\omega}^\times \boldsymbol{J}\boldsymbol{\omega} \quad\quad (B.15)$$

以解决一些四元数稳定化问题。

请注意,当角速度为零时,该控制器无扭矩,且若 $\text{sign}(0)=0$,沿欧拉轴会有一个姿态误差角度。因此,$e_4 = \cos(\pi/2)$ 或有一个误差角度 π 的误差四元数集合是这一控制器的另一种平衡状态。更具体地讲,若航天器处于静止状态,即 $e_4 = 0$ 时,$\boldsymbol{\omega}=0$,则控制器的 $\boldsymbol{u}=0$,且其始终保持错误姿态。为避免出现此类情况,可以在 $e_4 = 0$ 时,用一段双切换点(而非一个单切换点)代替 sign 函数。这一段或这一区域就是滞后区域,在设计它时通常需要考虑到噪声的振幅以及姿态测量值的误差。sign 函数和滞后区域共同导致控制器不能连续工作,这样的控制器会导致振动问题,因此在其综合过程中必须加以注意。

为实现姿态控制,也可以考虑用旋转矩阵(或李群 SO(3),即用于方向余弦矩阵的李群)代替四元数,因为这些矩阵提供了一种独特的姿态参数化方法,且可得到近乎全局渐近稳定的反馈定律。但是,基于 SO(3) 的姿态控制器也存在缺点,例如,如果始于接近 4 个可能的闭环误差平衡状态中的 3 个不稳定平衡状态处,或始于其上时,收敛速度较慢。

总而言之,在姿态调节控制的过程中没有捷径。无论选择哪一种参数化方法,都不存在可以对姿态调节进行全局渐近稳定的"平滑时不变"姿态调节控制器,因

---

① 测量值 0 的集合就是由有限数量的点(这些点来自一个集合,其中不包含任何面积或体积)组成的集合。

为它是布罗克特定理作用的结果。

B.3 姿态和角速度跟踪控制

图 B.1 展示了基于卫星的地球成像过程中的姿态和角速率跟踪问题,并考虑了同时对姿态和角速度进行跟踪与仅跟踪角速度为零时的起始姿态(如在从静止到静止的姿态调节控制中做的那样)两种方法。

图 B.1 基于卫星的地球成像

因此,李雅普诺夫函数中必须包含角速度和姿态的误差。一个用于姿态跟踪稳定性分析的李雅普诺夫函数可以是这样的:

$$V = \frac{1}{2}\boldsymbol{\omega}_e^T \boldsymbol{K}^{-1} \boldsymbol{J} \boldsymbol{\omega}_e + \boldsymbol{e}^T \boldsymbol{e} + (1-e_4)^2 \qquad (\text{B.16})$$

式中:$\boldsymbol{\omega}_e = \boldsymbol{\omega} - \boldsymbol{\omega}_d$ 为角速度误差,$\boldsymbol{\omega}_d$ 为理想的角速度,假设其连续可微且有界。

式(B.16)中的李雅普诺夫函数沿系统轨迹的时间导数为

$$\begin{aligned}\dot{V} &= -\boldsymbol{\omega}_e^T \boldsymbol{K}^{-1}(\boldsymbol{\omega}^\times \boldsymbol{J}\boldsymbol{\omega} + \boldsymbol{J}\dot{\boldsymbol{\omega}}_d - \boldsymbol{u}) + 2\boldsymbol{e}^T\left(\frac{1}{2}\boldsymbol{e}^\times \boldsymbol{\omega}_e + \frac{1}{2}e_4\boldsymbol{\omega}\right) - 2(1-e_4)\left(-\frac{1}{2}\boldsymbol{e}^T\boldsymbol{\omega}_e\right) \\ &= \boldsymbol{\omega}_e^T \boldsymbol{K}^{-1}\boldsymbol{u} + \boldsymbol{e}^T\boldsymbol{\omega}_e - \boldsymbol{\omega}_e^T\boldsymbol{K}^{-1}\boldsymbol{J}\dot{\boldsymbol{\omega}}_d\end{aligned}$$

(B.17)

请注意,式(B.6)中的运动学方程所用的角速度现在是 $\boldsymbol{\omega}_e$ 而非 $\boldsymbol{\omega}$。角速度 $\boldsymbol{\omega}_e$ 和 $\boldsymbol{\omega}$ 恰巧与同一个参照系有关,且这两个角速度被表示在同一个坐标系(本体坐标)中,因此在需要进行角速率跟踪时,可以用 $\boldsymbol{\omega}_e = \boldsymbol{\omega} - \boldsymbol{\omega}_d$ 代替 $\boldsymbol{\omega}$。基于式(B.17)的一个可实现渐近跟踪的控制定律如下面的形式所示:

$$\boldsymbol{u} = -\boldsymbol{K}\boldsymbol{e} - \boldsymbol{C}\boldsymbol{\omega}_e + \boldsymbol{\omega}^\times \boldsymbol{J}\boldsymbol{\omega} + \boldsymbol{J}\dot{\boldsymbol{\omega}}_d \qquad (\text{B.18})$$

以及

$$\dot{V} = -\boldsymbol{\omega}_e^T \boldsymbol{K}^{-1} \boldsymbol{C} \boldsymbol{\omega}_e \qquad (B.19)$$

请注意,式(B.19)中的$\dot{V}$是半负定的,必须用适用于自主系统的拉萨尔不变原理来证明式(B.18)中的控制器能实现渐近稳定性。

B.4 操纵算法对姿态调节和跟踪的影响

用于卫星姿态调节控制的操纵算法的稳定性与该算法的目标和类型有关。奇异性的摆脱、奇异性的避免以及摆脱的方法都增加了扭矩的误差,因此从本质上讲属于破坏稳定的因子(换言之,它们会导致航天器远离平衡状态下的轨迹)。奇异性避免定律和有限动量算法通常依赖于几何阵列。为了实现可预测的行为,可能会牺牲可用的角动量和扭矩保证。此外,在第7章中的全部3类操纵算法中,有很多都可能会遇到常平架死锁的奇异性,这对于角速率而言可能是稳定的,但对于姿态而言并不稳定。换言之,如果一个航天器的阵列处于常平架死锁,它就可能会在缺乏外部扭矩的情况下进行简单旋转(参见第4章)。

总体而言,航天器控制器可以是线性微分控制器,也可以采用更高阶线性控制器,因此这些非线性控制方法可能缺乏实际价值,但它们允许操纵算法在一个稳定性非线性分析中融入非线性系统动力学。该分析始于式(B.11)中用于欧拉轴姿态调节的李雅普诺夫函数:

$$V = \frac{1}{2}\boldsymbol{\omega}^T \boldsymbol{K}^{-1} \boldsymbol{J}\boldsymbol{\omega} + \boldsymbol{e}^T \boldsymbol{e} + (1-e_4)^2$$

其沿系统轨迹的时间导数如下列形式所示:

$$\dot{V} = \boldsymbol{\omega}^T \boldsymbol{K}^{-1} \boldsymbol{u} + \boldsymbol{e}^T \boldsymbol{\omega} + \boldsymbol{\omega}^T \boldsymbol{K}^{-1} \boldsymbol{\omega}^\times \boldsymbol{J}\boldsymbol{\omega}$$

此处的唯一一个不同之处就是,操纵算法可能会导致 $\boldsymbol{u}$ 中出现一些误差,即 $\boldsymbol{u} = \bar{\boldsymbol{u}} - \boldsymbol{\tau}_e - \boldsymbol{\omega}^\times \boldsymbol{h}_e$,其中$\bar{\boldsymbol{u}}$为所求的控制扭矩,且每一个奇异点处都可能会出现为避免奇异性而导致的扭矩误差,该误差也可能在常平架死锁处成为一个常数(参见第5章)。

$\bar{\boldsymbol{u}}$为标称控制扭矩(式(B.12)中将会被用于对系统进行渐近稳定的控制扭矩),$\boldsymbol{\tau}_e$和$\boldsymbol{\omega}^\times \boldsymbol{h}_e$分别是扭矩误差和角动量误差的陀螺扭矩分量。

将$\boldsymbol{u}$代入式(B.12),得

$$\dot{V} = \boldsymbol{\omega}^T \boldsymbol{K}^{-1}(-\boldsymbol{K}\boldsymbol{e} - \boldsymbol{C}\boldsymbol{\omega} + \boldsymbol{\omega}^\times \boldsymbol{J}\boldsymbol{\omega} - \boldsymbol{\tau}_e - \boldsymbol{\omega}^\times \boldsymbol{h}_e) + \\ \boldsymbol{e}^T \boldsymbol{\omega} + \boldsymbol{\omega}^T \boldsymbol{K}^{-1} \boldsymbol{\omega}^\times \boldsymbol{J}\boldsymbol{\omega} \qquad (B.20)$$

得

$$\dot{V} = -\boldsymbol{\omega}^T \boldsymbol{K}^{-1} \boldsymbol{C}\boldsymbol{\omega} + \boldsymbol{\omega}^T \boldsymbol{K}^{-1}(-\boldsymbol{\tau}_e - \boldsymbol{\omega}^\times \boldsymbol{h}_e) + \boldsymbol{\omega}^T \boldsymbol{K}^{-1} \boldsymbol{\omega}^\times \boldsymbol{J}\boldsymbol{\omega} \qquad (B.21)$$

假设$\boldsymbol{K} = k\boldsymbol{I}_{3\times 3}$,根据

$$\boldsymbol{\omega}^{\mathrm{T}}\boldsymbol{K}^{-1}\boldsymbol{\omega}^{\times}\boldsymbol{J}\boldsymbol{\omega}=\boldsymbol{\omega}^{\mathrm{T}}\boldsymbol{K}^{-1}\boldsymbol{\omega}^{\times}\boldsymbol{h}_{\mathrm{e}}=0$$

得

$$\dot{V} \leqslant -ck\|\boldsymbol{\omega}\|^2 + k\|\boldsymbol{\omega}\|\|\boldsymbol{\tau}_{\mathrm{e}}\| \tag{B.22}$$

式中:c 为 $\boldsymbol{C}$ 的最小特征值。

从式(B.22)的结果中无法得到太多信息,因此必须从绝大多数的操纵算法中考虑可能的条件(参见第 7 章)。

为摆脱奇异性,绝大多数的操纵算法(常平架死锁的情况除外)都会导致扭矩误差瞬时增大。若扭矩误差在摆脱奇异性后非常小,即 $\|\boldsymbol{\tau}\|\approx\varepsilon$,其中 ε 是一个比较小的数字,则

$$\dot{V} \leqslant -ck\|\boldsymbol{\omega}\|^2 + k\|\boldsymbol{\omega}\|\|\varepsilon\| \tag{B.23}$$

式(B.23)中的两项都是 k 的函数以及角速度的两种一般形式。它们会随着速度的降低趋近于零,但我们的目标是使式(B.23)中的负数项成为主项。可以通过平方使 c 增大来实现这一点,即

$$\dot{V} \leqslant -ck\left(\|\boldsymbol{\omega}\|-\frac{\varepsilon}{2c}\right)^2 + k\frac{\varepsilon^2}{4c} \tag{B.24}$$

式(B.24)中的表达式与 ε 有关,因此也与操纵算法的表现有关。为保证 $\dot{V}\leqslant 0$,可能需要一个较大的导数增益值,这可能会导致航天器永远无法达到正确的姿态,且其响应会被过度减弱。此外,"不适当的"操纵算法通常存在一个呈指数级衰减的扭矩误差,该误差可能很小,但会始终存在。利用这样一个操纵算法能得到的最好结果就是一致最终有界性,而且随着增益 c 的不断增大,误差会收敛至一个半径不断缩小的收敛球内。或许并没有证据能证明,可以对这种将李雅普诺夫函数与姿态控制器相结合的方案进行姿态稳定。具体而言,单框架控制力矩陀螺阵列可能会在角速度不为零时出现常平架死锁,这会导致航天器翻滚且姿态调节不稳定。

B.5 附录小结

本附录对利用动量控制系统对航天器进行姿态调节控制的非线性李雅普诺夫稳定性进行了一些分析,以便于读者了解一些典型的姿态调节控制器与"不适当的"反演操纵算法结合后的渐近性能。本附录的结论是,不对操纵算法进行慎重选择,就无法实现精确的姿态调节控制,除非所选择的操纵算法能够准确地输出扭矩。在缺少执行器和状态约束以及常平架死锁可能性的情况下,操纵算法导致的误差的数量级是有界的。但是,操纵算法中的任何不可预测的问题或为摆脱奇异性而导致的误差很难通过李雅普诺夫分析展现出来,因为只有在飞行中进行姿态机动时才会出现奇异点。

符 号 表

符号	含 义
F_N	惯性参考系
F_{G_i}	第 i 个 CMG 常平架参考系
F_{R_i}	第 i 个 CMG 转子参考系
A	航天器参考系中任一点
p_i	固定在航天器本体参考系中的常平架和转子轴相交处的 CMG 质量参考点的标称中心
C_B	航天器本体质心点
C_{G_i}	第 i 个 CMG 常平架质心点
C_{R_i}	第 i 个 CMG 转子质心点
ρ	某组件(元件)的质心位置矢量微分
$r_{B/A}$	从 A 点到航天器本体质心 C_B 的矢量
$r_{p_i/A}$	从 A 点到 p_i 的矢量
r_{G_i/p_i}	从 p_i 点到第 i 个 CMG 常平架质心点的矢量
r_{R_i/p_i}	从 p_i 点到第 i 个 CMG 转子质心点的矢量
$\hat{b}_i$	航天器本体坐标轴 " i "
$\hat{s}_i$	第 i 个 CMG 的自旋坐标轴
$\hat{o}_i$	第 i 个 CMG 的输出力矩坐标轴
$\hat{g}_i$	第 i 个 CMG 的常平架坐标轴
m_B	航天器总线质量
$m_{G,i}$	第 i 个 CMG 常平架质量
$m_{R,i}$	第 i 个 CMG 转子质量
m_{G,p_i}	第 i 个 CMG 的常平架粒度失衡质量
m_{R,p_i}	第 i 个 CMG 的转子粒度失衡质量
J_s	航天器刚体惯性二重张量
J_t	转子横向惯性
J	航天器含本体刚体和所有动量控制装置质心的二重惯性张量

(续)

符号	含义
J_B^B	航天器自身质心的二重惯性张量
J_A^B	航天器关于点 A 的二重惯性张量
$J_{G_i}^{G_i}$	第 i 个 CMG 的常平架自身质心的二重惯性张量
$J_A^{G_i}$	第 i 个 CMG 的常平架关于点 A 的二重惯性张量
$J_{R_i}^{R_i}$	第 i 个 CMG 的转子自身质心的二重惯性张量
$J_A^{R_i}$	第 i 个 CMG 的转子关于点 A 的二重惯性张量
$J_{r,i}$	第 i 个 CMG 转子绕其自旋轴的标量惯性分量
$J_{gr,i}$	第 i 个 CMG 常平架轴轮总成绕其自旋轴的标量惯性分量
$J_{g,i}$	IGA 的二重惯性张量,即 IGA 刚体所有轴的惯性
$J_{g,\text{eff}}$	有效标量 IGA 惯性,包括所有的刚性。常平架必须加速以产生输出轴刚度效应: $$J_{g,\text{eff}} = J_g + \frac{h^2}{K_{OA}}$$
$J_{g,\text{eff}}$	有效的 IGA 惯性。这种惯性包括所有轴中对 IGA 有作用的刚体惯性,以及沿常平架轴方向的输出轴刚度效应
h_A^B	航天器总成关于点 A 的角动量
h_B^B	航天器总成关于本身质心的角动量
$h_{p_i}^{G_i}$	第 i 个 CMG 常平架关于点 p_i 的角动量
$h_{G_i}^{G_i}$	第 i 个 CMG 常平架自身质心的角动量
$h_{p_i}^{R_i}$	第 i 个 CMG 转子关于点 p_i 的角动量
$h_{R_i}^{R_i}$	第 i 个 CMG 转子关于自身质心的角动量
h_r	单个 CMG 转子的角动量矢量
h	一个动量系统的角动量矢量,$\sum_{i=1}^{n} h_{r_i}$
h	一个 CMG 或 RWA 阵列的角动量
h_s	自旋动量
$\tau_{gf,i}$	第 i 个 CMG 常平架的内摩擦力矩
$\tau_{rf,i}$	第 i 个 CMG 转子的内摩擦力矩
$\tau_{r,i}$	单常平架 CMG 的第 i 个标量转子力矩(空间精确定位且为刚性转子)
$\tau_{g,i}$	单常平架 CMG 的第 i 个标量转子力矩(空间精确定位且为刚性 IGA 和常平架)
τ_d	标量阻尼力矩
τ_o	单常平架 CMG 的矢量输出扭矩(适用于精确定位且为刚性 IGA 和常平架)。这种扭矩作用于航天器上,因此是作用于 CMG 的大小相等方向相反的扭矩

(续)

符号	含 义
$^B\boldsymbol{\omega}^{B/N}$	航天器相对于惯性系 N 的固定参考系 B 的角加速度矢量
$\boldsymbol{\omega}^{B/N}$	航天器本体相对于惯性参考系的角动量矢量
$\boldsymbol{\omega}^{G_i/B}$	第 i 个 CMG 常平架相对于航天器本体坐标系的角速度矢量
$\boldsymbol{\omega}^{R_i/G_i}$	第 i 个 CMG 转子相对于航天器本体坐标系的角速度矢量
ω	航天器角速度
v_A	点 A 的平移惯性速度
$\Omega_{r,i}$	第 i 个 CMG 转子标量速度
$\boldsymbol{\Omega}_r, \dot{\boldsymbol{\Omega}}_r$	CMG 转子旋转速度和加速矩阵
$\boldsymbol{\Delta}, \dot{\boldsymbol{\Delta}}, \ddot{\boldsymbol{\Delta}}$	CMG 常平架角度、速度、加速度矩阵
$\delta_i, \dot{\delta}_i, \ddot{\delta}_i$	第 i 个 CMG 常平架角度、速度、加速度
β	CMG 阵列的转动角度
γ	CMG 阵列的计时变化角度
K_{OA}	输出轴刚度
K_a	效能比率(最大速度/最大加速度)
K_c	效能比率(最大加速度/最大加速度变化率)
K_T	电动机力矩因数(单位电流产生的力矩)
K_{MD}	电动机 K_M 密度((英尺·磅/$\sqrt{W}$)/磅)(1 英尺 = 0.3048m,1 磅 = 0.45kg)
i	一个多个 CMG 组成的阵列中,单个 CMG 的索引
n	一个多个 CMG 组成的阵列包含 CMG 的数目
m	奇异性度量
α	奇异性参数和标量角加速度(与上下文相关)
j	标量角加速度导数(与上下文相关)
$^B\boldsymbol{Q}^A$	方向余弦矩阵,矢量 v 在坐标系 B 的表示($^B v$)相对于它在坐标系 A 中的表示($^A v$)

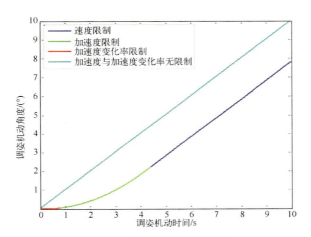

图 3.3　角度随时间变化曲线

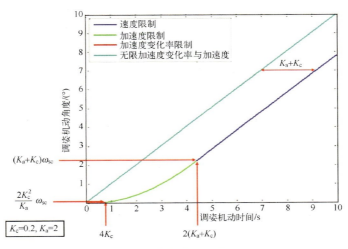

图 3.4　各弧段的过渡点

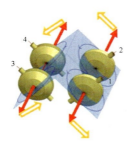

图 5.9　空格共享奇异性
方向的空间配置

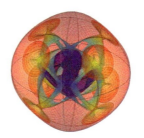

图 5.19　金字塔状排列的 4 个 CMG 阵列的
外部(饱和)和内部奇异表面
(红色为外部表面)

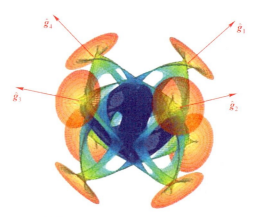

图 5.20　金字塔状排列的 4 个 CMG 阵列的内部奇异表面

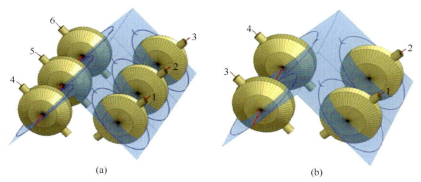

图 6.6　6 个 CMG 屋顶状阵列(a)和 4 个 CMG 屋顶状阵列(b)

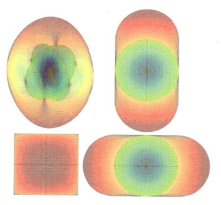

图 6.8　4 个 CMG 构成的屋顶
状阵列的奇异包络

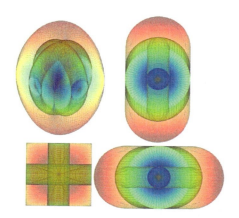

图 6.9　6 个 CMG 构成的屋顶
状阵列的奇异包络

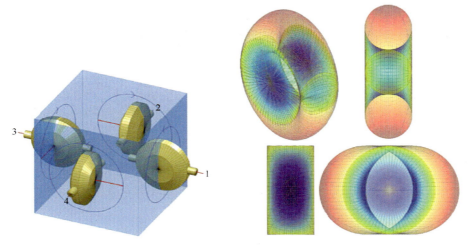

图 6.10　90°排列的立方体状 CMG 阵列　　图 6.11　3/4 立方体状 CMG 阵列的奇异包络

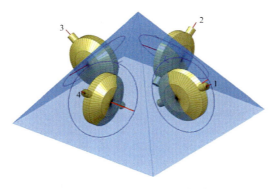

图 6.12　4 个 CMG 金字塔阵列

图 6.13　4 个 CMG 金字塔阵列的奇异包络　　图 6.17　6 个 CMG 金字塔阵列的奇异包络

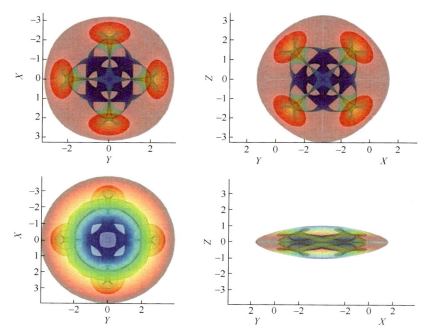

图 6.20 4 个 CMG 金字塔阵列的奇异曲面 $\beta=54.74°$(顶部)和 $\beta=30°$(底部)

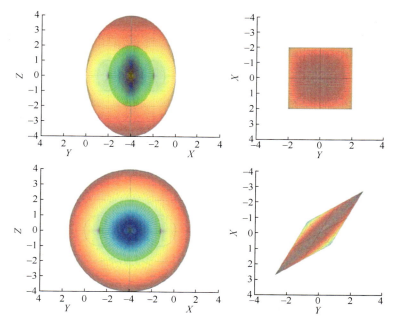

图 6.21 4 个 CMG 屋顶状阵列的奇异曲面 $\beta=45°$(顶部)和 $\beta=15°$(底部)